AutoCAD 2018
室内设计全套图纸绘制大全

麓山文化　编著

机械工业出版社
CHINA MACHINE PRESS

全书共3篇13章，第1篇为设计基础篇（第1章~第4章），主要讲解室内设计的一些基本知识，包括制图规范，室内设计师的职业要求，量房、装修、预算等一系列内容；第2篇（第5章~第7章）为软件提高篇，主要介绍AutoCAD的使用方法，以及如何使用AutoCAD进行一些简单的室内设计，内容包括在图中添加文字、表格、尺寸标注等方法；第3篇为设计实例篇（第8章~第13章），分别讲解了建筑平面图、平面布置图、地面铺装图、顶棚平面图、室内立面图以及节点大样图的绘制等内容。

本书内容严谨，讲解透彻，内容与实例均紧密联系室内设计的职业需求，具有较强的专业性和实用性，特别适合读者自学和大、中专院校作为教材和参考书，同时也适合从事室内设计的工程技术人员学习和参考之用。

图书在版编目（CIP）数据

AutoCAD 2018 室内设计全套图纸绘制大全/麓山文化编著.—3 版.—北京：机械工业出版社，2018.4
ISBN 978-7-111-59521-2

Ⅰ．①A… Ⅱ．①麓… Ⅲ．①室内装饰设计—计算机辅助设计—AutoCAD
软件 Ⅳ．①TU238.2-39

中国版本图书馆 CIP 数据核字(2018)第 059343 号

机械工业出版社（北京市百万庄大街 22 号 邮政编码 100037）
责任编辑：曲彩云 责任印制：孙 炜
北京中兴印刷有限公司印刷
2018 年 4 月第 3 版第 1 次印刷
184mm×260mm · 19.25 印张 · 460 千字
0001－3000 册
标准书号：ISBN 978-7-111-59521-2
定价：69.00 元

关于AutoCAD

AutoCAD是美国Autodesk公司开发的专门用于计算机绘图和设计工作的软件。自20世纪80年代AutoCAD公司推出AutoCAD R1.0以来，由于其具有简便易学、精确高效等优点，一直深受广大工程设计人员的青睐。迄今为止，AutoCAD历经了十余次的扩充与完善，AutoCAD 2018中文版极大地提高了二维制图功能的易用性和三维建模功能。

本书内容

本书首先从易到难、由浅及深地介绍了 AutoCAD 软件各方面的基本操作，然后讲解了使用 AutoCAD 进行全套室内设计图纸的绘制方法和技巧，包括平面布置图、立面图、铺装图和大样图等等。

本书分三大篇共 13 章，具体内容安排如下：

第 1 篇为设计基础篇，内容包括第 1 章 ~ 第 4 章。

第 1 章为"室内设计基础入门"，本章主要介绍室内设计的基础入门知识，让读者先对室内设计有一个基本的认识。

第 2 章为"室内设计制图规范认识"，主要介绍室内设计的一些基本制图规范，内容包括图线标准、尺寸标准、图例符号等。

第 3 章为"室内设计师的职业要求"，主要介绍室内设计师这个职业的一些基本素质要求，让读者从工作角度来正确认识室内设计。

第 4 章为"量房、装修和预算"，主要介绍室内设计中的一些基本流程，如量房、装修过程，以及这些流程中可能产生的费用。

第 2 篇为软件提高篇，内容包括第 5 章 ~ 第 7 章。

第 5 章为"室内设计软件入门"，主要介绍 AutoCAD 2018 的一些基本操作，使读者快速熟悉 AutoCAD 2018 绘图工具。

第 6 章为"室内辅助工具应用"，主要介绍使用 AutoCAD 2018 中一些辅助工具的方法，熟练掌握这些工具对于室内设计图纸的绘制效率有极大的帮助。

第 7 章为"室内常用图块绘制"，主要介绍如何使用 AutoCAD 去绘制一些简单的室内设计图块，是对前面两章的具体总结与提高，也是后面设计实例篇的预热。

第 3 篇为设计实例篇，内容包括第 8 章 ~ 第 13 章。

第 8 章为"建筑平面图绘制"，主要介绍了建筑平面图的绘制方法。

第 9 章为"平面布置图绘制"，主要介绍了平面布置图的绘制方法。

第 10 章为"地面铺装图绘制"，主要介绍了地面铺装图的绘制方法。

第 11 章为"顶棚平面图绘制"，主要介绍了顶棚平面图的绘制方法。

第 12 章为"室内立面图绘制"，主要介绍了室内立面图的绘制方法。

第 13 章为"节点大样图绘制"，主要介绍了节点大样图的绘制方法。

本书配套资源

本书物超所值，除了书本之外，还附赠以下资源，扫描"资源下载"二维码即可获得下载方式。

配套教学视频：配套全书100多个实例，总计时长达10小时。读者可以先像看电影一样轻松愉悦地通过教学视频学习本书内容，然后对照书本加以实践和练习，以提高学习效率。

本书实例的文件和完成素材：书中所有实例均提供了源文件和素材，读者可以使用AutoCAD 2018打开或访问。

资源下载

本书编者

本书由麓山文化编著，参加编写的有：陈志民、江凡、张洁、马梅桂、戴京京、骆天、胡丹、陈运炳、申玉秀、李红萍、李红艺、李红术、陈云香、陈文香、陈军云、彭斌全、林小群、刘清平、钟睦、刘里锋、朱海涛、廖博、喻文明、易盛、陈晶、张绍华、黄柯、何凯、黄华、陈文轶、杨少波、杨芳、刘有良、刘珊、赵祖欣、毛琼健、宋瑾等。

由于编者水平有限，书中错误、疏漏之处在所难免。在感谢您选择本书的同时，也希望您能够把对本书的意见和建议告诉我们。

读者服务邮箱：lushanbook@qq.com

读者QQ群：327209040

读者交流

麓山文化

目录 CONTENTS

前言
第1篇 设计基础篇

第1章 ◇ 室内设计基础入门

第2章 ◇ 室内设计制图规范认识

第3章 ⚙ 室内设计师的职业要求

第4章 ⚙ 量房、装修和预算

第2篇 软件提高篇

第5章 ⚙ 室内设计软件入门

第6章 ✿ 室内辅助工具应用

第7章 ✿ 室内常用图块绘制

第3篇 设计实例篇

第8章 ✿ 建筑平面图绘制

第9章 ✿ 平面布置图绘制

第10章　地面铺装图绘制

第11章 ◇ 顶棚平面图绘制

第12章 ◇ 室内立面图绘制

第13章 ◇ 节点大样图绘制

第1章
室内设计基础入门

室内设计是建筑设计的重要组成部分，其目的在于创造合理、舒适、优美的室内环境，以满足使用和审美要求。认识室内设计，可以从了解室内设计原理、室内设计要素、掌握室内设计的制图规范等方面进行学习。本章主要介绍室内设计的基础入门知识，以供读者掌握。

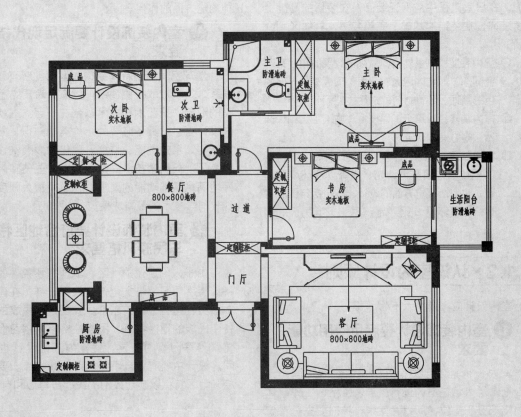

1.1 室内设计基础认识

室内设计就是根据建筑物的使用性质、所处环境和相应标准，综合运用现代物质手段、技术手段和艺术手段，创造出功能合理、舒适优美、满足人们物质和精神生活需要的理想室内环境的设计。

1.1.1 ▶ 认识室内设计原理

室内设计（Interior Design），又称为"室内环境设计（interior environment design）"，是对建筑内部空间进行理性的创造方法。

室内设计将人与人、物与物之间的联系演变为人与人、人与物等之间的联系，如图1-1所示。设计作为艺术要充分考虑人与人之间的关系，作为技术要考虑物与物之间的关系，其是艺术与技术的结合。

图1-1 室内设计之间的联系

装修、装饰、装潢是3个不同级别的居室工程概念，在居室工程中应保证装修，在装修的基础上继续装饰，在装饰的基础上完善装潢，具体区别介绍如下。

- **室内装潢**：侧重外表，从视觉效果的角度来研究问题，如室内地面、墙面、顶棚等各界面的色彩处理。装饰材料的选用、配置效果等。
- **室内装修**：着重于工程技术、施工工艺和构造做法等方面的研究。
- **室内装饰**：是综合的室内环境设计，它既包括工程技术方面及声、光、热等物理环境的问题，也包括视觉方面的设计，还包括氛围、意境等心理环境和个性特色等文化环境方面的创造。

1.1.2 ▶ 认识室内设计原则

室内设计应当遵循以下4大原则。

❶ 室内装饰设计要满足使用功能要求

室内设计是以创造良好的室内空间环境为宗旨，把满足人们在室内进行生产、生活、工作、休息的要求置于首位，所以在室内设计时要充分考虑使用功能要求，使室内环境合理化、舒适化、科学化；要考虑人们的活动规律处理好空间关系，空间尺寸，空间比例；合理配置陈设与家具，妥善解决室内通风，采光与照明，注意室内色调的总体效果。

❷ 室内装饰设计要满足精神功能要求

室内设计在考虑使用功能要求的同时，还必须考虑精神功能的要求（视觉反映心理感受、艺术感染等）。室内设计的精神就是要影响人们的情感，乃至影响人们的意志和行动，所以要研究人们的认识特征和规律；研究人的情感与意志；研究人和环境的相互作用。设计者要运用各种理论和手段去冲击影响人的情感，使其升华达到预期的设计效果。室内环境如能突出的表明某种构思和意境，那末，它将会产生强烈的艺术感染力，更好地发挥其在精神功能方面的作用。

❸ 室内装饰设计要满足现代技术要求

建筑空间的创新和结构造型的创新有着密切的联系，二者应取得协调统一，充分考虑结构造型中美的形象，把艺术和技术融合在一起。这就要求室内设计者必须具备必要的结构类型知识，熟悉和掌握结构体系的性能、特点。现代室内装饰设计，它置身于现代科学技术的范畴之中，要使室内设计更好地满足精神功能的要求，就必须最大限度地利用现代科学技术的最新成果。

❹ 室内装饰设计要符合地区特点与民族风格要求

由于人们所处的地区、地理气候条件的差异，各民族生活习惯与文化传统的不一样，在建筑风格上确实存在着很大的差别。我国是多民族的国家，各个民族的地区特点、民族性格、风俗习惯以及文化素养等因素的差异，使室内装饰设计也有所不同。设计中要有各自不同的风格和特点。要体现民族和地区特点以唤起人们的民族自尊心和自信心。

1.1.3 ▶ 认识室内设计的分类

人们根据建筑物的使用功能，对室内设计做了如下分类。

❶ 居住建筑室内设计

居住建筑室内设计，主要涉及住宅、公寓和宿舍的室内设计，包括前室、客厅、餐厅、书房、工作室、卧室、厨房和浴厕设计。

❷ 公共建筑室内设计

◈ **文教**：主要涉及幼儿园、学校、图书馆、科研楼的室内设计，包括门厅、过厅、中庭、教室、活动室、阅览室、实验室、机房等室内设计。

◈ **医疗**：主要涉及医院、社区诊所、疗养院的建筑室内设计，包括门诊室、检查室、手术室和病房的室内设计。

◈ **办公**：主要涉及行政办公楼和商业办公楼内部的办公室、会议室以及报告厅的室内设计。

◈ **商业**：主要涉及商场、便利店、餐饮建筑的室内设计，包括营业厅、专卖店、酒吧、茶室、餐厅的室内设计。

◈ **展览**：主要涉及各种美术馆、展览馆和博物馆的室内设计，包括展厅和展廊的室内设计。

◈ **体育**：主要涉及各种类型的体育馆、游泳馆的室内设计，包括用于不同体育项目比赛和训练及配套的辅助用房的设计。

◈ **娱乐**：主要涉及各种舞厅、歌厅、KTV、游艺厅的建筑室内设计

◈ **交通**：主要涉及公路、铁路、水路、民航车站、码头建筑，包括候机厅、候车室、候船厅、售票厅等室内设计。

❸ 工业建筑室内设计

工业建筑室内设计主要涉及各类厂房的车间和生活间及辅助用房的室内设计。

❹ 农业建筑室内设计

农业建筑室内设计，主要涉及各类农业生产用房，如种植暖房、饲养房的室内设计。

1.1.4 ▶ 室内设计风格认识

所谓风格是一种人为的定义，建筑在漫长的历史演变中孕育出无数的形式与内涵。理论学者将部分典型或优秀的元素抽取出来，定义为某种风格。室内设计风格的形成，是随着不同时代的思潮和地域的特点，通过创作构思和表现，逐渐发展成为具有代表性的室内设计形式。

❶ 地中海风格

地中海的建筑犹如从大地与山坡上生长出来的，无论是材料还是色彩都与自然达到了某种共契。室内设计基于海边轻松、舒适的生活体验，少有浮华、刻板的装饰，生活空间处处使人感到悠闲自得，模型如图 1-2所示。

图 1-2 地中海风格模型

图 1-3 地中海风格拱型设计

总的来说，地中海风格具有如下特点。

◈ **浑圆曲线**：地中海沿岸的居民对大海怀有深深的眷恋，表现海水柔美而跌宕起伏的浪线在家居中是十分重要的设计元素。房屋或家具的线条不是直来直去的，显得比较自然，因而无论是家具还是建筑，都形成一种独特的浑圆造

型，如图1-3所示。

⊕ **厚墙**：地中海的人们为了阻挡耀眼的强光与夏日的热浪，住宅墙壁十分厚实，门窗相对狭小，如图1-4所示。

⊕ **屋顶**：典型的建筑形式为赤陶筒瓦坡屋顶，或者采用平顶而形成露台，如图1-5所示。

图1-4 地中海风格门、窗

图1-5 地中海风格圆顶

⊕ **伊斯兰装饰**：圆形的穹顶、马蹄形拱门、蔓叶装饰纹样和错综复杂的瓷砖镶嵌工艺，这些清真寺的元素都是地中海风格当中常见的，如图1-6所示。

⊕ **色彩**："地中海风格"对中国城市家居的最大魅力，来自其纯美的色彩组合。地中海地区的居民一直沿用蓝色辟邪的风俗。希腊的白色村庄、沙滩和碧海、蓝天连成一片，甚至门框、窗户、椅面都是蓝与白的配色，加上混着贝壳、细沙的墙面、小鹅卵石地、拼贴马赛克、金银铁的金属器皿，将蓝与白不同程度的对比与组合发挥到了极致，如图1-7所示。除了大片的蓝色之外，地中海风格中时常搭配的颜色有赭石色、棕土色、赤土色和土黄色。

⊕ **拱券**：门、窗和 平台上覆盖着圆形的拱券并组合相连形成拱廊，如图1-8所示。

图1-6 地中海风格装饰

图1-7 地中海风格色彩

图1-8 地中海风格拱券

2. 欧洲田园风格

田园风格是指采用具有"田园"风格的建材进行装修的一种方式。简单地说就是以田地和园圃特有的自然特征为形式手段，带有一定程度农村生活或乡间艺术特色，表现出自然闲适内容的作品或流派，如图 1-9 所示。

欧洲田园风格特点介绍如下。

◈ **回归自然**：田园风格倡导"回归自然"，美学上推崇"自然美"，认为只有崇尚自然、结合自然，才能在当今高科技快节奏的社会生活中获取生理和心理的平衡。因此，田园风格力求表现悠闲、舒畅、自然的田园生活情趣。粗糙和破损是允许的，只有这样才更接近自然。

◈ **自然的色彩与图案**：色彩大多来自于自然，如砂土色、玫瑰色、藤色、芥子酱色等，而常用的图案仍然带有农耕生活的细节，如花（尤其是小碎花）、草、树叶、编织纹、方格、条纹等，如图 1-10 所示。

图 1-9 田园风格模型

图 1-10 田园风格的色彩与图案

◈ **自然的材料**：田园风格的用料越自然越好，如图 1-11 所示。在织物的选择上多采用棉、麻等天然制品，其质感正好与田园风格不饰雕琢

的追求相契合，有时也在墙面挂一幅毛织壁挂，表现的主题多为乡村风景。

◈ **绿色植物**：通过绿化把居住空间变为"绿色空间"，如结合家具陈设等布置绿化，或者做重点装饰与边角装饰，还可沿窗布置，使植物融于居室，创造出自然、简朴的氛围，如图 1-12 所示。

图 1-11 田园风格材料

图 1-12 田园风格的室内绿植

3. 美式乡村风格

美式乡村风格摒弃了繁琐和奢华，并将不同风格中的优秀元素汇集融合，以舒适机能为导向，强调"回归自然"，突出了生活的舒适和自由，模型如图 1-13 所示。

图1-13 美式乡村风格模型

美式乡村风格装饰特点介绍如下。

◈ 色彩：乡村风格的色彩多以自然色调为主，绿色、土褐色较为常见，选择突显自然、怀旧、散发着浓郁泥土芬芳的颜色最为相宜，如图1-14所示。

◈ 壁纸：贴一些质感重的壁纸，壁纸多为纯纸浆质地，或者刷上颜色饱满的涂料；在墙面色彩选择上，自然、怀旧、散发着质朴气息的色彩成为首选。而近来年，逐步趋向于色彩清爽高雅的壁纸衬托家具的形态美，如图1-15所示。

图1-16　美式乡村风格家具

图1-14　美式乡村风格色彩

图1-17　美式乡村风格布艺

◈ 配饰：有古朴怀旧，乡村气息的软装家饰，如烛台、水果、摇椅、鹅卵石、不锈钢餐具，花艺、酒具饮品等，如图1-18所示美式乡村风格家居配饰效果图。

◈ 灯具：柔和温暖的光源容易营造美式田园家居的温馨感，一般以做旧铁艺吊灯和壁灯最多见，如图1-19所示。

◈ 壁炉：比邻乡村家居设置的壁炉，以红砖砌成，台面采用自制做旧的厚木板，营造出美式乡村风格的大家庭的客厅的效果，如图1-20所示。

图1-15　美式乡村风格壁纸

◈ 家具：一般以实木为主，家具颜色多仿旧漆，做旧，式样厚重体形偏大，有点显的笨重样式看上去很粗犷。以白橡木、桃花心木或樱桃木为主，线条简单。如图1-16所示。

◈ 布艺：棉布是主流，上面往往描绘有色彩鲜艳、体形较大的花朵，或靓丽的异域风情和鲜活的鸟虫鱼图案。还有比较亲近自然，典雅恬静的风格，如图1-17所示。

图1-18　美式乡村风格配饰

图 1-19　美式乡村风格灯具

图 1-20　美式乡村风格壁炉

4. 中式风格

中国传统的室内设计融合了庄重与优雅双重气质，中式风格并不是元素的堆砌。而是通过对传统文化的理解和提炼将现代元素与传统元素相结合，以现代人的审美需求来打造富有传统韵味的空间，让传统艺术在当今社会得以体现。它在设计上继承了唐代、明清时期家居理念的精华，将其中的经典元素提炼并加以丰富，同时摒弃原有空间布局中等级、尊卑等封建思想，给传统家居文化注入了新的气息，如图1-21所示为中式模型效果图。

图1-21　中式风格模型

中式风格设计特点介绍如下：

⊕ 空间：空间上讲究层次，多用隔窗、屏风来分割，用实木做出结实的框架，以固定支架，中间用棂子雕花，做成古朴的图案，如图 1-22 所示。

⊕ 门窗：门窗对确定中式风格很重要，因中式门窗一般均是用棂子做成方格或其他中式的传统图案，用实木雕刻成各种题材造型，打磨光滑，富有立体感。如图 1-23所示为中式风格落地罩，有时候代替门窗分隔空间。

图 1-22　中式风格空间

图 1-23　中式风格落地罩

⊕ 天花：天花以木条相交成方格形，上覆木板，也可做简单的环形的灯池吊顶，用实木做框，层次清晰，漆成花梨木色，如图1-24所示。

⊕ 家具：家具陈设讲究对称，重视文化意蕴，配饰擅用字画、古玩、卷轴、盆景等精致的工艺品加以点缀，更显主人的品味与尊贵，木雕以壁挂为主，更具有文化韵味和独特风格，体现中国传统家居文化的独特魅力，如图 1-25所示。

图 1-24 中式风格天花吊顶

图 1-25 中式风格家具

5 欧式风格

欧式风格在时间和历史的演变下，又分为三种风格，分别为简欧、巴洛克和洛可可风格。

简欧风格

简欧风格在形式上以浪漫主义为基础，其特征是强调线型流动的变化，将室内雕刻工艺集中在装饰和陈设艺术上，常用大理石、华丽多彩的织物、精美的地毯、多姿曲线的家具，让室内显示出豪华、富丽的特点，充满强烈的动感效果。一方面保留了材质、色彩的大致风格，让人感受到传统的历史痕迹与浑厚的文化底蕴，同时又摒弃过于复杂的肌理和装饰，简化了线条。

简欧风格将怀古的浪漫主义情怀与现代人对生活的需求相结合，兼容华贵典雅与时尚现代，反映出后工业时代个性化的美学观点和文化品位。简欧风格模型效果图如图1-26所示。

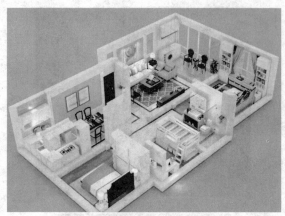

图1-26 简欧风格模型

简欧风格的特点介绍如下。

◈ 家具：家具的选择，与硬装修上的欧式细节应该是相称的，选择深色、带有西方复古图案以及非常西化的造型的家具，与大的氛围和基调相和谐，如图 1-27所示。

◈ 墙面装饰材料：墙面装饰材料可以选择一些比较有特色的来装饰房间，比如借助硅藻泥墙面装饰材料进行墙面圣经等内容的展示，就是很典型的欧式风格。当然简欧风格装修中，条纹和碎花也是很常见，如图 1-28所示。

图 1-27 简欧风格家具

图 1-28 简欧风格壁纸

- 灯具：灯具可以选择一些外形线条柔和些或者光线柔和的灯，像铁艺枝灯是不错的选择，有一点造型、有一点朴拙，如图 1-29 所示。

图 1-29　简欧风格灯具

- 装饰画：欧式风格装修的房间应选用线条繁琐，看上去比较厚重的画框，才能与之匹配。而且并不排斥描金、雕花甚至看起来较为隆重的样子，相反，这恰恰是风格所在，如图 1-30 所示。

图 1-30　简欧风格装饰画

- 色彩：简欧风格的色彩多以象牙白为主色调，以浅色为主深色为辅。底色大多采用白色、淡色为主，家具则是白色或深色都可以，但是要成系列，风格统一为上，如图 1-31 所示。

图1-31 简欧风格不同配色

巴洛克风格

巴洛克风格是17~18世纪在意大利文艺复兴建筑基础上发展起来的一种建筑和装饰风格。其特点是外形自由，追求动态，喜好富丽的装饰和雕刻、强烈的色彩，常用穿插的曲面和椭圆形空间，如图 1-32所示。

洛可可风格

洛可可风格是在巴洛克风格的基础上发展而来的，纤弱娇媚、华丽精巧、甜腻温柔、纷繁琐细，室内应用明快的色彩和纤巧的装饰，家具也非常精致而偏于繁琐。洛可可艺术在形成过程中收到中国艺术影响，大量使用曲线和自然形态做装饰，特别是在园林设计、室内设计、丝织品、漆器等方面，如图1-33所示。

图1-32 巴洛克风格

图1-33　洛可可风格

图 1-35　日式风格榻榻米

❻ 日式风格

日式风格又称和风，领略不俗风采，典雅又富有禅意的日式家居风格在我国可谓是大行其道，异域风格的表现手法深得人们的喜爱，还能领略到其中不俗的韵味。日式风格追求一种悠闲、随意的生活意境，空间造型极为简洁，在设计上采用清晰的线条，而且在空间划分中摒弃曲线，具有较强的几何感，模型如图1-34所示。

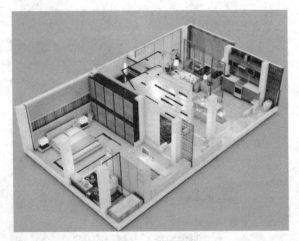

图1-34　日式风格模型

日式装修风格的特点介绍如下。

❖ 榻榻米：日式家居装修中，散发着稻草香味的榻榻米，营造出朦胧氛围的半透明樟子纸，以及自然感强的天井，贯穿在整个房间的设计布局中，而天然质材是日式装修中最具特点的部分。如图 1-35所示榻榻米的设计。

❖ 日式推拉格栅：日式设计风格直接受日本和式建筑影响，讲究空间的流动与分隔，流动则为一室，分隔则分几个功能空间，空间中总能让人静静地思考，禅意无穷，如图1-36所示。

图 1-36　日式推拉格栅

❖ 传统日式茶桌：传统的日式家具以其清新自然、简洁淡雅的独特品味，形成了独特的家具风格，如图1-37所示。对于活在都市森林中的我们来说，日式家居环境所营造的闲适写意、悠然自得的生活境界，也许就是我们所追求的。

图1-37　日式风格茶桌

❖ 色彩搭配多以米色和白色为主：新派日式风格家居以简约为主，日式家居中强调的是自然色彩的沉静和造型线条的简洁，和室的门窗大多简洁透光，家具低矮且不多，给人以宽敞明亮的感觉，如图1-38所示。

- 原木色家具：秉承日本传统美学中对原始形态的推崇，原封不动地表露出水泥表面、木材质地、金属板格或饰面，着意显示素材的本来面目，加以精密的打磨，表现出素材的独特肌理——这种过滤的空间效果具有冷静的、光滑的视觉表层性，却牵动人们的情思，使城市中人潜在的怀旧、怀乡、回归自然的情绪得到补偿，如图1-39所示。

图 1-38　日式风格色彩

图 1-39　日式风格家具

- 和风面料和枯山水：古色古香的和风面料，为现代简约的居室空间增添了民族风味，如图1-40所示。"枯山水"风格的日式花艺更是与极简的风格搭配得十分和谐，如图1-41所示。

图 1-40　和风面料

图 1-41　枯山水

7. 北欧风格

- 北欧风格将艺术与实用结合起来形成了一种更舒适更富有人情味的设计风格，它改变了纯北欧风格过于理性和刻板的形象，融入了现代文化理念，加入了新材质的运用，更加符合国际化社会的需求。深受广大人们的喜爱。如图1-42所示为北欧风格室内效果图。

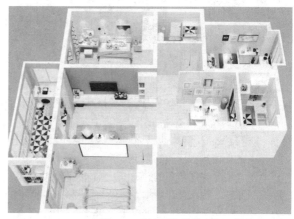

图1-42　北欧风格模型

北欧风格特点总结如下。

- 空间：北欧风格在处理空间方面一般强调室内空间宽敞、内外通透，最大限度引入自然光。在空间平面设计中追求流畅感，墙面、地面、顶棚以及家具陈设乃至灯具器皿等均以简洁的造型、纯洁的质地、精细的工艺为其特征，效果如图1-43所示。
- 木材：木材是北欧风格装修的灵魂。为了利于室内保温，因此北欧人在进行室内装修时大量使用了隔热性能好的木材。这些木材基本上都使用未经精细加工的原木，保留了木材的原始色彩和质感，如图1-44所示。

图 1-43　北欧风格效果

图 1-46　北欧风格家居色彩

图 1-44　北欧风格木制家具

- 室内装饰：北欧室内装饰风格常以简约、简洁恰到好处为主，如图 1-45所示。常用的装饰材料还有石材、玻璃和铁艺等，但都无一例外的保留这些材质的原始质感。
- 色彩：家居色彩的选择上，偏向浅色如白色、米色、浅木色。常常以白色为主调，使用鲜艳的纯色为点缀；或者以黑白两色为主调，不加入其它任何颜色，如图 1-46所示。空间给人的感觉干净明朗，绝无杂乱之感。此外，白、黑、棕、灰和淡蓝等颜色都是北欧风格装饰中常使用到的颜色。

8. 新装饰艺术派风格

　　新装饰艺术派风格的表现形式融合了各国当地的本土特征而更加多元化，很难再在世界范围内形成统一、流行的风格。但它仍具有某些一致的特征，如注重表现材料的质感、光泽；造型设计中多采用几何形状或用折线进行装饰；色彩设计中强调运用鲜艳的纯色、对比色和金属色，造成华美绚烂的视觉印象，如图1-47所示。

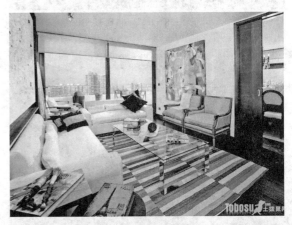

图1-47　新装饰艺术风格

图 1-45　北欧风格室内装饰

9. 平面美术风格

　　室内设计中的平面美术风格就是将整个室内空间当做一块巨大的画布，在上面进行各种美术形式的创作。如传统壁画、现代绘画、摄影、文字、色彩、线条以及各种平面构成艺术，一切用于平面的美术形式都可以用于立体的室内空间当中。

平面美术风格因其大胆与奔放，不受传统室内设计理论的制约，也被称为超级平面美术风格。这种风格的室内设计常常采用反常规的设计手法，例如将外景引入室内、采用远远超出过去的审美承受度的浓烈色彩、尺度变化自由，同时又与照明设计有机地结合起来，产生令人而耳目一新的效果，如图1-48所示。

图1-48 平面美术风格

⓾ LOFT风格

Loft在牛津词典上的解释是"在屋顶之下、存放东西的阁楼"现在所谓的Loft指的是那些"由旧工厂或旧仓库改造而成的，少有内墙隔断的高挑敞开空间"。Loft的内涵是高大而敞开的空间，具有流动性、开发性、透明性、艺术性等特征。它对现代城市有关工作、居住分区的概念提出挑战，工作和居住不必分离，可以发生在同一个大空间中，厂房和住宅之间出现了部分重叠。Loft生活方式使居住者即使在繁华的都市中，也仍然能感受到身处郊野时那种不羁的自由，模型如图1-49所示。

图1-49 Loft风格模型

Loft的风格特点介绍如下：

♦ 空间

Loft最使人心动的不只是超大尺度的空间和高质量的采光，还有那沉浸在古老建筑中的感觉，Loft的空间有非常大的灵活性，人们可以随心所欲地创造自己梦想中的家、梦想中的生活，人们可以让空间完全开放，也可以对其分隔，从而使它蕴涵个性化的审美情趣。

♦ 光线

Loft最吸引人的重要原因之一是充足的自然光线，巨大的工业高窗将大片阳光洒向室内。有一种常用的设计方法是将钢架屋顶上的屋面板凿空，从而形成天井，阳光和景色透过天窗和采光口被引向内部空间，如图 1-50所示。

♦ 空间的特色

Loft的空间可以是开敞、高大的，还可以是狭小的，重点是一定要自由、流动，具有灵活性和创新性，如图 1-51所示。

图 1-50 Loft风格的空间窗户

图 1-51 Loft风格空间

● 隔墙的形式

在Loft空间中，隔墙也与Loft风格相搭。如图1-52所示的是Loft风格的隔断空间，不仅将空间分隔，还保留了Loft的工业风格。

● 景观空间

Loft的屋顶花园与内院可以将花园引入房子自身的空间中。如果你没有屋顶平台，仍然有许多富有创意的方法可以将室外风景带入室内。比如在室内种植各种花卉、青草、蔬菜或芳香植物等，如果植物足够高的话，还可以用它们来分隔空间，如图1-53所示。

图 1-52 Loft风格隔断空间

图 1-53 Loft融入景观因素

● 工业元素

◉ 原有工业元素：将空间的历史原汁原味地保留下来的最好方式就是尽可能的少改动原结构，不论是红砖、钢管还是剥落的墙纸，尽量暴露出原始的构件和材料。要体现原有工业元素就要尽可能地尊重原有建筑结构、原有材料和原有的设备，如图1-54所示。

◉ 工业材料：如果你的Loft空间没什么工业特征，那就在室内装修中加入一些工业材料。例如玻璃、砖石、水泥、金属和木材等，如图

1-55所示的管道吊顶。

图 1-54 Loft风格　　　　图 1-55 Loft风格工业材料
隔原有工业元素

◉ 工业时代的气息：为了达到工业遗产与现代生活的统一，Loft需要将那些既矛盾又有联系的东西编织在一起。既要有感性的创意，又要有理性设计的秩序，工业时代的力量、车间的形象、环保的意识以及今昔时代的对比都是创造工业气息的绝佳载体，如图1-56所示。

图1-56 Loft风格工业时代气息

● 家具

Loft不排斥与任何其他风格并存，因而也不排斥任何类型的家具。比如复古的、现代的、特异的、废物改造的等。

◉ 传统家具：在这里所指的传统家具并不是带有古典意味或民族传统的老式家具，而是指不特意为Loft而设计的，在家具店可以买到的任何家具，分别为普通家具、可移动家具和极简主义家具，如图1-57所示。

图 1-57 Loft风格传统家具

⊙ 创意家具：创意家具的类型有特异家具、分割
空间的家具和可变化的家具，放置在Loft空间
里面同样出色，如图 1-58 所示。

图 1-58　Loft风格创意家具

⊙ 工业家具：这里的工业家具是指专为Loft设计
的特殊家具或者采用工业产品的废弃物为原料
改造而成的家具，例如废旧铸铁暖气片制成的
桌椅、断裂不锈钢管制成的搁物架等，如图
1-59所示。

图1-59　工业风格家具

1.2　室内空间布局

人们对于居住空间的需求不断提高，人们的生活方式和居住行为也不断发生变化，追求舒适的家居
生活环境已成为一种时尚。现代的家庭生活日趋多元化和多样化，尤其是住宅商品化概念的推出，进一
步强化了人们的参与意识，富有时代气息、强调个性的住宅室内设计备受人们的青睐。人们越来越注重
住宅室内设计在格调上能充分体现个人的修养、品味和意志，希望通过住宅空间氛围的营造，多角度展
示个人的情感和理念。

1.2.1　室内空间构成

室内的空间构成实质上是由家庭成员的活动性
质和活动方式所决定的，涉及的范围广泛、内容复
杂，但归纳起来大致可以分为公共活动空间、私密
性空间、家务空间三种不同性质的空间。

1 公共活动空间

公共活动空间是以家庭成员的公共活动需求
为主要目的的综合空间，主要包括团聚、视听、娱
乐、用餐、阅读、游戏以及对外联系或社交活动的
内容，而且这些活动的性质、状态和规律，因不同
的家庭结构和特点不同有着极大的不一样。从室内
空间的功能上看，依据需求的不同，基本上可以定
义出门厅、客厅、餐厅、游戏室等属于群体活动性

质的空间，如图1-60所示。而规模较大的住宅，除
此之外有的还设有独立的健身房和视听室。

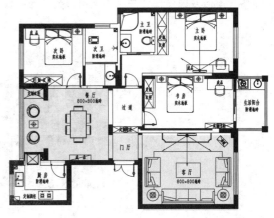

图1-60　公共活动空间

2. 私密性空间

私密性空间是为家庭成员私密性行为所提供的空间。它能充分满足家庭成员的个体需求，是家庭和谐的重要基础。其作用是使家庭成员之间能在亲密之外保持适度的距离，以维护家庭成员必要的自由和尊严，又能解除精神压力和心理负担，是获得自我满足、自我坦露、自我平衡和自我抒发不可缺少的空间区域，私密性空间主要包括卧室、书房和卫生间等空间，如图1-61所示。完善的私密性空间要求具有休闲性、安全性和创造性。

图1-62 家务空间

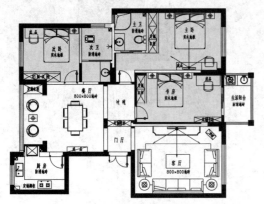

图1-61 私密性空间

3. 家务空间

家务主要包括准备膳食、洗涤餐具、清洁环境、洗烫衣物、维修设备等活动。一个家庭需要为这些活动提供充分的设施和操作空间，以便提高工作效率，使繁杂的各种家务劳动能在省时省力的原则下顺利完成。而方便、舒适、美观的家务空间又可使工作者在工作的同时保持愉快的心情，把繁杂的家务劳动变成一种生活享受。家务空间主要包括厨房、家务室、洗衣间、储藏室等空间，如图1-62所示。家务空间设计应该把合适的空间位置、合理的设备尺度以及现代科技产品的采用作为设计的着眼点。

1.2.2 ▶ 室内空间布局原则

空间设计是整个室内设计中的核心和主体，因为空间设计中，我们要对室内空间分隔合理，使得各室内功能空间完整而又丰富多变。同时在平面关系上要紧凑，要考虑细致入微，使得建筑实用率提高。总之，空间处理的合理性能影响到人们的生活、生产活动。所以，我们也可以说空间处理是室内其他一切设计的基础。因此对于空间布局来说，需满足以下9项原则。

1. 功能完善、布局合理

居住功能分配是室内家装设计的核心问题。人们生活水平的提高、人均居住面积的日益增大，住宅空间的功能也在不断地发生着变化，追求功能完善以满足人们多样的需求已成为一种时尚。现在室内设计要求住宅空间的布局更加合理，空间系统的组织方式更加丰富，流动的、复合型的空间形态逐渐取代了呆板的、单一型的空间形态。同时，功能的多样化也为室内空间的布局提供了多种选择的余地。从总体上来讲，室内空间的各种使用功能是否完善、布局是否合理是衡量住宅空间设计成功与否的关键。如图1-63所示为室内家居功能分布图。

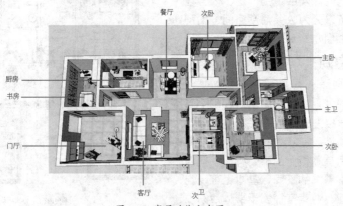

图1-63 家居功能分布图

2. 动静明确、主次分明

室内住宅空间无论功能多么完善、布局多么合理，还必须做到动、静区域明确。动、静区域的划分是以人们的日常生活行为来界定的。一般家居中的客厅、餐厅、厨房、视听室、家务室等群体活动比较多的区域属于动态区域。它的特点是参与的人比较多而且群聚性比较强，这部分空间一般应布置在接近住宅的入口处。而住宅的另一类空间，如卧室、书房、卫生间等则需要相对隐蔽和安静，属于静态区域，其特点是对安全性和私密性要求比较高，这部分空间一般应尽量远离住宅的入口，以减少不必要的干扰。在住宅室内空间设计中不仅要注意做到动、静区域明确还要注意分明主次，如图1-64所示。

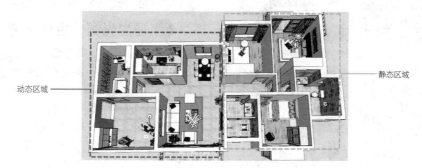

动态区域

静态区域

图1-64 家居动、静区分布图

3. 规模适度、尺度适宜

在当今我国的商品住宅中，建筑层高一般控制在2.7m左右，卧室的开间尺寸大多数在3.3~4.2m。以人本身作为衡量尺度的依据，在室内空间中与人体功能和人身活动最密切、最直接接触的室内部件是衡量尺度是否合理的最有力的依据。空间尺度是相对的，尺度是和比例密切相关的一个建筑特性。例如，同样的室内空间高度，面积大的室内空间会比面积小的室内空间显得低矮，面积越大这种感觉越强烈。所以设计师在设计时，要根据业主的实际家装环境因地制宜的设计，如图1-65所示。

图1-65 家居规模适度、尺度适宜

4. 风格多样、造型统一

任何艺术上的感受够必须具有统一性，这是一个公认的艺术评判原则。在进行住宅室内空间设计时，建筑本身的复杂性及使用功能的复杂性势必会演变成形式的多样化，因此，设计师的首要任务就是要把因多样化而造成的杂乱无章通过某些共同的造型要素使之组成引人入胜的统一。例如，在现实生活中，有时尽管购置的室内物品都是非常理想的物品，但是将它们放置在一起会非常不协调，形不成一个统一的、美观的室内环境。究其原因就是由于没有一个统一的设想，缺乏对室内环境与装饰的通盘构思。通常在设计时首先需要从总体上根据家庭成员的组成、职业特点、经济条件以及业主本人的爱好进行通盘考虑，逐步形成一个总体设想，即所谓"意在笔先"，然后才能着手进行下一步具体的设计。

虽然现代住宅空间设计造型多样化，各类风格百花齐放，但是住宅室内环境设计仍然以造型简洁、色彩淡雅为好。简洁雅淡有利于扩展空间，形成恬静宜人、轻松休闲的室内居住环境，这也是住宅室内环境的使用性质所要求的，如图 1-66所示。

5. 利用空间、突出重点

尽管现代人们的居住环境已经得到改善，人均居住面积有了大幅度提高，但是有效利用空间仍然是设计师思考的重点。从使用功能和使用方便角度着想，空间布局要紧凑合理，尽量减少较封闭和功能单一的通道，应有效利用空间，可以在门厅、厨房、楼梯下方、走道等处设置吊柜、壁柜等，如图1-67所示。如果住宅面积过小，还可以布置折叠或多功能家具，以减少对空间的占用，从而达到有效利用空间的目的。

图 1-66　家居风格多样、造型统一

图 1-67　家居利用空间

6. 色彩和谐、选材正确

居住空间的气氛受色彩的影响是非常大的，色彩是人们在住宅室内环境中最为敏感的视觉感受。赏心悦目、协调统一的室内色彩配置是住宅室内环境设计的基本要求。

主调。室内色彩应有主调或基调，冷暖、性格、气氛都通过主调来体现。对于规模较大的建筑，主调更应该贯穿整个建筑空间，在此基础上再考虑局部的、不同部位的适当变化。即希望通过色彩达到怎样的感受，是典雅还是华丽，安静还是活跃，纯朴还是奢华，用色彩言语表达并非那么容易，要在许多色彩方案中，认真仔细地去鉴别和挑选。

主调确定以后，就应考虑色彩的施色部位及其比例分配。作为主色调，一般应占有较大比例，而次色调作为主调色的配色，只占小的比例。背景色、主题色、强调色三者之间的色彩关系决不是孤立的、固定的，如果机械地理解和处理，必然千篇一律，变得单调，所以我们在做设计之时，既要有明确的图底关系、层次关系和视觉中心，但又不刻板、僵化，才能达到丰富多彩。如图 1-68所示效果图，确定以灰色调主调，所以整个家居家具都是配合灰色调而来，并没出现过艳的颜色，使整个家

居和家居更好的融合，达到一种和谐的自然效果。

材料质地肌理的组合设计在当代室内环境中运用得相当普遍，室内设计理念要通过材料的质地美感来来体现，材质肌理的组合设计直接影响到室内环境的品味与个性。当代室内设计中的材质运用需遵循三点：充分发挥材质纹理特征，强化空间环境功能；强调材料质地纹理组合的文化与统一；提倡运用新材料，尝试材质组合设计新方法。

7. 适当光源、合理配置

人和植物一样，需要日光的哺育，在做室内设计时，要尽可能保持室内有足够的自然采光，一般要求窗户的透光面积与墙面之比不得少于1/5。要让人们最大限度地享受自然光带来的温馨与健康。

除此之外，灯光照明也是光源的一部分。灯具品种繁多，造型丰富，形式多样，所产生的光线有直射光、反射光、漫射光。它们在空间中不同的组合能形成多种照明方式，因此合理地配置灯光就非常重要。良好的光源配置比例应该是：5/3/1，即投射灯和阅读灯等集中式光源，光亮度最强为"5"时，给人柔和感觉得辅助光源为"3"，而提供整个房间最基本的照明光源则为"1"。在选择家居照明光源时，要遵循功能性原则、美观性原则、经济性原则、安全性原则等。如图 1-69所示效果图，在一定的自然光源下，加入不那么刺眼的灯光，既满足了照明需求，柔和的灯光也使人感到舒适。

图 1-68　色彩和谐

图 1-69　适当光源、合理配置

8. 强调感受、体现个性

室内家居是以家庭为对象的人文生活环境。不同的生活背景和生活环境，使人的性格、爱好有很大的差异，而不同的职业、民族和年龄又促成了每个人个性特征的形成。个性特征的差异导致对家居审美意识、功能要求的不同。所以，住宅空间设计必须要保持时代特色的前提下，强调人们的自我感受，要体现与众不同的个性化特点，才能显示出独具风采的艺术魅力，如图 1-70所示。

图 1-70　强调感受、体现个性

9. 经济环保、减少污染

设计的本质之一在于目的和价值的实现，这本身也包含了丰富的经济内容。提倡在经济上量力而行既是对业主提出的要求，也是对设计师提出的要求，利用有限的资金创造出优雅舒适的室内空间环境来，也正是现代设计师基本素质和能力的体现。环保观念已经深入人心，所以在家装中，我们也尽量减少使用有污染的材料，在设计中要牢固树立保护生态、崇尚绿色、回归自然、节省资源的观念，如图 1-71所示。

图 1-71　经济环保

1.2.3 ▶ 室内各空间分析

开始室内设计之前首先要进行功能的分析，室内设计不是纯艺术品，从某种角度上说是一种产品，作为产品首要满足的是功能，即人对产品的需求，其实这才是其艺术价值。所以室内设计的前提是进行功能分析，然后再功能分析的前提下进行划分。本小节讲述室内各空间的功能分析。

1. 入户花园

入户花园介于客厅和入户门之间，起到连接与过渡的作用，有类似于玄关的概念。入户花园通常只有一面或两面墙面，也被称为室内屋顶花园。

入户花园以绿化设计为主，对提高生活品质具有积极意义。入户花园不是指简单室内绿化，而是一种经过精心设计布置的有水体、植物、平台和小品等园林要素的庭院式花园。将地面上的花园搬到室内，让忙碌了一天的人们能够有更多的时间来接触自然，放松心情，让绿色植物调整人们的情绪，从而达到有益身心健康，改善生活质量的效果。入户花园效果图如图 1-72所示。

图 1-72　入户花园

2. 玄关

玄关在室内设计中指的是居室入口的一个区域，专指住宅室内与室外的一个过渡空间，也就是进入室内换鞋、更衣或从室内去室外的缓冲空间，也有人把它叫做斗室、过厅或门厅。在住宅中玄关虽然面积不大，但使用频率较高，是进出住宅的必经之处。玄关是室内设计的开始，犹如文章的开篇一定要简明扼要，对整个室内设计的风格、品味有点题的作用。玄关效果图如图 1-73所示。

图 1-73 玄关

3. 客厅

客厅是家居空间中会客、娱乐和团聚等活动的空间。在家居室内空间设计的平面布置中，客厅往往占据非常重要的地位，客厅作为家庭外交的重要场所，更多用来彰显一个家庭的气度与公众形象，因此规整而庄重，大气且大方是其主要追求，客厅中主要的生活用具包括沙发、茶几电视及音响等，有时也会放置饮水机。客厅效果图如图 1-74所示。

图 1-74 客厅

4. 餐厅

现代家居中，餐厅正日益成为重要的活动场所，布置好餐厅，既能创造一个舒适的就餐环境，还会使居室增色不少。餐厅设计必须与室内空间整体设计相协调，在设计理念上主要把握好温馨、简单、便捷、卫生、舒适，在色彩处理上以暖色调为主，同时色彩对比应相对柔和，如图 1-75所示。

图 1-75 餐厅

5. 书房

书房又称家庭工作室，是作为阅读、书写以及业余学习、研究、工作的空间。特别是从事文教、科技和艺术工作者必备的活动空间。功能上要求满足书写、阅读、创作、研究、书刊资料贮存以及兼有会客交流的条件，力求创造幽雅、宁静、舒适的室内空间，如图 1-76所示。

6. 卧室

卧室是属于纯私人空间，在进行卧室设计时首先应考虑的是让你感到舒适和安静，不同的居住者对于卧室的使用功能有着不同的设计要求，卧室布置的原则是如何最大限度地提高舒适度和私密性，所以卧室布置要突出的特点是清爽、隔声、软和柔，如图 1-77所示。

图 1-76 书房

图 1-77　卧室

7. 卫生间

住宅卫生间空间的平面布局因业主的经济条件、文化、生活习惯及家庭人员而定，与设备大小、形式有很大关系。在布局上可以将卫生设备组织在一个空间中，也有分置在几个小空间中。在平面布设计上可分为兼用型、独立型和这种型3种形式。

- ⊕ 第1种：独立型。卫浴空间比较大的家居空间，独立卫生间设计可以将洗衣、洗漱化妆、

洗浴及坐便器等分为独立的空间。
- ⊕ 第2种：兼用型。把浴盆、洗脸池、便器等洁具集中在一个空间中，称之为兼用型，兼用型的优点是节省空间、经济、管线布置简单等，缺点是一个人占用卫生间时，会影响其他人的使用。
- ⊕ 第3种：折中型。卫生间中的基本设备，部分独立部分放到一处的情况称之为折中型，折中型的优点是相对节省一些空间，组合比较自由，缺点是部分卫生设施设置于一室时，仍有互相干扰的现象，如图1-78所示。

图1-78　卫生间

1.3　认识室内设计要素

室内设计中各功能房间作为设计的基本要素，如图1-79所示，应满足起居、做饭、就餐、如厕、就寝、工作、学习以及储藏等功能需求。下面将主要从房间的家具、设备布置形式和房间尺寸及细部设计来对各个功能房间的设计要点展开叙述。

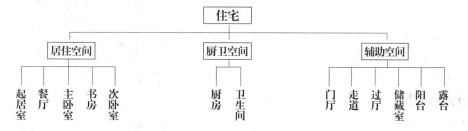

图1-79　室内设计之间的联系

1.3.1 ▶ 入户花园（门厅）的设计和尺寸

- ⊕ 当鞋柜、衣柜需要布置在户门一侧时，要确保门侧墙垛有一定的宽度：摆放鞋柜时，墙垛净宽度不宜小于400mm；摆放衣柜时，则不宜小于650mm，如图1-80所示。

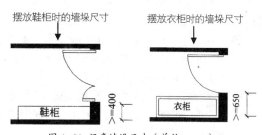

图1-80　门旁墙垛尺寸（单位：mm）

◉ 综合考虑相关家具布置及完成换鞋更衣动作，入户花园的开间不宜小于1500mm，面积不宜小于2m²，如图1-81所示。

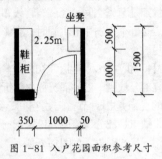

图1-81 入户花园面积参考尺寸

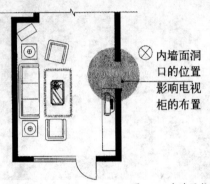

⊗ 内墙面洞口的位置影响电视柜的布置

1.3.3 ▶ 客厅空间的尺寸

❶ 面积

在不同平面布局的套型中，客厅面积的变化幅度较大。其设置方式大致有两种情况：相对独立的客厅和与餐厅合而为一的客厅。在一般的两室户、三室户的套型中，其面积指标如下：

◉ 客厅相对独立时，客厅的使用面积一般在15m²以上；

◉ 当客厅与餐厅合为一时，二者的使用面积控制在20～25m²；或共同占套内使用面积的25%～30%为宜，如图1-83所示。

❷ 开间(面宽)

客厅开间尺寸呈现一定的弹性，有在小户型中满足基本功能的3600mm小开间"迷你型"客厅，也有大户型中追求气派的6000mm大开间的"舒适型"客厅。

◉ 常用尺寸：一般来讲，110～150m²的三室两厅套型设计中，较为常见和普遍使用的起居面宽为3900～4500mm。

◉ 经济尺寸：当用地面宽条件或单套总面积受到某些原因限制时，可以适当压缩起居面宽至3600mm。

1.3.2 ▶ 客厅空间的设计要点

◉ 客厅的采光口宽度应为≥1.5m为宜。

◉ 客厅的家具一般沿两条相对的内墙布置，设计时要尽量避免开向客厅的门过多，应尽可能提供足够长度的连续墙面供家具"依靠"(我国《住宅设计规范》规定客厅内布置家具的墙面直线长度应大于3000mm)；如若不得不开门，则尽量相对集中布置，如图1-82所示。

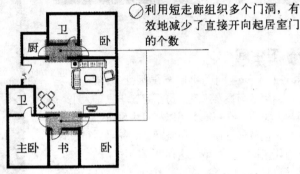

◯ 利用短走廊组织多个门洞，有效地减少了直接开向起居室门的个数

图1-82 内墙面长度与门的位置对客厅家具摆放的影响

◉ 舒适尺寸：在追求舒适的豪华套型中，其面宽可以达到6000mm以上，如图1-84所示。

图1-83 客厅与餐厅一体的设计

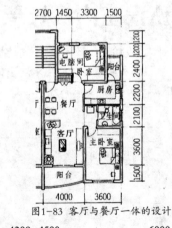

图1-84 客厅的面宽尺寸与家具布置

1.3.4 ▶ 餐厅的设计

⊕ 如有 3 ~ 4 人就餐，开间净尺寸不宜小于 2700mm，使用面积不要小于10 m²，如图1-85 所示。

⊕ 如有 6 ~ 8 人就餐，开间净尺寸不宜小于 3000mm，使用面积不要小于12 m²，如图1-86 所示。

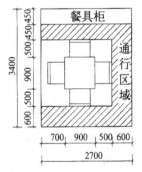

图1-85 3~4人用餐厅　　图1-86 6~8人用餐厅

1.3.5 ▶ 卧室的设计

　　卧室在套型中扮演着十分重要的角色。一般人的一生中近1/3的时间处于睡眠状态中，拥有一个温馨、舒适主卧室是不少人追求的目标。

⊕ 卧室应有直接采光、自然通风。因此，住宅设计应千方百计将外墙让给卧室，保证卧室与室外自然环境有必要的直接联系，如采光、通风和景观等。

⊕ 卧室空间尺度比例要恰当。一般开间与进深之比不要大于1:2。

　　卧室可分为主卧室和次卧室，本节主要介绍主卧室，次卧室的介绍请见1.3.6节。

1. 主卧室的家具布置

◆ 床的布置

⊕ 床作为卧室中最主要的家具，双人床应居中布置，满足两人不同方向上下床的方便及铺设、整理床褥的需要，如图1-87所示。

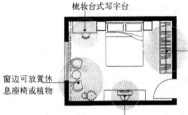

图1-87 主卧家具的布置要点

⊕ 床周边的活动尺寸：床的边缘与墙或其他障碍物之间的通行距离不宜小于500mm；考虑到方便两边上下床、整理被褥、开拉门取物等动作，该距离最好不要小于600mm；当照顾到穿衣动作的完成时，如弯腰、伸臂等，其距离应保持在900mm以上，如图1-88所示。

 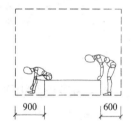

图1-88 床的边缘与墙或者其他障碍物之间的距离

⊕ 其他使用要求和生活习惯上的要求：床不要正对门布置，以免影响私密性，如图 1-89所示；床不宜紧靠窗摆放，以免妨碍开关窗和窗帘的设置，如图 1-90所示；北方或其他寒冷地区不要将床头正对窗放置，以免夜晚着凉，如图1-91所示。

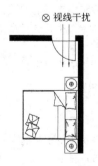 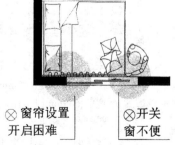

图 1-89 床对门布置影响卧室私密性　　图 1-90 床紧邻窗摆放会影响窗的开关操作和窗帘设置

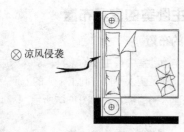

图1-91 床头对窗易导致着凉

其它家具布置

⊕ 对于兼有工作、学习功能的主卧室，需考虑布置工作台(写字台)、书架及相应的设备。

⊕ 对于年轻夫妇，还要考虑在某段时期放置婴儿床，同时又不影响其他家具的正常使用，如妨碍衣柜门的开启或使通道变得过于狭窄而不便通行等，各布置情况的优劣比较如图1-92所示。

图1-92 婴儿床布置的优劣比较

2. 主卧室的尺寸

◆ 面积

⊕ 一般情况下，双人卧室的使用面积不应小于$12m^2$。

⊕ 在一般常见的两~三室户中，主卧室的使用面积适宜控制在$15～20m^2$范围内。过大的卧室往往存在空间空旷、缺乏亲切感、私密性较差等问题，此外还存在能耗高的缺点。

◆ 开间

⊕ 不少住户有躺在床上边休息边看电视的习惯，常见主卧室在床的对面放置电视柜，这种布置方式，造成对主卧开间的最大制约。

⊕ 主卧室开间净尺寸可参考以下内容确定：

⊕ 双人床长度(2000～2300mm)；

⊕ 电视柜或低柜宽度(600mm)；

⊕ 通行宽度(600mm以上)；

⊕ 两边踢脚宽度和电视后插头突出等引起的家具摆放缝隙所占宽度(100～150mm)；

⊕ 因面宽时，一般不宜小于3300mm。设计为3600～3900mm时较为合适。

1.3.6 ▶ 次卧室的家具及布置

房间服务的对象不同，其家具及布置形式也会随之改变，以下主要介绍次卧的家具和布置情况。

1. 家具类型

次卧一般由家庭主人的小孩居住，因此其家具设备类型包括学龄期间的未成人常用品：单人床、床头柜、书桌、座椅、衣柜、书柜、计算机等。

2. 家具布置

次卧的家具布置要注意结合不同年龄段孩子的特征进行设计，具体介绍如下。

⊕ 青少年房间(13~18岁)：对于青少年来说，他们的房间既是卧室，也是书房，同时还充当客厅，接待前来串门的同学、朋友。因此家具布置可以分区布置：睡眠区、学习区、休闲区和储藏区，如图1-93所示。

⊕ 儿童房间(3～12岁)：当次卧室主人是儿童时，年龄较小，与青少年用房比较，还要特别考虑到以下几方面需求：

⊕ 可以设置上下铺或两张床，满足两个孩子同住或有小朋友串门留宿的需求；

⊕ 宜在书桌旁边另外摆一把椅子，方便父母辅导孩子做作业或与孩子交流，如图1-94所示；

⊕ 在儿童能够触及到的较低的地方有进深较大的架子、橱柜，用来收纳儿童的玩具箱等。

图1-93 青少年用房的分区布置

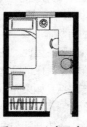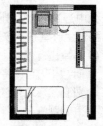

图1-94 儿童用房中布置座椅便于家长与孩子交流

3. 次卧室的尺寸

⊕ 次卧室功能具有多样性，设计时要充分考虑多种家具的组合方式和布置形式，一般认为次卧室房间的面宽不要小于2700mm，面积不宜小于10m²，如图1-95所示。

- 当次卧室用作老年人房间，尤其是两位老年人共同居住时，房间面积应适当扩大，面宽不宜小于3300mm，面积不宜小于13m²，如图1-96所示。
- 当考虑到轮椅的使用情况时，次卧室面宽不宜小于3600mm，如图1-97所示。

图 1-95 单人间次卧室尺寸

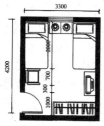 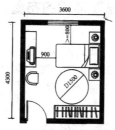

图 1-96 双人间次卧室尺寸　　图 1-97 考虑到轮椅使用情况的次卧室尺寸

1.3.7 ▶ 书房的家具布置

书房，又称家庭工作室，是作为阅读、书写以及业余学习、研究、工作的空间。特别是从事文教、科技、艺术工作者必备的活动空间。常见的书房家具布置形式如图1-98所示：

书房中形成讨论空间

 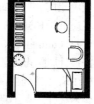

书房中设置沙发床　　书房中摆放单人床

图 1-98 书房常见的布置形式

1. 书桌和座椅的布置

- 在进行书桌布置时，要考虑到光线的方向，尽量使光线从左前方射入；同时当时常有直射阳光射入时，不宜将工作台正对窗布置，以免强烈变化的阳光影响读写工作，且不利窗的开关操作，如图1-99所示。
- 当书房的窗为低窗台的凸窗时，如将书桌正对窗布置时，则会将凸窗的窗台空间与室内分隔，导致凸窗窗台无法使用或利用率低，同时也会给开关窗带来不便，如图1-100所示。
- 北方地区暖气多置于窗下，使书桌难以贴窗布置，形成缝隙。易使桌面物品掉落。因此，设计时要预先照顾到书桌的布置与开窗位置的关系，如图1-101所示。

 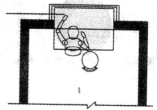

距离过远，开关窗操作不便

图 1-99 正对窗布置易受阳光直射且不利开关窗户

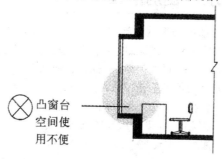

凸窗台空间使用不便

图 1-100 书桌与凸窗搭配使用不便

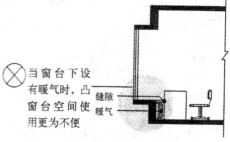

当窗台下设有暖气时，凸窗台空间使用更为不便

缝隙
暖气

图 1-101 布置暖气管情况下的书桌摆放

2. 书房的尺寸

● 书房的面宽

在一般住宅中，受套型总面积、总面宽的限制，考虑必要的家具布置，兼顾空间感受，书房的

面宽一般不会很大，最好在2600mm以上。

书房的进深

在板式住宅中，书房的进深大多在3～4m左右。因受结构对齐的要求及相邻房间大进深的影响（如起居室、主卧室等进深都在4m以上），书房进深若与之对齐，空间势必变得狭长。为了保持空间合适的长宽比，应注意相应的减小书房进深，如图1-102所示。

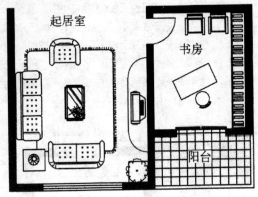

图1-102 控制书房进深的方式

1.3.8 ▶ 厨房的设计

市场调研表明，近几年居住者希望扩大厨房面积的需求依然较强烈。目前新建住宅厨房已从过去平均的5～6㎡扩大到7～8㎡，但从使用角度来讲，厨房面积不应一味扩大，面积过大、厨具安排不当，会影响到厨房操作的工作效率。

可以将厨房按面积分成三种类型，即：经济型、小康型、舒适型，分别介绍如下。

1. 经济型厨房

经济适用型住宅采用经济型厨房面积布置，其具体的布置特点如下。

- 面积应在5—6m²左右；
- 厨房操作台总长不小于2．4m；
- 单列和L形的设置时，厨房的净宽不小于1.8m，
- 双列设置时厨房净宽不小于2.1m；
- 冰箱可入厨，也可置于厨房近旁或餐厅内。

2. 小康型厨房

一般住宅宜采用小康型厨房面积布置，其具体的布置特点如下。

- 面积应在6～8m²左右；
- 厨房操作台总长不小于2.7m；
- "L"形设置时厨房净宽不小于1.8m；

- 双列设置时厨房净宽不小于2.1m；
- 冰箱尽量入厨。

3. 舒适型厨房

高级住宅、别墅等采用舒适型厨房面积布置，其具体的布置特点如下。

- 面积应在8～12m²左右；
- 厨房操作台总长不小于3.0m；
- 双列设置时厨房净宽不小于2.4m；
- 冰箱入厨，并能放入小餐桌，形成DK式厨房；
- 有条件的情况下，可加设洗衣间(家务室)、保姆间等，其面积值可进一步扩大。

1.3.9 ▶ 卫生间设备及布置

1. 便器的布置

坐便器的前端到前方门、墙或洗脸盆(独立式、台面式)的距离应保证在500～600mm左右，以便站起、坐下、转身等动作能比较自如，左右两肘撑开的宽度为760mm，因此坐便器的最小净面积尺寸应为800mm×1200mm。

2. 三件套

把三件套（浴盆或淋浴房、便器、洗脸盆）紧凑布置，可充分利用共用面积，一般面积比较小，在3.5～5m²左右。

四件套卫生间平面尺寸

3. 四件套

四件套（浴盆、便器、洗脸盆以及洗衣机）卫生间所占面积稍大，一般面积在5.5～7m²左右。

1.3.10 ▶ 阳台设计

- 开敞式阳台的地面标高应低于室内标高的30～150mm，并应有1%～2%的排水坡度将积水引向地漏或泻水管。
- 阳台栏杆需要具有抗侧向力的能力，其高度应满足防止坠落的安全要求低层、多层住宅不应低于1050mm，中高层、高层住宅不应低于1100mm的要求（《住宅设计规范》）。栏杆设计应防止儿童攀爬，垂直杆件净距不大于0.11m，以防止儿童钻出，如图1-103所示。
- 露台栏杆、女儿墙必须防止儿童攀爬，国家规范规定其有效高度不应小于1.1m，高层建筑不应小于1.2m。

- 应为露台提供上下水，方便住户洗涤、浇花、冲洗地面、清洗餐具等活动。

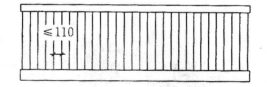

图1-103　阳台栏杆之间的间隙

1.4 室内设计图的内容

室内设计工程图是按照装饰设计方案确定的空间尺度、构造做法、材料选用、施工工艺等，并且遵照建筑及装饰设计规范所规定的要求编制的用于指导装饰施工生产的技术性文件；同时也是进行造价管理、工程监理等工作的重要技术性文件。

一套完整的室内设计工程图包括施工图和效果图。效果图是通过PS等图像编辑软件对现有图纸进行美化后的结果，对设计、施工意义不大；而AutoCAD则主要用来绘制施工图，施工图又可以分为平面布置图、地面布置图（地材图）、顶面布置图（顶棚图）、立面图、剖面图、详图等。本节介绍各类室内设计图的组成和绘制方法。

1.4.1 ▶ 平面布置图

平面布置图是室内设计工程图的主要图样，是根据装饰设计原理、人体工程学以及业主的需求画出的用于反映建筑平面布局、装饰空间及功能区域的划分、家具设备的布置、绿化及陈设的布局等内容的图样，是确定装饰空间平面尺度及装饰形体定位的主要依据。

平面布置图是假想用一个水平剖切平面，沿着每层的门窗洞口位置进行水平剖切，移去剖切平面以上的部分，对以下部分所做的水平正投影图。平面布置图其实是一种水平剖面图，绘制平面布置图时就首先要确定平面图的基本内容。

- 绘制定位轴线，以确定墙柱的具体位置；各功能分区与名称、门窗的位置和编号、门的开启方向等。
- 确定室内地面的标高。
- 确定室内固定家具、活动家具、家用电器的位置。
- 确定装饰陈设、绿化美化等位置及绘制图例符号。
- 绘制室内立面图的内视投影符号，按顺时针从上至下在圆圈中编号。
- 确定室内现场制作家具的定形、定位尺寸。
- 绘制索引符号、图名及必要的文字说明等。

如图 1-104所示为绘制完成的三居室平面布置图。

1.4.2 ▶ 地面布置图

地面布置图又称为地材图。同平面布置图的形成一样，有区别的是地面布置图不需要绘制家具及绿化等布置，只需画出地面的装饰分格，标注地面材质、尺寸和颜色、地面标高等。地面布置图绘制的基本顺序是：

（1）地面布置图中，应包含平面布置图的基本内容。

（2）根据室内地面材料的选用、颜色与分格尺寸，绘制地面铺装的填充图案，并确定地面标高等。

（3）绘制地面的拼花造型

（4）绘制索引符号、图名及必要的文字说明等。

如图 1-105所示为绘制完成的三居室地面布置图。

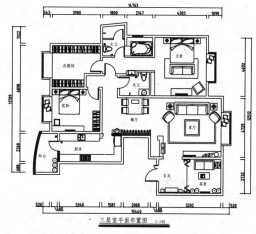

图 1-104　平面布置图

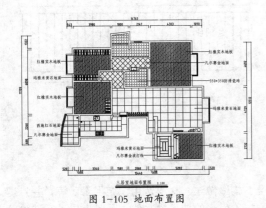

图 1-105 地面布置图

1.4.3 ▶ 顶棚平面图

　　顶棚平面图简称为顶棚图。是以镜像投影法画出反映顶棚平面形状、灯具位置、材料选用、尺寸标高及构造做法等内容的水平镜像投影图，是装饰施工图的主要图样之一。是假想以一个水平剖切平面沿顶棚下方门窗洞口的位置进行剖切，移去下面部分后对上面的墙体、顶棚所做的镜像投影图。在顶棚平面图中剖切到的墙柱用粗实线，未剖切到但能看到的顶棚、灯具、风口等用细实线来表示。

　　顶棚图绘制的基本步骤为：

　　（1）在平面图的门洞绘制门洞边线，不需绘制门扇及开启线。

　　（2）绘制顶棚的造型、尺寸、做法和说明，有时可以画出顶棚的重合断面图并标注标高。

　　（3）绘制顶棚灯具符号及具体位置，而灯的规格、型号、安装方法则在电气施工图中反映。

　　（4）绘制各顶棚的完成面标高，按每一层楼地面为 ±0.000 标注顶棚装饰面标高，这是实际施工中常用的方法。

　　（5）绘制与顶棚相接的家具、设备的位置和尺寸。

　　（6）绘制窗帘及窗帘盒、窗帘帷幕板等。

　　（7）确定空调送风口位置、消防自动报警系统以及与吊顶有关的音频设备的平面位置及安装位置。

　　（8）绘制索引符号、图名及必要的文字说明等。

　　如图1-106所示为绘制完成的三居室顶面布置图。

1.4.4 ▶ 立面图

　　立面图是将房屋的室内墙面按内视投影符号的指向，向直立投影面所作的正投影图。用于反映室内空间垂直方向的装饰设计形式、尺寸与做法、材料与色彩的选用等内容，是装饰施工图中的主要图样之一，是确定墙面做法的依据。房屋室内立面图的名称，应根据平面布置图中内视投影符号的编号或字母确定，比如②立面图、B立面图。

　　立面图应包括投影方向可见的室内轮廓线和装饰构造、门窗、构配件、墙面做法、固定家具、灯具等内容及必要的尺寸和标高，并需表达非固定家具、装饰构件等情况。绘制立面图的主要步骤是：

　　（1）绘制立面轮廓线，顶棚有吊顶时要绘制吊顶、叠级、灯槽等剖切轮廓线，使用粗实线表示，墙面与吊顶的收口形式，可见灯具投影图等也需要绘制。

　　（2）绘制墙面装饰造型及陈设，比如壁挂、工艺品等；门窗造型及分格、墙面灯具、暖气罩等装饰内容。

　　（3）绘制装饰选材、立面的尺寸标高及做法说明。

　　（4）绘制附墙的固定家具及造型。

　　（5）绘制索引符号、图名及必要的文字说明等。

　　如图1-107所示为绘制完成的三居室电视背景墙立面布置图。

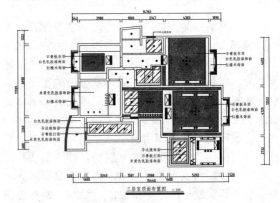

图 1-106 顶面布置图

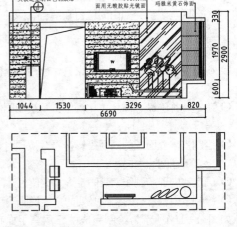

电视背景墙立面图　　1:50

图1-107 立面图

1.4.5 ▶ 剖面图

剖面图是指假想将建筑物剖开,使其内部构造显露出来;让看不见的形体部分变成了看得见的部分,然后用实线画出这些内部构造的投影图。

绘制剖面图的操作如下:

- ⊕ 选定比例、图幅。
- ⊕ 绘制地面、顶面、墙面的轮廓线。
- ⊕ 绘制被剖切物体的构造层次。
- ⊕ 标注尺寸。
- ⊕ 绘制索引符号、图名及必要的文字说明等。

如图1-108所示为绘制完成的顶棚剖面图。

1.4.6 ▶ 详图

详图又称为大样图,它的图示内容主要包括:装饰形体的建筑做法、造型样式、材料选用、尺寸标高;所依附的建筑结构材料、连接做法,比如钢筋混凝土与木龙骨、轻钢及型钢龙骨等内部龙骨架的连接图示(剖面或者断面图),选用标准图时应加索引;装饰体基层板材的图示(剖面或者断面图),如石膏板、木工板、多层夹板、密度板、水泥压力板等用于找平的构造层次;装饰面层、胶缝及线角的图示(剖面或者断面图),复杂线角及造型等还应绘制大样图;色彩及做法说明、工艺要求等;索引符号、图名、比例等。

绘制装饰详图的一般步骤为:

(1)选定比例、图幅。

(2)画墙(柱)的结构轮廓

(3)画出门套、门扇等装饰形体轮廓。

(4)详细绘制各部位的构造层次及材料图例。

(5)标注尺寸。

(6)绘制索引符号、图名及必要的文字说明等。

如图1-109所示为绘制完成的酒柜节点大样图。

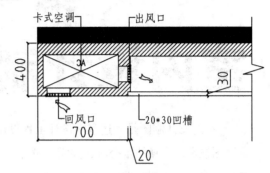

顶棚剖面图

图1-108 剖面图

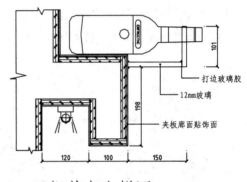

酒柜节点大样图

图1-109 详图

第2章
室内设计制图规范认识

　　室内设计制图是表达室内设计工程设计的重要技术资料，是施工进行的依据。为了统一制图技术，方便技术交流，并满足设计、施工管理等方面的要求，国家发布并实施了建筑工程各专业的制图标准。在2010年，国家新颁布了制图标准，包括《房屋建筑制图统一标准》、《总图制图标准》、《建筑制图标准》等几部制图标准。2011年7月4日，又针对室内制图颁布了《房屋建筑室内装饰装修制图标准》。

　　室内设计制图标准涉及图纸幅面与图纸编排顺序，以及图线、字体等绘图所包含的各方面的使用标准。本节为读者抽取一些制图标准中常用到的知识来讲解。

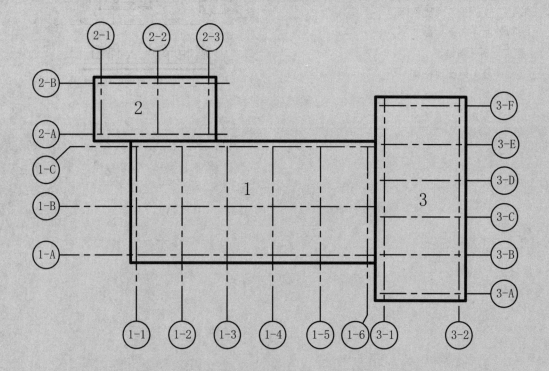

2.1 常用图幅和格式

室内设计制图多沿用建筑制图的方法和标准。但室内设计图样又不同于建筑图，因为室内设计是室内空间和环境的再创造，空间形态千变万化、复杂多样，其图样的绘制有其自身的特点。

2.1.1 ▶ 图幅大小

图纸幅面以及图框的尺寸，应符合表 2-1 的规定。

表 2-1　幅面及图框尺寸（单位：mm）

幅面代号	A0	A1	A2	A3	A4
B（宽）×L（长）	841×1189	594×841	420×594	297×420	210×297
a	25				
c	10				

在表 2-1 中B和L分别代表图幅长边和短边的尺寸，其短边与长边之比为1：1.4，a、c、e分别表示图框线到图纸边线的距离。图纸以短边作垂直边称为横式，以短边作水平称为立式。一般A1～A3图纸宜横式，必要时，也可立式使用，单项工程中每一个专业所用的图纸，不宜超过两种幅面。目录

及表格所采用的A4幅面，可不在此限。单项工程中每一个专业所用的图纸，不宜超过两种幅面。目录及表格所采用的A4幅面，可不在此限。

如有特殊需要，允许加长A0～A3图纸幅面的长度，其加长部分应符合表 2-2中的规定。

表 2-2　图纸长边加长尺寸（单位：mm）

幅面尺寸	长边尺寸	长边加长后尺寸
A0	1189	1486、1635、1783、1932、2080、2230、2378
A1	841	1051、1261、1471、1682、1892、2102
A2	594	743、891、1041、1189、1338、1486、1635、1783、1932、2080
A3	420	630、841、1051、1261、1471、1682、1892

2.1.2 ▶ 图框

表 2-1 的幅面以及图框尺寸与《技术制图　图纸幅面和格式》GB/T 14689规定一致，但是图框内标题栏根据室内装饰装修设计的需要略有调整。图纸幅面及图框的尺寸，应符合如图 2-1～图 2-4所示的格式。

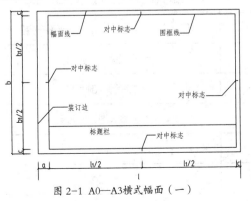

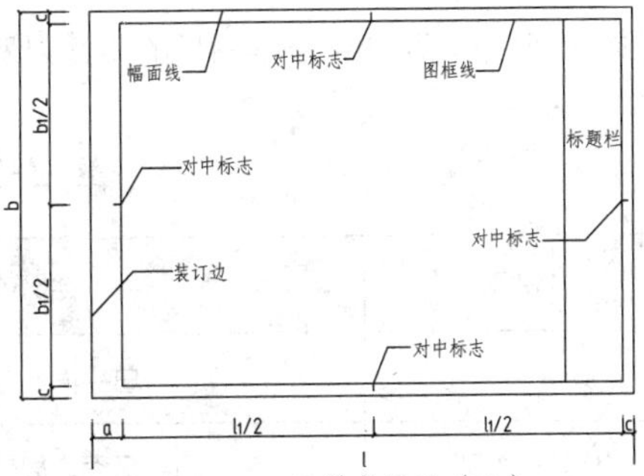

图 2-2　A0—A3横式幅面（二）

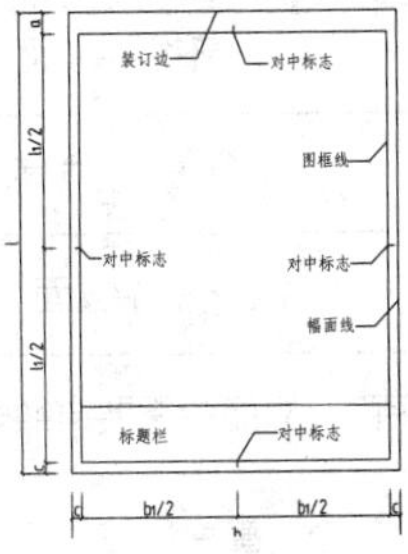

图 2-1　A0—A3横式幅面（一）

图 2-3　A0—A4横式幅面（一） 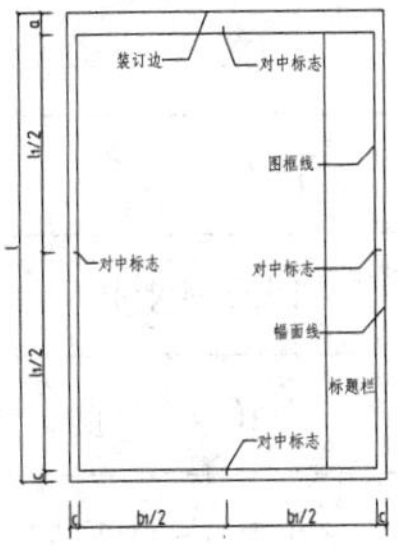　图 2-4　A0—A4横式幅面（二）

需要微缩复制的图纸，其一个边上应附有一段准确米制尺度，四个边上均附有对中标志，米制尺度的总长应为100mm，分格应为10mm。对中标志应画在图纸各边长的中点处，线宽应为0.35mm，伸入框内5mm。

图纸标题栏简称图标，是各专业技术人员绘图、审图的签名区及工程名称、设计单位名称、图号、图名的标注区。图纸标题栏应符合下列规定：

⊛ 横式使用的图纸，应按照如图 2-1、图 2-3所示的形式来布置。

⊛ 立式使用的图纸，应按照如图 2-2、图 2-4所示的形式来布置。

标题栏应按照图 2-5、图 2-6所示，根据工程的需要选择确定其内容、尺寸、格式及分区。签字栏应该包括实名列和签名列。

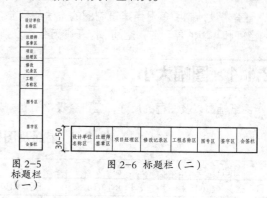

图 2-5 标题栏（一）   图 2-6 标题栏（二）

2.2 制图比例

比例可以表示图样尺寸和物体尺寸的比值。在建筑室内装饰装修制图中，所注写的比例能够在图纸上反映物体的实际尺寸。图样的比例，应是图形与实物相对应的线性尺寸之比。比例的大小，是指其比值的大小，比如1:30大于1:100。比例的符号应书写为"："，比例数字则应以阿拉伯数字来表示，比如1:2、1:3、1:100等。

比例应注写在图名的右侧，字的基准线应取平；比例的字高应比图名的字高小一号或者二号，如图 2-7所示。

平面图 1:100 ③ 1:25

图 2-7 比例的注写

图样比例的选取是要根据图样的用途以及所绘对象的复杂程度来定的。在绘制房屋建筑装饰装修图纸的时候，经常使用到的比例为1:1、1:2、1:5、1:10、1:15、1:20、1:25、1:30、1:40、1:50、1:75、1:100、1:150、1:200。

在特殊的绘图情况下，可以自选绘图比例；在这种情况下，除了要标注绘图比例之外，还须在适当位置绘制出相应的比例尺。绘图所使用的比例，要根据房屋建筑室内装饰装修设计的不同部位、不同阶段图纸内容和要求，从表 2-3中选用。

表 2-3 绘图所用的比例

比例	部位	图纸内容
1:200 ~ 1:100	总平面、总顶面	总平面布置图、总顶棚平面布置图
1:100 ~ 1:50	局部平面、局部顶棚平面	局部平面布置图、局部顶棚平面布置图
1:100 ~ 1:50	不复杂立面	立面图、剖面图
1:50 ~ 1:30	较复杂立面	立面图、剖面图
1:30 ~ 1:10	复杂立面	立面放大图、剖面图
1:10 ~ 1:1	平面及立面中需要详细表示的部位	详图
1:10 ~ 1:1	重点部位的构造	节点图

在通常情况下，一个图样应只选用一个比例。但是可以根据图样所表达的目的不同，在同一图纸中的图样也可选用不同的比例。因为房屋建筑室内装饰装修设计制图中需要绘制的细部内容比较多，所以经常使用较大的比例；但是在较大型的房屋建筑室内装饰装修设计制图中，可根据要求来采用较小的比例。

2.3　线型

室内设计图主要由各种线条构成，不同的线型表示不同的对象和不同的部位，代表着不同的含义。为了图面能够清晰、准确、美观地表达设计思想，工程实践中采用了一套常用的线型，并规范了它们的使用范围。

2.3.1 ▶ 线宽

为了使图样主次分明、形象清晰，建筑装饰制图采用的图线按线宽度不同又分为粗、中、细三种。不同线宽的图线，在图纸上的用途各不相同。

在AutoCAD进行所有的施工图设计中，均应参照表 2-4所示的笔宽来绘制。

表 2-4　各类施工图使用的线宽

种　类	粗　线	中粗线	细　线
建筑图	0.50	0.25	0.15
结构图	0.60	0.35	0.18
电气图	0.55	0.35	0.20
给水、排水	0.60	0.40	0.20
暖　通	0.60	0.40	0.20

在采用AutoCAD技术绘图时，应量采用色彩（COLOR）来控制绘图笔画的宽度，尽量少用多段线（PLINE）等有宽度的线，以加快图形的显示，缩小图形文件。其打印出图笔号1~10号线宽的设置见表 2-5。

表 2-5　打印出图线宽的设计

1号	红色	0.1mm	6号	紫色	0.1~0.13mm
2号	黄色	0.1~0.13mm	7号	白色	0.1~0.13mm
3号	绿色	0.1~0.13mm	8号	灰色	0.05~0.1mm
4号	浅兰色	0.15~0.18mm	9号	灰色	0.05~0.1mm
5号	深兰色	0.3~0.4mm	10号	红色	0.6~1mm

2.3.2 ▶ 线型

工程图上常用的基本线型有实线、虚线、点画线、折断线、波浪线等。不同的线型使用情况也不相同，如表 2-6所示为线型及用途表。

表 2-6　图线的线型、线宽及用途

名　称	线　型	线　宽	用　途
粗实线 Continuous	——	b	剖面图中被剖到部分的轮廓线、建筑物或构筑物的外形轮廓线、结构图中的钢筋线、剖切符号、详图符号圆、给水管线等
中实线 Continuous	——	0.5b	剖面图中未剖到但保留部分形体的轮廓线、尺寸标注中尺寸起止短线、原有各种给水管线等
细实线 Continuous		0.25b	尺寸中的尺寸线、尺寸界线、各种图例线、各种符号图线等
中虚线 Dash	- - - -	0.5b	不可见的轮廓线、拟扩建的建筑物轮廓线等
细虚线 Dash		0.25b	图例线、小于0.5b的不可见轮廓线
粗单点长画线 Center	—·—·—	b	起重机（吊车）轨道线。
细单点长画线 Center		0.25b	中心线、对称线、定位轴线
折断线 （无）		0.25b	不需要画全的断开界线
波浪线 （无）		0.25b	不需要画全的断开界线 构造层次的断开线

在AutoCAD 中设置不同线型时，其线型及名称见表 2-7。

表 2-7　AutoCAD 中线型及名称

A	中轴线	Center
B	暗藏日光灯带	Dashed
C	不可见的物体结构线	Dashed
D	门窗开启线	Center
E	木纹线　不锈钢　钛金等	Dot

2.4　文字字体

在绘制施工图的时候，包正确的注写文字、数字和符号，以清晰地表达图纸内容。

图纸上所需书写的文字、数字或符号等，均应比划清晰、字体端正、排列整齐；标点符号应清楚正确。手工绘制的图纸，字体的选择及注写方法应符合《房屋建筑制图统一标准》的规定。对于计算机绘图，均可采用自行确定的常用字体等，《房屋建筑制图统一标准》未做强制规定。

文字的字高，应表 2-8从中选用。字高大于10mm的文字宜采用TrueType字体，如需书写更大的字，其高度应按$\sqrt{2}$ 倍数递增。

表 2-8　文字的字高（mm）

字体种类	中文矢量字体	TrueType字体及非中文矢量字体
字高	3.5、5、7、10、14、20	3、4、6、8、10、14、20

拉丁字母、阿拉伯数字与罗马数字，假如为斜体字，则其斜度应是从字的底线逆时针向上倾斜75°。斜体字的高度和宽度应是与相应的直体字相等。拉丁字母、阿拉伯数字与罗马数字的字高应不小于2.5mm。

拉丁字母、阿拉伯数字与罗马数字与汉字并列书写时，其字高可比汉字小一至二号，如图 2-8所示。

分数、百分数和比例数的注写，要采用阿拉伯数字和数学符号，比如：四分之一、百分之三十五和三比二十则应分别书写成1/4、35%、3:20。

在注写的数字小于1时，须写出各位的"0"，小数点应采用圆点，并齐基准线注写，比如0.03。

长仿宋汉字、拉丁字母、阿拉伯数字与罗马数字的示例应符合现行国家标准《技术制图字体》GB/T 14691的规定。

汉字的字高，不应小于3.5mm，手写汉字的字高则一般不小于5mm。

立面图 1:50

图 2-8 字高的表示

2.5 尺寸标注

绘制完成的图形仅能表达物体的形状，必须标注完整的尺寸数据并配以相关的文字说明。才能作为施工等工作的依据。

本节为读者介绍尺寸标注的知识，包括尺寸界线、尺寸线和尺寸起止符号的绘制以及尺寸数字的标注规则和尺寸的排列与布置的要点。

2.5.1 ▶ 室内设计尺寸标注的组成

标注在室内设计图样上的尺寸，包括尺寸界线、尺寸线、尺寸起止符号和尺寸数字，标注的结果如图2-9所示。

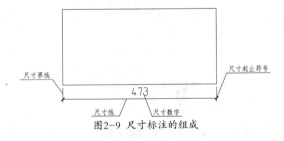

图2-9 尺寸标注的组成

⊕ 尺寸界线应用细实线绘制，一般应与被注长度垂直，其一端应离开图样轮廓线不小于2mm，另一端宜超出尺寸线2~3mm。图样轮廓线可用作尺寸线，如图2-10所示。

⊕ 尺寸线应用细实线绘制，应与被注长度平行。图样本身的任何图线均不得用作尺寸线。

⊕ 尺寸起止符号可用中粗短斜线来绘制，其倾斜方向应与尺寸界线成顺时针43°角，长度宜为2~3mm；可用黑色圆点绘制，其直径为1mm。半径、直径、角度与弧长的尺寸起止符号，宜用箭头表示，如图2-11所示。

⊕ 尺寸起止符号一般情况下可用短斜线也可用小圆点，圆弧的直径、半径等用箭头，轴测图中用小圆点。

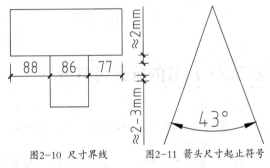

图2-10 尺寸界线　　　图2-11 箭头尺寸起止符号

2.5.2 ▶ 尺寸数字

⊕ 图样上的尺寸，应以尺寸数字为准，不得从图上直接截取。

⊕ 图样上的尺寸单位，除标高及总平面图以m为单位之外，其他必须以mm为单位。

⊕ 尺寸数字的方向，应按如图2-12a所示的规定注写。假如尺寸数字在填充斜线内，宜按照图2-12b所示的形式来注写。

⊕ 如图2-12所示，尺寸数字的注写方向和阅读方向规定为：当尺寸线为竖直时，尺寸数字注写在尺寸线的左侧，字头朝左；其他任何方向，尺寸数字字头应保持向上，且注写在尺寸线的上方，如果在填充斜线内注写时，容易引起误解，所以建议采用如图2-12b所示两种水平注写方式。

⊕ 图2-12a中斜线区内尺寸数字注写方式为软件默认方式，图2-12b所示注写方式比较适合手绘操作，因此，制图标准中将图2-12a的注写方式定位首选方案。

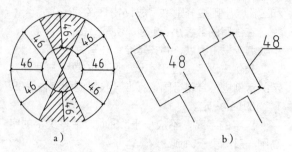

a）　　　　　　　　b）

图2-12 尺寸数字的标注方向

◈ 尺寸数字一般应依据其方向注写在靠近尺寸线的上方中部。如注写位置相对密集，没有足够的注写位置，最外边的尺寸数字可注写在尺寸界线的外侧，中间相邻的尺寸数字可上下错开注写在离该尺寸线较近处，如图2-13所示。

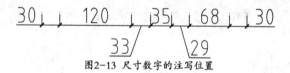

图2-13 尺寸数字的注写位置

2.5.3 ▶ 尺寸的排列与布置

◈ 尺寸分为总尺寸、定位尺寸、细部尺寸三种。绘图时，应根据设计深度和图纸用途确定所需注写的尺寸。

◈ 尺寸标注应该清晰，不应该与图线、文字及符号等相交或重叠，如图2-14a所示。

◈ 图样轮廓线以外的尺寸界线，距图样最外轮廓之间的距离，不宜小于10mm。平行排列的尺寸线的间距，宜为7~10mm，并应保持一致，如图2-14a所示。

◈ 假如尺寸标注在图样轮廓内，且图样内已绘制了填充图案后，尺寸数字处的填充图案应断开，另外图样轮廓线也可用作尺寸界线，如图2-14b所示。

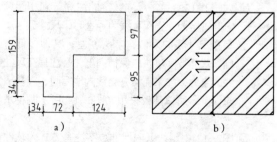

a）　　　　　　　　b）

图2-14 尺寸数字的注写

◈ 尺寸宜标注在图样轮廓线以外，当需要标注在图样内时，不应与图线文字及符号等相交或重叠。

◈ 互相平行的尺寸线，应从被注写的图样轮廓线由近向远整齐排列，较小的尺寸应离轮廓线较近，较大尺寸应离轮廓线较远，如图2-15所示。

◈ 总尺寸的尺寸界线应靠近所指部位，中间的分尺寸的尺寸界线可稍短，但是其长度应相等，如图2-15所示。

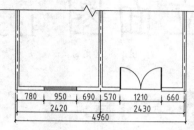

图2-15 尺寸的排列

2.5.4 ▶ 标高标注

房屋建筑室内装饰装修设计中，设计空间需要标注标高，标高符号可使用等腰直角三角形，如图2-16所示；也可使用涂黑的三角形或90°对顶角的圆来表示，如图2-17、图2-18所示；标注顶棚标高时也可采用CH符号表示，如图2-19所示。

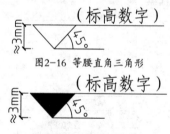

图2-16 等腰直角三角形

图2-17 涂黑的三角形

图2-18 涂黑对顶角的圆

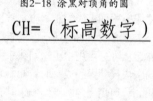

图2-19 采用CH符号表示

在同一套图纸中应采用同一种标高符号；对于±0.000标高的设定，由于房屋建筑室内装饰装修设计涉及的空间类型较为复杂，所以在标准中对

±0.000的设定位置不作具体的要求，制图中可以根据实际情况设定；但应在相关的设计文件中说明本设计中±0.000的设定位置。

标高符号的尖端应指至被注高度的位置。尖端宜向下，也可向上。标高数字应注写在标高符号的上侧或下侧，如图2-19所示。

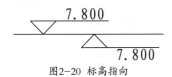
图2-20　标高指向

当标高符号指向下时，标高数字注写在左侧或右侧横线的上方；当标高符号指向上时，标高数字注写在左侧或右侧横线的下方。

标高数字应以米为单位，注写到小数点以后的第三位。在总平面图中，可注写到小数点以后的第二位。

零点标高应注写成±0.000，正数标高不注"+"，负数标高应注"-"，例如5.000、-0.500。

2.6　索引体系

在室内设计图中，除了基本的图线与尺寸标注外，还有相当大的一部分辅助绘图符号，如材料、轴线、引线等，这些辅助图形与基本的室内尺寸图形一起构成了完整的室内设计体系。

2.6.1　常用材料符号

室内装饰装修材料的画法应该符合现行的国家标准《房屋建筑制图统一标准》GB/T 50001中的规定。

在《房屋建筑制图统一标准》GB/T 50001中，只规定了常用的建筑材料的图例画法，但是对图例的尺度和比例并不作具体的规定。在调用图例的时候，要根据图样的大小而定，且应符合下列的规定。

- 图线应间隔均匀，疏密适度，做到图例正确，并且表示清楚。
- 不同品种的同类材料在使用同一图例的时候，要在图上附加必要的说明。
- 相同的两个图例相接时，图例线要错开或者使其填充方向相反，如图2-21所示。

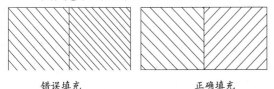
错误填充　　　正确填充
图 2-21　填充示意

出现以下情况时，可以不加图例，但是应该加文字说明。

- 当一张图纸内的图样只用一种图例时。
- 图形较小并无法画出建筑材料图例时。

当需要绘制的建筑材料图例面积过大的时候，在断面轮廓线内沿轮廓线作局部表示也可以，如图2-22所示。

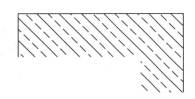
图 2-22　局部表示图例

2.6.2　常用定位轴线

轴线符号是施工定位、放线的重要依据，由定位轴线与轴号圈共同组成，平面图定位轴线的编号在水平向采用阿拉伯数字，由左向右注写；在垂直向采用大写英文字母，由下向上注写（不得使用I、O、Z）三个字母，如图2-23所示。

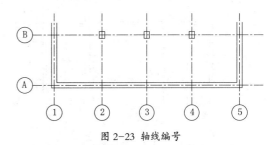
图 2-23　轴线编号

（1）轴号圈直径分别为 Φ900mm（A0、A1、A2 幅面）和 Φ600mm（A3、A4 幅面）。

（2）轴线符号的文字设置。

（3）按A0、A1、A2 幅面：字高为 350mm。

（4）按A3、A4 幅面：字高为 250mm。

（5）附加轴线的编号，应以分数表示。两根轴线间的附加轴线，应以分母表示前一根轴线的编号，分子表示附加轴线的编号。1号轴或A号轴之前附加轴线，以分母01、0A分别表示位于1号轴线或A号轴线之前的轴线（图2-24所示）。若1号轴或A号轴之后附加轴线，以分母1、A分别表示位于1号轴线或A号轴线之后的轴线。

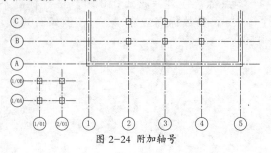

图2-24 附加轴号

（6）折线形平面轴线编号表示方法如图2-25所示。

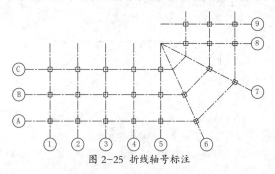

图2-25 折线轴号标注

（7）组合较复杂的平面图中定位轴线也可采用分区编号。编号的注写形式应为"分区号-该分区编号"。分区号采用阿拉伯数字或大写拉丁字母表示，如图2-26所示为分区轴线编号，编号原则同上。

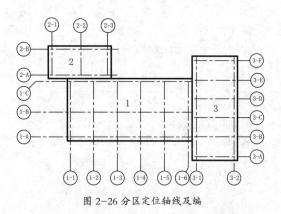

图2-26 分区定位轴线及编

2.6.3▸ 常用制图引线

为了保证图样的清晰、有条理，对各类索引符号、文字说明采用引出线来连接。

（1）引出线为细实线，可采用水平引出、垂直引出、30°斜线引出，如图2-27所示。

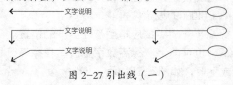

图2-27 引出线（一）

（2）引出线同时索引几个相同部分时，各引出线应互相保持平行，如图2-28所示。

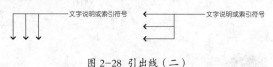

图2-28 引出线（二）

（3）多层构造的引出线必须通过被引的各层，并保持垂直方向，文字说明的次序应与构造层次一致，为：由上而下，从左到右，如图2-29所示。

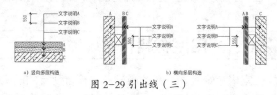

图2-29 引出线（三）

（4）引出线的一端为引出箭头或引出圈，引出圈以虚线绘制；另一端为说明文字或索引符号，如图2-30所示。

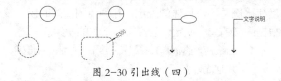

图2-30 引出线（四）

2.6.4▸ 索引符号与详图符号

图样中的某一局部或者构件，假如需要另见详图，则应以索引符号索引，如图2-31a所示。索引符号是由直径为8~10mm的圆和水平直径组成，圆及水平直径应以细实线来绘制。索引符号应按照下列规定来编写：

（1）索引出的详图，假如与被索引的详图同在一张图纸内，应在索引符号的上半圆中用阿拉伯数字注明该详图的编号，并在下半圆中间画一段水平细实线，如图2-31b所示。

（2）索引出的详图，假如与被索引的详图不在同一张图纸内，应该在索引符号的上半圆中用阿拉伯数字注明该详图的编号，在索引符号的下半圆用阿拉伯数字注明该详图所在的图纸的编号，如图2-31c所示。当数字较多时，可添加文字标注。

（3）索引出的详图，假如采用标准图，则应在索引符号水平直径的延长线上加注该标准图册的编号，如图2-31d所示。需要标注比例时，文字在索引符号右侧或延长线下方，与符号对齐。

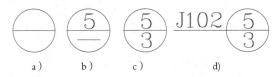

图 2-31　索引符号

索引符号假如用于索引剖视详图，应该在被剖切的部位绘制剖切位置线，应以引出线引出索引符号，引出线所在的一侧应为剖视方向，如图 2-32 所示。

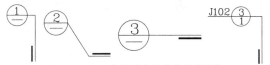

图 2-32　用于索引剖面详图的索引符号

零件、钢筋、杆件、设备等的编号直径宜以5~6mm的细实线圆来表示，同一图样应保持一致，其编号应用阿拉伯数字按顺序来编写，如图 2-33 所示。消火栓、配电箱、管井等的索引符号，直径宜以4~6mm为宜。

图 2-33　零件、钢筋等的编号

详图的位置和编号，应该以详图符号表示。详图符号的圆应该以直径为14mm粗实线来绘制。详图应按以下规定来编号：

（4）详图与被索引的图样同在一张图纸内时，应在详图符号内用阿拉伯数字注明详图的编号，如图 2-34 所示。

（5）详图与被索引的图样不在同一张图纸内时，应用细实线在详图符号内画一水平直径，在上半圆中注明详图编号，在下半圆中注明被索引的图纸的编号，如图 2-35 所示。

图 2-34　详图与被索引的　　图 2-35　详图与被索引的
　　图样同在一张图纸内　　　　图样同不在一张图纸内

2.6.5▶ 引出线

引出线应以细实线来绘制，宜采用水平方向的直线、与水平方向成30°、45°、60°、90°的直线，或经上述角度再折为水平线。文字说明宜注写在水平线的上方，如图 2-36a所示；也可注写在水平线的端部，如图 2-36b所示；索引详图的引出线，应与水平直径线相连接，如图 2-36c所示。

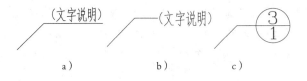

图 2-36　引出线

同时引出的几个相同部分的引出线，宜互相平行，如图 2-37a所示；也可画成集中于一点的放射线，如图 2-37b所示。

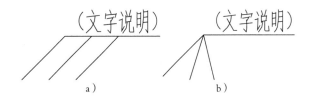

图 2-37　共同引出线

多层构造或多层管道共用引出线，应通过被引出的各层，并用圆点示意对应各层次。文字说明宜注写在水平线的上方，或注写在水平线的端部，说明的顺序应由上至下，并应与被说明的层次对应一致。假如层次为横向排序，则由上至下的说明顺序应与由左至右的层次对应一致，如图 2-38所示。

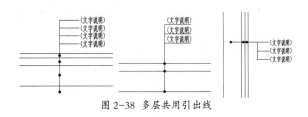

图 2-38　多层共用引出线

2.6.6▶ 其他符号

（1）对称符号由对称线和两端的两对平行线组成。对称线用单点长画线绘制，平行线用细实线绘制，其长度宜为 6~10mm，每对的间距宜为 2~3mm；对称线垂直平分于两对平行线，两端超出平行线宜为 2~3mm，如图 2-39a 所示。

（2）连接符号应以折断线表示需连接的部位。两部位相距过远时，折断线两端靠图样一侧应标注大写拉丁字母表示连接编号。两个被连接的图样应用相同的字母编号，如图 2-39b 所示。

（3）指北针的形状符合如图 2-39c 所示的规定，其圆的直径宜为 24mm，用细实线绘制；指针尾部的宽度宜为 3mm，指针头部应注"北"或"N"字。需用较大直径绘制指北针时，指针尾部的宽度宜为直径的 1/8。

（4）对图纸中局部变更部分宜采用云线，并宜注明修改版次，如图 2-39d 所示。

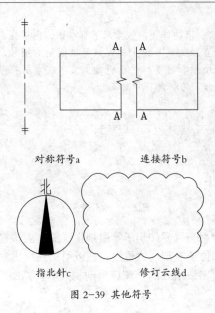

对称符号a   连接符号b

指北针c   修订云线d

图 2-39 其他符号

第3章
室内设计师的职业要求

要想成为一名出色的室内设计师，良好的职业素养是十分重要的，掌握室内设计师的职业要求，是每个新手设计师的必经之路。

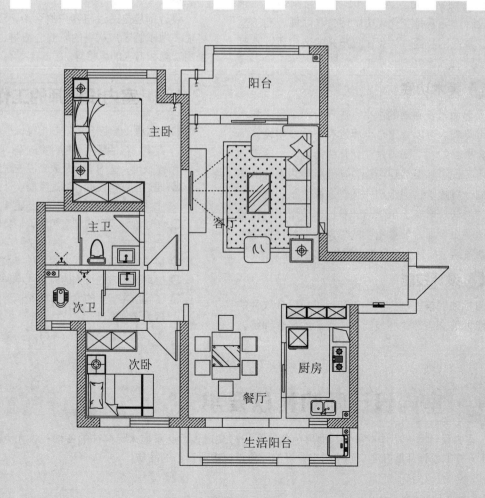

3.1 认识室内设计师

室内设计师是一种室内设计的专门工作，重点是把客人的需求，转化成事实，其中着重沟通，了解客人的希望，在有限的空间、时间、科技、工艺、物料科学、成本等压力之下，创造出实用及美学并重的全新空间，被客户欣赏。

3.1.1 ▶ 室内设计师的基本要求

❶ 专业知识

室内设计师必须知道各种设计会带来怎样的效果，譬如不同的造型所得的力学效果，实际实用性的影响，所涉及的人体工程学，成本和加工方法等。这些知识决非一朝一日就可以掌握的，而且还要融会贯通、综合运用。

❷ 创造力

丰富的想象、创新能力和前瞻性是必不可少的，这是室内设计师与工程师的一大区别。工程设计采用计算法或类比法，工作的性质主要是改进、完善而非创新；造型设计则非常讲究原创和独创性，设计的元素是变化无穷的线条和曲面，而不是严谨、繁琐的数据，"类比"出来的造型设计不可能是优秀的。

❸ 美术功底

简单而言是画画的水平，进一步说则是美学水平和审美观。可以肯定全世界没有一个室内设计师是不会画画的，"图画是设计师的语言"，这道理也不用多说了。虽然现今已有其他能表达设计的方法（如计算机），但纸笔作画仍是最简单、直接、快速的方法。事实上虽然用计算机、模型可以将构思表达得更全面，但最重要的想象、推敲过程绝大部分都是通过简易的纸和笔来进行的。

❹ 设计技能

包括油泥模型制作的手工和计算机设计软件的应用能力等。当然这些技能需要专业的培养训练，没有天生的能工巧匠，但较强的动手能力是必须的。

❺ 工作技巧

即协调和沟通技巧。这里牵涉到管理的范畴，但由于设计对整个产品形象、技术和生产都具有决定性的指导作用，所以善于协调、沟通才能保证设计的效率和效果。这是对现代室内设计师的一项附加要求。

❻ 市场意识

设计中必须作生产（成本）和市场（顾客的口味、文化背景、环境气候等）的考虑。脱离市场的设计肯定不会好卖。

❼ 职责

设计师应是通过与客户的洽谈，现场勘察，尽可能多地了解客户从事的职业、喜好、业主要求的使用功能和追求的风格等。

3.1.2 ▶ 室内设计师的工作内容

- ⊕ 从构思、绘图到三维制模等，提供完整的设计方案，包括环境规划、室内空间分隔，装饰形象设计，室内用品及成套设施配置等
- ⊕ 通过创意与设计，体现家居设计的空间感，实用性，优越性，革命性，凸显其人性化
- ⊕ 阐述规划自己的创意想法，与装修人员达成观念上的协调一致
- ⊕ 协调解决装饰过程中的各种技术问题
- ⊕ 协助进行室内装饰的成本核算和资源分析
- ⊕ 了解所在行业的发展方向和新工艺，新技术并致力于创新设计

3.2 室内设计师的礼仪要求

室内设计师在工作中需要和形形色色的客户打交道，因此掌握人际交往的各种礼仪尤为重要。有礼貌懂分寸的设计师能在客户心中树立更好的形象，也提升自己的品质。

3.2.1▶ 得体的穿着

家装设计中，设计师与客户的见面沟通是一个重要的环节。第一次见面的印象很大程度上决定了客户以后是否与设计师签约，所以得体的穿着对设计师来说尤为重要。

1. 正式着装

正式的西装一直是职场人士的必备着装，也是设计师谈单最稳健的装扮。设计师如果选择着西装约见客户，需要注意选择适宜尺寸的西装，过大会显得人没精神，过小会造成不便。着正装也要注意细节的搭配，领带、领结要系端正，皮鞋要擦干净，不能给客户邋遢的感觉。正式着装如图 3-1 所示。

图 3-1　正式着装

2. 休闲穿搭

休闲的服饰能拉近人与人之间的距离，让客户觉得这个设计师更亲和。但穿着休闲并不是让设计师随意穿搭，拖鞋、无袖衣服、颜色鲜艳且杂乱的服饰搭配是大忌，尽量不要穿无领的衣服。穿着休闲的服饰也要注意整体感的搭配，不能给客户这个设计师不成熟、随性散漫、不重视客户的感觉。设计师休闲穿搭实例如图 3-2 所示。

图 3-2　设计师的休闲穿搭

3. 时尚前沿

对一些走在时尚前沿的年轻客户来说，一个时尚感极强的设计师是十分可靠的。但是时尚的同时也要注意得体，不能太过，要给客户稳重的感觉。职场时尚装扮如图 3-3 所示。

图 3-3　时尚职场服饰

4. 电话礼仪

电话被现代人公认为便利的通信工具，在日常工作中，使用电话的语言很关键，它直接影响着一个公司的声誉。和客户电话沟通是每个设计师约见客户的第一步，客户往往会通过电话粗略判断设计师的人品、性格，给设计师一个初步印象。因而，掌握正确的、礼貌待人的打电话方法对设计师来说是非常必要的，如图 3-4 所示。

图 3-4　接听电话同样有礼仪要求

5. 注意要点

🔹 **要控制响铃时长**

一般情况下响铃时长并无限制，但根据受话人身份的不同，响铃时长有时也应考虑。如非重要事情，响铃4到6声即可，久则恼人，事情紧急也不例外。

◆ 要选好时间

打电话时，尽量避开客户休息、用餐的时间，而且最好别在节假日打扰对方。

◆ 要掌握通话时间

打电话前，最好先想好要讲的内容，以便节约通话时间，通常一次通话不应长于3分钟（客户要求在电话中详谈除外），即所谓的"3分钟原则"。

◆ 要态度友好

通话时不要大喊大叫，震耳欲聋，给客户礼貌、涵养的感觉。

◆ 要用语规范

通话之初，应先做自我介绍，不要让对方"猜一猜"。用剪短的语言介绍自己的身份，并说明自己打电话的目的等。

6 禁忌事项

◆ 在接电话时切忌使用"说!""讲!"

说讲是一种命令式的方式，即难让人接受，又不礼貌。这种行为在公司、企业内部也许还可以理解，但这种硬邦邦的电话沟通方式对客户来说就是粗鲁无礼、盛气凌人的，好像是摆架子。这会使设计师在客户心里的印象大打折扣。

◆ 不讲结束语直接挂电话

和客户谈完事情，不能一声不吭就把电话挂了，在和客户约好下次通话或者见面时间之后，切忌自己先把电话挂了，最好等客户先挂电话自己再挂，这才是礼貌待人之道。

◆ 礼貌用语示范

- 您好!请问是×××先生（女士）吗？我是负责给您的新房设计的×××，请问您现在有时间和我简短地聊一聊吗?
- 我就是，请问您是哪一位?……请讲。
- 您的方案我已经做好了，看您什么时候方便过来公司我们详谈一下?
- 您放心，我会尽力满足您的要求，按照您的想法修改好。
- 关于这个问题我在电话里面不好详细地和您沟通，建议我们当面详谈，这样我可以更全面地了解您的需求。
- 不用谢，这是我们应该做的。
- 既然您现在比较忙那我们待会再谈，方便告诉我您什么时候忙完吗?
- 好的，那我在公司等您过来，我就先挂了，您有事先忙。

3.2.2 ▶ 行为举止

要塑造良好的设计师形象，必须讲究礼貌礼节，为此，就必须注意行为举止。举止礼仪是自我心诚的表现，一个人的外在举止行动可直接表明他的态度。做到彬彬有礼，落落大方，遵守一般的进退礼节，尽量避免各种不礼貌、不文明习惯。

1 到客户办公室或家中访问

- 进门之前先按门铃或轻轻敲门，然后站在门口等候。
- 按门铃或敲门的时间不要过长，无人或未经主人允许，不要擅自进入室内。
- 在客户的地盘，未经邀请，不能随意参观，即使较为熟悉的，也不要任意抚摸或玩弄顾客桌上的东西，更不能玩顾客名片，不要触动室内的书籍、花卉及其他陈设物品。

2 在客户面前的行为举止

- 当看见客户时，应该点头微笑致礼，然后介绍自己的身份，有必要时伸出右手向客户握手。同时要主动向在场人都表示问候或点头示意。
- 在客户未坐定之前，不宜先坐下，坐姿要端正，身体微往前倾，不要跷二郎腿。
- 要用积极的态度和温和的语气与顾客谈话，顾客谈话时，要认真听，回答时，以"是"为先。眼睛看着对方，注意对方的神情。
- 站立时，上身要稳定，双手安放两侧，不要背在背后，也不要双手抱在胸前，身子不要侧歪在一边。当主人起身或离席时，应同时起立示意，当与顾客初次见面或告辞时，要不卑不亢，不慌不忙，举止得体，有礼有节。
- 要养成良好的习惯，克服各种不雅举止。不要当着顾客的面，擤鼻涕、掏耳朵、剔牙齿、修指甲、打哈欠、咳嗽、打喷嚏，实在忍不住，要用手帕捂住口鼻，面朝一旁，尽量不要发出声响，不要乱丢果皮纸屑等。这虽然是一些细节，但它们组合起来构成顾客对你的总印象。
- 客户离开时应该送客户，至少送出公司或者送上电梯，最好送客户上车，给客户留下好印象。

3 交谈礼仪

◆ 尊重对方，谅解对方

在与客户交谈过程中，只有尊重客户，理解客户，才能赢得对方感情上的接近，从而获得对方的尊重和信任。因此，设计师在交谈之前，可以研究客户的心理状态，考虑和选择令客户容易接受的方法和态度；了解客户讲话的习惯、文化程度、生活阅历等因素对谈单可能造成的种种影响。谈单时应当意识到，说和听是相互的、平等的，双方发言时都要掌握各自所占有的时间，不能出现一方独霸的局面，让客户把自己当朋友来交谈。

♦ 及时肯定对方

在谈单过程中，当双方的观点出现类似或基本一致的情况时，设计师应当迅速抓住时机，用溢美的言词，中肯的肯定这些共同点。赞同、肯定的语言在交谈中常常会产生异乎寻常的积极作用。得知设计师同意自己的观点，客户也会觉得心情愉悦，整个交谈气氛也能变得活跃、和谐，进而拉近设计师与客户之间的距离。

♦ 态度和气，语言得体

交谈时要自然，要充满自信。体现自己的专业素养和学识，让客户觉得这个设计师比较可靠。态度要和气，语言表达要得体，手势不要过多，谈话距离要适当，内容一般不要涉及不愉快的事情。

♦ 注意语速、语调和音量

在交谈中语速、语调和音量对意思的表达有比较大的影响。交谈中陈述意见要尽量做到平稳中速。在特定的场合下，可以通过改变语速来引起对方的注意，加强表达的效果。一般问题的阐述应使用正常的语调，保持能让对方清晰听见而不引起反感的高低适中的音量。

♦ 错误的交谈方式

⊕ 言谈侧重理论
⊕ 过于书面化、理论化的论述，会使客户感觉操作性不强，打成目标太过艰难，客户理解不了的话会影响到设计师和客户之间达成一致。
⊕ 语气蛮横
⊕ 要记住室内设计师不是艺术家，而是一个服务工作者。决不能摆出一副高人一等的姿态认为客户对设计不懂，这样的心态会破坏轻松自如的交谈氛围，增强客户反感心理。
⊕ 喜欢反驳
⊕ 一个设计师喜欢打断客户的话，是很不礼貌的。反驳是一种对立的交流，只是一时的痛快，这会导致客户反感甚至生气，一旦局面僵化合作也会化为泡影。
⊕ 谈话无重点
如果谈话不着边际，不但会使客户摸不着头脑，而且会降低客户对设计师的信赖度。设计师应该学会抓住客户的需求作为重点来讲解。
⊕ 言不由衷的恭维
⊕ 恭维与赞美是两个完全不同的概念，恭维是虚伪的，赞美是真诚的。

3.3　室内设计师的谈单知识

设计师谈单是与客户签约的毕竟途径，谈单能力的高低直接决定了这个设计师的外界评价。一个设计需要经过多次谈单才能决定最终方案，客户对方案的要求、对材料的偏好、对价格的疑问等谈单中需要处理的问题，对设计师来说也是一个极大的挑战，如图 3-5所示。

图 3-5　谈单是所有室内设计师必经的过程

3.3.1 ▸ 谈单流程

不同的设计公司在谈单流程上有细微的区别，但大体的流程都是一样的，过程都是向客户展现自身的优势、目标都是和客户签约。一般说来，在签约前设计师只需要做好平面布置图和大概的报价表，其他资料（如施工图、效果图、详细的精算表等）都是在签约完之后完成的，所有的资料全部出完之后才能开工进行装修。室内方案谈单的大致流程是：谈单准备--面对面交流--确定方案--签订合约。

① 谈单前的准备

设计师在谈单前需要准备很多必要的物品，一般有：

🜋 原始户型图和初步平面图（见图3-6）

一般设计师在电话联系客户的时候，就应该把客户的基本情况了解清楚了。客户的房子所在楼盘、楼层、户型等情况也应该事先了解清楚。在与客户面对面交流前应先做初步平面方案，以便在与客户交谈的时候展示给客户，看客户对哪部分满意以及需要修改哪部分。同样准备原始户型图的目的就是为了按照客户的需求当场绘制平面草图。

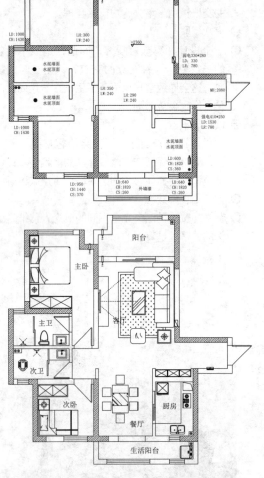

图 3-6 原始户型图和初步平面图

🜋 纸和笔

方便在与客户交流的过程中用简单的图画来展示自己的设计意图，便于客户理解清楚。

🜋 公司材料介绍的资料及相关报价等

多数装修公司有自己的装饰材料供客户选择，此时需要准备相关的材料介绍资料。在确定好方案后设计师需要做出一份报价，在谈前准备好以便和客户沟通。

2. 与客户面对面交流

与客户约见，在进行自我介绍之后，就开始与客户面对面开始谈单。设计师可以根据公司流程来引导客户进行交谈，也可根据当时的具体情况自由发挥，一般谈单过程如下。

🜋 方案阐述

设计师将自己所做的初步方案展示在客户面前，从大门处开始一直讲解到每个房间的角落，确保客户将图纸看懂，然后了解客户的满意程度，将客户满意的部分保留。了解客户的需求，现场给出一个大致的解决方案，如果客户还不满意，可在下次交流前将方案改好。一定要让客户感受到这个设计师很有想法，专业知识掌握得比较多，自己很放心把自己家的设计交给这个设计师。

🜋 材料介绍

方案敲定后，接下来设计师可以和客户讲解一下这个设计需要用到的材料，让客户自由选择材料或者推荐客户用哪些材料。同时可以突出公司的材料优势，让客户对公司放心，有条件的话可以带客户去看样板材料或者样板间，让客户有一个更直观的认识，如图 3-7所示。

方案阐述　　　　　　材料介绍

图 3-7 要主动向客户介绍材料

🜋 价格讨论

价格一直是客户关心的头等大事，一个设计再好，如果客户接受不了它的价格，那也是白谈。此时设计师应该引导客户进行价格说明，对有些材料为什么这么贵、贵在哪些地方、有什么优势进行系统的阐述，让客户觉得物有所值。

🜋 约下次面谈时间

谈单不是一次两次就可以谈好的，在设计师和客户第一次交流过后，设计师应该和客户约好下次见面的时间，尽量不要让客户等太久。在此期间设计师应该根据客户的需求修改好方案，并做出一份报价表，或者准备好客户所需要的东西（比如说安排看样板房），以便在下次客户到来的时候让客户觉得没有白跑一趟。

❸. 敲定签约

客户对设计师的方案满意，对公司材料以及基本流程没有异议后，就可以签订装修合约了，设计师应该在客户到来之前准备好签约所需的各类物品，和管理合约的部门事先打好招呼，提醒客户带好相关证件。

签约过程中客户如果有什么问题设计师应该马上进行解答，不要让客户有疑问，和客户讲解清楚合约里的各类注意事项，避免将来有什么误会。

签约完成后设计师同样要送客户离开，然后做好图纸的优化工作，完成施工图、效果图的绘制，并帮客户安排施工队，择日进行开工。

3.3.2 ▶ 谈单技巧

一般说来，设计方案没有好坏，设计师觉得合理的方案客户未必会喜欢，客户是否喜欢方案和谈单进行的怎样怎样有直接关系，室内设计师应该依据客户的洗好设计出最佳方案，并掌握一些常规的谈单技巧。

❶ 让客户快速喜欢你

先塑造自身的设计能力，例如可以将自己最成功的几套作品给客户欣赏，让他对你的设计先认可。在交谈过程中同时注意与客户的情绪、语速、语调尽可能保持一致，给客户轻松愉悦的交谈氛围。

抓住机会赞美客户，赞美是拉近设计师和客户之间距离的最有效手段。交谈过程中及时肯定客户正确的意见，不要揪着客户的错误来说，要学会抓住客户的闪光点，让客户感觉自己很有分量。

❷ 谈单过程中正确提问

谈单过程中不要像开说明会，只顾自己说得痛快，说得越多可能漏洞就越多，这会让客户产生不信任的感觉。多通过提问了解客户的想法，这样才能更快达成一致。

● 提问的正确方式举例

◈ 引导式：您比较喜欢传统的风格，对吗？看来您更喜欢中性色彩，是吗？

◈ 选择式：您准备这周将装修定下来还是下周？在传统风格中您喜欢中式的还是欧式的？

◈ 参与式：您看这样行吗？您看还有哪些需要补充的？

◈ 激将式：难道您想自己的房子装修出来千篇一律没有一点个性吗？如果您选择的标准只是以

价格谁更低为标准的话，我没有意见，但我相信您更在乎的是品质，不是吗？

● 提问的注意事项

◈ 第一点：尽可能问一些轻松、愉快同时客户感兴趣的问题，找到共同点。

◈ 第二点：尽量问一些是肯定回答的问题。

◈ 第三点：问一些业主没有抗拒的问题。

◈ 第四点：问客户自身需求的问题，了解对方价值观以便更准确地为设计定位。

◈ 第五点：谈单谈到关键时刻不要忘记谈签约的问题，不要错过最佳签单时间。

❸ 摆正谈单心态

设计师一定要有足够的自信心，坚信自己是顶尖的签单高手，自信的人在谈单过程中更容易使临场发挥到极致，反之则会造成冷场之类的问题。

谈单和营销有部分相似之处，把客户当上帝，态度一定要好。

❹ 客户类型以及消费心理

● 理智型的客户

大多是工薪阶层，他们希望好的质量服务，偏低的价位，对这类客户要有充分的耐心，消除其顾虑。

● 自主型和主观型的客户

这类客户有很明确的目标，他们对事物的看法有自己的见解，而且不容易改变，他们或对设计有独特的需求，或较高的审美修养，对工程质量有特殊的要求，谈单时需强化他们这方面的需求。

● 表现型和冲动型的客户

这类客户需要设计师挖掘其关键需求点，尽可能表现出你设计能力是与众不同的，同时介绍公司实力，可以使用激将法来引导。

● 亲善型和犹豫型客户

这类客户犹豫不决，是个性使然，这种人往往没有主见。对拿不定主意的客户，应尽量帮他拿定主意，充当他的参谋，有时可以拿出一些力度大的优惠措施，增加签单可能性。

❺ 抓住签单信号

所有的谈单都是以签单为目的，有的设计师谈得比较愉快，但如果没有把握关键时间促成签单，那么前面的努力都有可能白白浪费。大多数客户都是同时会找几家公司作比较，如果在客户有签单可能的关键时刻没有把握好，而其他公司设计师这方面做得好，就有可能让设计师与签单失之交臂。设计师应该注意观察客户的反应，把握最佳时机来促成签单，以下举了部分例子来讲解签单信号。

- 当设计师与客户沟通完设计方案的细节，详细分析了报价后，如果客户眼光集中，对设计与报价总体满意时，设计师要及时询问签订合同事宜。
- 当客户听完介绍与家人进行对望，如果家人的眼神表现出肯定，表示有签单的意向，设计师应不失时机地提出签单。
- 听完设计师的介绍后，客户本来轻松的神情突然变得紧张或紧张的神情舒展开来时，说明客户已经准备成交。
- 谈单过程中，如果客户表现出一些反常的举止，如手抓头发、舔嘴唇、不停眨眼睛或者坐立不安，说明客户的内心正在激烈地斗争，设计师应该把客户忧虑的事说明清楚，及时打消客户的顾虑，让客户放心地与其签约。
- 当设计师介绍完方案及预算，客户进一步询问细节问题或者翻阅图纸及预算清单，证明客户已经在考虑签单的事情了。
- 一个专心聆听而且发言不多的客户开始询问付款问题时，那就表示客户有成交的意向了。
- 设计师在介绍过程中，客户突然表现得情绪高涨，对设计方案及预算频频点头那就表示客户已经决定成交了。
- 当客户开始将本公司服务和其他公司进行比较，并询问一些后期操作的关键问题时，要及时和客户谈成交的问题。
- 在谈单接近尾声，如果一直认真聆听的客户在短暂走神后，又突然集中精力，说明客户在作短暂的犹豫，或可能已经决定，这时设计师可以考虑询问签单事宜。

3.3.3 ▶ 谈单注意事项

在谈单过程中设计师除了要对客户观察入微，塑造礼貌、专业的形象，还有很多事项需要事先去了解或者临场去发挥，因此设计师不但要学会察言观色，把握好每个环节的事项和套路也是十分重要的。在谈单前牢记一些谈单的注意事项，对一个新手设计师有很大的帮助。以下举了部分谈单注意事项的例子供参考。

- 初次见面时大概了解客户的个人、家庭状况及对装修的总体要求，不需过多谈论细节，约定客户测量房子；
- 测量时，详细询问并记录客户的各项要求，针

对自己较有把握处提出几点建议，切勿过多表达自己的想法，因为此时的想法尚未成熟。切勿强烈而直接地反驳客户意见，反对意见可留至第二次细谈方案时，以引导方式谈出，因为此时你已对方案考虑较为成熟，提出的建议客户会认为有根有据，很有分量；

- 一定牢记客户最关心的设计项目，给客户留下你对他极为重视的印象；
- 不需盲目估计总造价，先要了解客户心里的底价，可以告诉客户：我们的报价根据材料、施工工艺、工人工费等差价较大，我们必须了解您的心底价位，以便最节约时间和精力地设计出更接近于您的想法和承受能力的方案；
- 设计方案时，要据客户的身份、爱好进行大概定位再设计，设计出让客户满意的方案，避免多次修改；
- 每次谈方案必须确定一些项目，如面板、地面、家具等，切勿一次一次不确定地浪费时间，并且尽量要求客户确定下一些方案，因为很多客户对方案会一直犹豫不决，设计师可以引导客户做出选择，有效节约时间；
- 细谈方案，一般要反复三到四次的修改，要坚持自己的意见尽量说服客户，但客户坚持不变的不要反驳客户，因为房子是客户自己来住。
- 签定合同时，详细做工艺质量说明，因为工艺质量说明不只是给客户看的，也是给自己一份详细的资料，切勿模糊带过。

3.3.4 ▶ 谈单问题分析

在设计师谈单过程中，客户一般会提很多问题，下面针对一些客户经常提到的问题进行解答分析。

◆ 现在报价与实际做完后的误差？

- 装修不是买一件成品商品，是一个复杂、漫长的过程。施工过程中，没有任何变更的情况下（业主不增加项目和修改设计），其他项目一般不超出总造价的8%。水、电安装是根据每个人的生活习惯来定，以下施工项目按实际算是根据不同的楼盘和有些项目可选择性的。

◆ 报价单为什么不能带出去？

- 价格是和价值紧密关联的，各公司的报价单结构、用材、施工工艺、质量等都是不同的，因此单纯的报价单是没有可比性的。不让客户拿走报价单是不希望客户落入单纯的价格误区。再说，初期报价单只是一个单价的肯定，商业

竞争完全可能为了拿下生意，有可能按照我公司的单价每样减一点，但是这是个没有完成的商品，如果利润降低了，在施工过程中他就会偷工减料。

◆ 首期工程款什么都还没做，就先交一部分钱？

◇ 整个装修过程分六大工种：水、电、泥工、木工、油漆、煽灰。在进场施工之前，相关负责人要先到物业办理报批手续，有部分费用是由公司出的，客户交了首期工程款后，所有的相关资料都会给客户，而且所缴纳的工程款也是要基本完成正个工程的一半工程量（水、电、泥工基本完成）。一般装修公司的合同是经过室内装饰协会统一制订的。

◆ 弱电项目的报价与市场价格相差太大？

◇ 有关这个项目，客户在市场所看到的可能是单一的材料价格，不能拿一项成品与散零件来作比较，一般的装修公司包含有辅料（导管、电面板等）、机具磨损费、浪费、保修、合理的利润等，隐蔽工程、安全隐患大，保修拾年，有任何问题，都是公司负责的，10年内电面板坏了需要更换，都是免费的。

◆ 管理费谁拿的？为什么收管理费？管理费为什么业主出？

◇ 管理费是公司拿给管理层人员和工程监理的工资；因为公司专门派一个人在这个工地安排工人施工，监督工程质量，业主自购材料运到工地以后，也是由他保管，还要起到与业主沟通的桥梁等；管理费单独例出，只是报价表项目分的比较清晰，再说国家也有明文规定要把管理费单独例出来的。

◆ 材料好、工价高为什么做出的效果没实地好？

◇ 一般公司都是部分包工包料，材料好、人工做得好，还需要客户自购材料那一方面整体搭配（灯光、颜色、款式），还有一些软配饰等，最后才能体现整个效果。

◆ 客户在施工过程说价格高怎么办？

◇ 工程还只是在施工过程中，客户在现场看到的只是部分材料和人工的费用，看不到公司整个运作管理层所付出的劳动，现在只是半成品，还完全看不到整体效果，而且就是整个工程完工后，公司还有售后服务保修期和终生维修。

◆ 电为什么从墙上走？

◇ 这是当下流行的施工工艺，水从地面走；电从墙上走第一是为安全，假如从地面走容易受潮发生短路，直接接触人体也产生辐射；第二是便于以后维修，假如从地面走以后发生问题维修方面损失比较大，要破坏地砖或地板。

◆ 工程完工后环保检测是由谁负责？如果检测不合格怎么办？

◇ 所有材料都标有详细说明和合格证，在施工之前必须经过业主验收后才能施工，在施工中又都有经过长时间通风。如果客户还不放心一定要做检测的话，那在自购材料进场之前，由权威机构来做检测，检测完后会有一张检测报告表出来，让客户放心。

◆ 你们公司的价格怎么这么贵？

◇ 这个首先提醒客户，不要做简单的价格比较，需要做的是价值比。要比较设计水平、材料等级及其环保性、工艺标准、工程质量、服务内容、保修和品牌信誉综合来看。好多业主受价格诱使而选择非正规公司，在装修后面对恶劣的工程都后悔不已。

◆ 我的房子多少个平方，在你们公司装修要花多少钱？

◇ 这个一般根据客户的要求，看客户准备花多少钱装修这套房子，如果客户打算在10万元以内，那设计师就按这个价位去做设计方案。不同的设计就有不同的价格，只有把平面方案定了，决定好做哪些东西，才会有份详细报价。

◆ 木制品现场制做与购买的家具的区别？

◇ 木制品现场制作的主要优点：一方面是个性化比较强，并与整体装修的风格协调、统一，特别是设计师常常运用家具设计来营造整个装修格调，配套性能突出；另一方面是空间利用率高，尺度、尺寸易于把握，材料透明环保，结实耐用。缺点：不适合改变摆放位置，不易于搬运调整。

◇ 购买家具的优点：机械化程度高、加工精密程度高，其漆面洁净；可以在无尘车间内油漆，外观精度和表面亮度较高。缺点：材料不透明，价格贵。

◆ 客户还没下定金想带走平面方案怎么办？

◇ 首先这份图纸是公司的资料，同时也是设计师的产权。平面方案只是设计的一个表象，而更重要的是设计师的一个理念，这个理念是需要设计师和客户对面对沟通才能表述出来的，所以如果只是简单的把一张图给客户看的话，就说明本公司工作服务没做好，公司绝不允许设计师这样做，请谅解！

♦ 高端客户水管为什么不用铜管、套管为什么不用镀锌管，他们有什么区别？

○ 铜管和镀锌管价格需贵，但不适合用于家庭装修。用铜管作为水管不卫生、不环保，热水氧化后有毒，接头容易漏水，不易施工。镀锌管作为套管安全系数没有PVC管好，施工方便，但以后维修不方便。

♦ 房间铺地砖与铺木地板有什么区别？

○ 一是材质的区别：地砖耐磨、易打理；木地板易腐烂，不易打理；

○ 二是感觉的区别：地砖冷、硬；木地板看上去高档，感觉温馨，脚感舒适；

○ 三是价格的区别：地砖相对于便宜；木地板相对于比较贵些。

♦ 实木地板与复合地板有什么区别？

○ 实木地板属于天然材料制作而成，纹理自然。脚感好、档次高但受自然环境影响大，颜色深浅变化也较大，易变型，不易打理，价格贵。复合地板不易变形，易打理，它属于人造花纹，脚感稍差，价格便宜。

♦ 电视柜为什么按米计算？

○ 这是行业规定的一个计价方式，木制品高度超过1m按平方计算，低于1m就按米计算。

♦ 塑钢窗和铝合金窗有什么区别？哪一个好？

○ 塑钢窗的气密性、水密性、隔声、保湿、隔热等性能俱佳，价格较低；铝合金窗现场制作方便，颜色丰富，但价格较高，气密性、水密性、隔声、保湿、隔热性能低于塑钢窗。

♦ 天花计算方法为什么按展开面积计算？怎么展开法？

○ 展开面就是平面加上侧面的面积，因为侧面也是要用材料，甚至施工难度更大，所以要按展开面积计算。

♦ 设计满意，现在的报价也接受，但担心以后浮动，没钱付款？

○ 设计是有一个沟通过程，当客户和设计师把六大工种的工程项目确定没变动时，报价一般浮动在8%左右（水、电工程除外），只要客户不另增加项目，设计师也会尽量控制这些费用，当然客户自己也需要控制一下业主自购主材的费用，避免出现超额问题。

第4章

量房、装修和预算

　　量房是设计的重要依据，也是设计的第一步，而预算则是设计的最后一步，是每个设计师应该具备的专业技能，本章从初学者的角度介绍室内现场测量技巧及注意事项以及室内装修、设计的费用预算。

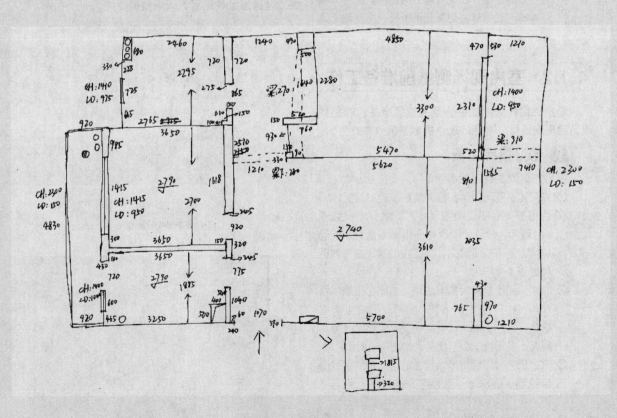

4.1 室内现场测量技巧及注意事项

量房是指由设计师到客户拟装修的居室进行现场勘测，并进行综合的考察，以便更加科学、合理地进行家装设计。本小节为读者讲述该怎么量房及一些量房技巧和注意事项等。

4.1.1 ▶ 认识室内设计量房过程

实地测量是房屋装修的第一步，这个环节虽然细小，但却是非常必须和重要的。量房的作用可简单介绍如下：

⊕ 了解房屋详细尺寸数据，量房首先对装修的报价会产生直接影响。

⊕ 了解房屋格局利弊情况，以及周围的环境状况、噪声是否过大、空气质量如何、采光如何等，都会直接影响后期的设计。

⊕ 保证后期房屋装修质量，只有量房比较精确，才能做出准确的设计，不至于后期施工时，因为尺寸不对而无法实现，需要进行设计更改或者项目更改。

⊕ 方便设计师与业主实地交流，量房时，设计师和业主一般都会到场，如果业主对房屋的设计有一定的想法，在现场测量的时候，就可以和设计师沟通看这些想法是否可行，交流起来比较有效果。

4.1.2 ▶ 室内现场测量前准备工作

量房之前，先要做好充分的量房准备，避免到现场后出现器材忘带等问题，提高量房效率。

① 带好量房工具

量房需要的工具一般有：

⊕ 卷尺（必不可少）和红外测距仪：卷尺灵活，适用于房屋不同地方尺寸的测量，卷尺如图4-1所示；红外测距仪一般用来测量大面积的墙体，既可节省时间，又比较准确，红外测距仪如图4-2所示。

⊕ 相机：用于量房时拍照使用，拍摄房屋整体格局与一些容易忽视和遗忘的细节，比主要房屋结构、管道、漏水口、梁的位置、通风孔等。现在大多用智能手机代替，如图4-3所示。

⊕ 笔：量房时需要用笔做尺寸记录，量房者可携带铅笔、圆珠笔、水性笔、橡皮擦、荧光笔等。

⊕ 纸：任意白纸即可。

图 4-1 卷尺　　图 4-2 红　　图 4-3 智能手机
　　　　　　　　外测距仪

② 带好量房图纸

在前去量房之时，可以先查找一下要量房的小区的户型，如能在网上找到相同户型的图纸，则将其打印出来带到量房现场，在上面标注实际量房尺寸即可，小区户型图如图 4-4所示。

如未能找到相同户型的图纸，则需要量房者手绘。手绘图纸一般原则是要简单明了，能准确表达清楚房屋结构即可，现场量房图如图 4-5所示。

H2户型　两室两厅一卫　约97㎡

图 4-4　户型图

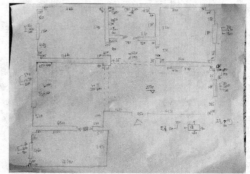

图 4-5　现场量房图

4.1.3 ▶ 室内现场测绘方法

现场测量房屋时，应该注意哪些问题呢？本小节介绍室内现场测绘方法。

1. 观察建筑物形状及四周环境

因建筑物造型及所在地的关系，部分外观会出现斜面、弧形、圆形、金属造型、退缩、挑空等，因此有必要对建筑物外观进行了解并拍照。另外建筑物四周的状况，有时也会影响平面图的配置，所以也要做到心中有数。

2. 使用相机拍下门牌号码、记录地址

上门量房时，用相机拍下业主的门牌号码，记录业主的地址是很重要的，可方便与业主交流，也能在开工时准确找到业主的房子，如图 4-6所示。

3. 观察屋内格局、形状及间数

进入到业主的房子里时，不要着急开始测量。可先大致围绕房子转上一圈，了解房子的格局，大致形状、面积、间数和区分主要功能区，做到心中有数，如图 4-7所示。

图 4-6 拍摄门牌号　　图 4-7 了解房屋格局

4. 绘制出房屋大致格局

前面提到过，如有同户型的框架图，则可开始测量。如无同户型框架图，在空白纸上绘制房屋框架图之后，再开始测量。

5. 开始测量

从大门入口开始测量，最后闭合点（结束面）也是位于大门入口，围绕房子转一圈，如图4-8所示。

图4-8 量房顺序

卷尺的测量方法

卷尺的使用分为几种不同的场合，分别是：宽度的测量、室内净高的测量与梁宽的测量，测量方法如下：

⊕ 宽度的测量：大拇指按住卷尺头，平行拉出，拉至欲量的宽度即可，如图 4-9所示。
⊕ 室内净高的测量：将卷尺头顶到顶棚，大拇指按住卷尺，用膝盖顶住卷尺往下压，卷尺再往地板延伸即可，如图 4-10所示。
⊕ 梁宽的测量：卷尺平行拉伸形成一个"门"字形，往梁底部顶住，梁单边的边缘与卷尺整数值齐，再依此推算梁宽的总值，如图 4-11所示。

图 4-9 宽度的测量

图 4-10 室内净高的测量　　图 4-11 梁宽的测量

反映、复述

若是两个人去测量，一定是一位拿卷尺测量，另一位绘制格局及标识尺寸，所以，当一位拿卷尺在测量及念出尺寸时，另一位需复述出所听到的尺寸数值并进行登记，以使测量数值误差减到最低，如图 4-12所示。

6. 仔细测量房屋尺寸

测量房屋时要仔细，认真，头脑清晰，速度快。卷尺要沿着墙角量，要保证每个墙都量到，没有遗漏。

7. 测量完毕进行拍照

格局都测量好之后，当进行现场拍照。现场拍照以站在角落身体半蹲拍照，每一个场景均以拍到

顶棚、墙面、地面为最佳。强电、弱电、给水、排水、空调排水孔、原有设备、地面状况等细节都要进行拍照，如图 4-13所示。

图 4-12 反映、复述

图 4-13 现场图

8. 检查图纸并离开

完成了现场量房之后，需仔细检查现场测量的草图与现场有无问题，看是否有遗漏的地方没有测量到。没有问题即可离开现场。

4.1.4 ▶ 绘草图注意事项

◉ 在空白纸上合理绘制图纸，适中就好，不要太大也不要太小，如图 4-14所示。

◉ 结构图从进门开始画，画的方向要和你自己站的方向保持一致。

◉ 绘制墙体时，遵循简明、清晰的原则（墙体可用单线和双线表示，不做硬性规定，可根据自己喜好来，但是一定要将墙体表达清楚），如图 4-15所示。

图 4-14 图纸适中

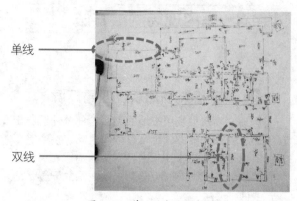

图 4-15 单、双线绘制墙体

◉ 将窗户、管道、烟道、空调孔、地漏、阳台推拉门、梁的方位等细节在图纸上表示清楚，如图4-16所示。

图4-16 现场测量草图

4.1.5 ▶ 室内房屋尺寸测量要点

测量房屋是一个细致的工作，那么我们测量时需要注意哪些方面呢？本小节讲解房屋测量要点。

1. 需测量房屋细节的辨识

在房屋测量之前，先来认识一下需测量的房屋细节。

◉ 窗户和阳台推拉门的辨识，窗户如图 4-17所示，阳台推拉门如图 4-18所示。

图 4-17 窗户

图 4-18　阳台推拉门

◉ 管道和地漏的辨识，管道如图 4-19所示，地漏如图 4-20所示。

图 4-19　管道　　　　　图 4-20　地漏

◉ 厨房烟道和空调孔的辨识，厨房烟道如图4-21所示，空调孔如图 4-22所示。

图 4-21　厨房烟道　　　　图 4-22　空调孔

◉ 梁、强弱电箱与可视对讲的辨识，梁如图4-23所示，强弱电箱与可视对讲如图 4-24所示。

图 4-23　梁

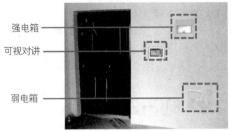

图 4-24　强弱电箱与可视电话

2. 房屋尺寸测量要点

除了测量墙体，量房时还需测量很多细节问题，只有把握好了细节，在绘制原始结构图和做设计时才能减少问题出现。

◉ 注意测量墙的厚度，区分承重墙和非承重墙。

◉ 注意测量门洞的宽度，这对绘制原始结构图时非常重要。

◉ 测量窗户的长和高与窗户离地的高度，并在图纸上标识。

◉ 测量地面下沉，阳台、厨房、卫生间一般会有下沉，需要回填，所以在现场量房时，需测量清楚并在图纸上标识。

◉ 在图纸上标识梁的位置，并测量梁的高度和宽度。

◉ 测量强、弱电箱的位置，并在图纸上记录（需画出强电、弱电箱的立面图）。

◉ 测量房屋层高，并在图纸上标记（客、餐厅和房间的净高度）。终上所述如图4-25所示。

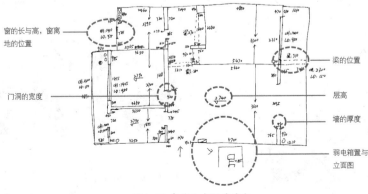

图4-25 房屋尺寸测量要点

4.2 室内设计装修流程

室内设计装修流程是保证设计质量的前提，其施工一般有10大流程，下面将分别进行介绍。

4.2.1 ▶ 设计方案及施工图纸

一套完整的施工图应该包含有设计说明、原始结构图、墙体改造图、平面布置图、地面铺装图、顶棚平面图、电气平面图、给水、排水平面图、立面造型图、节点大样图、3D效果图等。且施工图绘制完成后，需要交由业主签字认可。

4.2.2 ▶ 现场设计交底

现场设计交底主要包含以下内容。

- 业主、设计师、监理以及施工人员到达现场，根据施工图进行交底。
- 对各部位难点进行讲解，确定开关插座等各部位的准确位置。
- 对居室进行检测，对墙、地、顶的平整度和给水、排水管道、电、煤气畅通情况进行检测，并做好记录。
- 对施工图现场进行最后确认。
- 业主、设计师、监理、施工人员签署设计交底单等单据。
- 准备开工。

4.2.3 ▶ 开工材料准备

根据设计方案，明确装修过程中所涉及的面积。特别是贴砖面积、墙面漆面积以及地板面积等，以及各种所需要的材料（包括主要材料和辅助材料），并提前准备妥当，为后期的施工做准备。

在进行室内装潢开工之前，需要准备的材料包含有各种工具及水泥、沙、红砖、木方、铁钉、钢钉、纹钉、电线、水管、穿线管、瓷砖以及油漆等，如图4-26所示。

图4-26 开工准备材料

4.2.4 ▶ 土建改造

土建改造包含有拆墙和砌墙两大块，如图4-27所示为拆墙和砌墙图。

在拆墙时需要注意以下7个方面。

- 抗震构件如构造柱、圈梁等最好根据原建筑施工图来确定，或者请物业管理部门鉴别。
- 承重墙、梁、柱、楼板等作为房屋主要骨架的受力构件不得随意拆除。
- 不能拆除门窗两侧的墙体。
- 不能拆除阳台下面的墙体，它对挑阳台仕仕起到抵抗颠覆的作用。
- 砖混结构墙面开洞直径不宜大于1m。
- 应该注意冷热水管的走向，拆除水管接头处应该用堵头密封。
- 应该把墙内开关、插座、有线电视接头、电话线路等有关线盒拆除、放好。

图4-27 拆墙和砌墙图

4.2.5 ▶ 水电铺设

水电工程属于隐蔽工程，施工质量一旦出现问题，往往处理难度较大，维修工作量大，因此在进行水电铺设时，一定要注意其质量问题。如图4-28所示为水电铺设线路图。

图4-28 水电铺设线路图

水电改造的主要工作有水电定位、打槽、埋

管、穿线，下面将水电铺设的施工注意事项进行介绍。

⊕ 水电定位，也就是根据用户的需要定出全屋开关插座的位置和水路接口的位置，水电工要根据开关、插座、水龙头的位置按图把线路走向给用户讲清楚。

⊕ 水电打槽，好的打槽师傅打出的槽基本是一条直线，而且槽边基本没有什么毛齿。注意打槽之前，务必让水电工将所有的水电走向在墙上划出来标明，记得对照水电图，看是否一致。

⊕ 水路改造时，注意周围一定要整洁。水路改造订合同时，最好注明水路改造用的材料。另外水路改造中要注意原房间下水管的大小，外接下水管的管子最好和原下水管匹配。

⊕ 电路改造中，应注意事先要想好全屋的灯具、电器装在什么地方，以便确定开关插座的位置，同时要注意新埋线和换线的价格是不一样的。门铃最好买无线门铃。

4.2.6 ▶ 水泥施工

水泥施工的工作内容主要包括以下5点。

⊕ 改动门窗位置。通过吊线、打水平尺、量角尺等方法确保墙体上门洞、窗洞两侧现地面垂直所有转角是90°，如图4-29所示。

⊕ 厨房和卫生间的防水处理。在进行防水处理时，需要清理几层，粉水泥、泥浆，待水泥完全干涸后，使用防水涂料，均匀粉刷在墙、地面上，如图4-30所示。

⊕ 包下水管道。包下水管道时，应该尽可能地减少包下水管道的阴阳角方正，与地面垂直。特别注意不准封闭下水管道上的检修口。

⊕ 地面找平。地面找平时用水平尺佼水平，需要注意地面浇水养护，如图4-30所示。

图4-29 水电铺设线路图　　图4-30 防水处理施工图

⊕ 墙、地砖铺贴。对进入现场的墙、地砖进行开箱检查看材料的品种规格是否符合设计要求，严格检查相同的材料是否有色差，仔细查看是否有破损、裂纹，测量其宽窄，对角线是否在

允许偏差范围内（2mm），检查平整，渗水度以及是否做过防污处理，发现有质量问题，应该详谈告知业主，请业主选择退货，如果业主坚持要用，须请业主签字认可，没有问题可进行墙、地面砖的铺贴如图4-31、图4-32所示。

图4-31 地面找平图　　图4-32 墙、地砖铺贴图

4.2.7 ▶ 木工施工

木工的工作内容包含以下几个方面。

⊕ 木制品的制作。包含有门窗套、护墙板、顶角线、吊顶隔断、厨具和玄关等。如图4-33所示为吊顶施工图。

⊕ 软卧家具支座。包含有衣橱、书架橱、电视柜、鞋箱等，如图4-34所示。

图4-33 吊顶施工图　　图4-34 衣柜制作

⊕ 铺设木地板、踢脚线（板），如图4-35所示。

⊕ 玻璃制品的镶嵌配装。

图4-35 实木踢脚线施工　　图4-36 涂饰工程的现场施工

4.2.8 ▶ 涂饰工程施工

涂饰工程是将油纸或水质涂料涂敷在木材、金

属、抹灰层或混凝土上等基层表面形成完整而坚韧的装饰保护层的一种饰面工程。涂料是指涂敷于物体表面并能与表面基体材料很好粘结形成完整而坚韧保护膜的材料，所形成的这层保护膜又称图层。

各种装潢涂料工程的施工工程基本相同：基层处理、打底刮腻子、磨光、涂刷涂料等环节。如图4-36所示为涂饰工程的现场施工。

4.2.9 ▶ 收尾工作

收尾工作包含有开关插座的安装、灯具的安装、门窗的安装、五金洁具的安装、窗帘杆的安装、橱柜的安装、抽油烟机安装以及玻璃制品的安装等。最后做全面的清洁工作。

4.3 认识室内设计装饰材料

室内装饰材料的按部位分类可以分为三种：内墙装饰材料、地面装饰材料、吊顶装饰材料。

4.3.1 ▶ 内墙装饰材料

内墙装饰材料又可分为墙面涂料、墙纸、装饰板、墙布、石饰面板、墙面砖等种类。

墙面涂料又可分为无机涂料、有机涂料、有机无机涂料、墙面漆几种；

- ⊕ 无机涂料：是用无机高分子材料为基料所生产的涂料，包括水溶性硅酸盐系、硅溶胶系、有机硅及无机聚合物系。耐高温、耐强酸强碱、绝缘、寿命长、强度高、无毒环保，需多重高温固化，且涂层表面崩裂等瑕疵无法修补，加工工艺难，成本高，价格贵，如图4-37所示。

- ⊕ 有机涂料：是从活的生命体中提炼制成的涂料，是石油工业发展的产物，生活中常见的涂料一般都是有机涂料。

- ⊕ 有机无机涂料：有机无机复合涂料有两种复合形式，一种是涂料在生产时采用有机材料和无机材料共同作为基料，形成复合涂料；另一种是有机涂料和无机涂料在装饰施工时相互结合。

- ⊕ 墙面漆：是涂装中最终的涂层，具有装饰和保护功能。如图4-38所示，其颜色光泽质感，还需有面对恶劣环境的抵抗性。

图4-38 墙面漆效果

墙纸又可分为天然材料壁纸、纸基胶面壁纸、无纺布壁纸、绒面壁纸几种；

- ⊕ 天然材料壁纸：主要由草、树皮及新型天然加强木浆（含10%的木纤维丝）加工而成，其突出的特点是环保性能好，不宜翘边、气泡、无异味、透气性强，不易发霉，防静电，不吸尘，无其他任何有机成分，是纯天然绿色环保壁纸，如图4-39所示。

- ⊕ 纸基胶面壁纸：是指由PVC表层和底纸经施胶压合而称，合为一体后，在经印制、压花、涂布等工艺生产出来的，易清洁打理，透气性不如纯纸，对于潮湿的墙面容易发霉，如果生产质量不好，容易造成底纸和表层的剥落，有淡淡的气味，过段时间就能消失。

- ⊕ 无纺布壁纸：是以棉麻等天然植物纤维或涤纶、腈纶等合成纤维，经过无纺成型的一种壁纸，完全燃烧时只产生二氧化碳和水，无化学元素燃烧时产生的浓烈黑烟和刺激气味，本身富有弹性、不易老化和折断、透气性和防潮性较好，擦洗后不易褪色，颜色单一，色调较浅。

- ⊕ 绒面壁纸：是使用静电植绒法，将合成纤维的

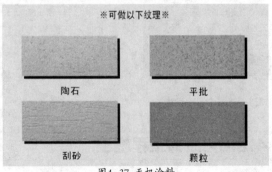

※可做以下纹理※

陶石

平批

刮砂

颗粒

图4-37 无机涂料

短绒植于纸基之上而成，给人很好的质感，不反光、不褪色、图案立体，凹凸感强，有一定的吸音效果，是高档装修较好的选择，价格贵，如图4-40所示。

图4-39　天然材料壁纸　　　　图4-40　绒面壁纸

墙布又可分为麻纤无纺墙布、化纤墙布、玻璃纤维贴墙布几种；

- 麻纤无纺墙布：是使用棉和麻等天然的纤维合成的，通过涂上树脂和印上彩色的花纹而成的一种墙贴材料。它富有弹力，不容易被折断和发生老化，表层光洁而有毛绒的感觉，不会轻易地掉色，如图4-41所示。
- 化纤墙布：是用粘胶纤维等做成的。它的花纹图形非常漂亮，颜色柔和，没有毒性也没有味道，具有很好的透气性能，不会掉色，如图4-42所示。
- 玻璃纤维贴墙布：是把中碱性的玻璃纤维布作为基础材料，表层涂上耐磨的树脂，再印上彩色的图形而做成的，不容易掉色，也不会老化，还能防止被火燃烧和受潮，可以进行简单的擦洗，如图4-43所示。

图4-41　麻纤无　　图4-42　化纤墙布　　图4-43　玻璃
　　纺墙布　　　　　　　　　　　　　　纤维贴墙布

石饰面板又可分为天然石饰面板和人造石饰面板；

- 天然石饰面板：天然石饰面板有天然大理石板、天然花岗岩板，分别由天然大理石荒料和天然花岗岩荒料加工而成，如图4-44所示。
- 人造石饰面板：是用天然大理石或花岗岩的碎石为填充料，用水泥、石膏和不饱和聚酯树脂为粘剂，经搅拌成型、研磨和抛光后制成，重量轻、强度高、耐腐蚀、耐污染、施工方便、

花纹图案可人为控制，是现代建筑理想的装饰材料，如图4-45所示。

图4-44　天然石饰面板　　　　图4-45　人造石饰面板

墙面砖可分为釉面砖、通体墙砖。

- 釉面砖：表面涂有一层彩色的釉面，经加工烧制而成，色彩变化丰富，特别易于清洗保养，主要用于厨房、卫生间的墙面装修，如图4-46所示。
- 通体墙砖：质地坚硬，抗冲击性好，抗老化，不褪色，但多为单一颜色，主要用于阳台墙面的装修，如图4-47所示。

图4-46　釉面砖　　　　　　图4-47　通体墙砖

装饰板又可分为木质装饰人造板、塑料装饰板、金属装饰板、矿物装饰吸声板、陶瓷装饰壁画、穿孔装饰吸音板等。

- 木质装饰人造板：是利用木材，木质纤维、木质碎料或其他植物纤维为原料，用机械方法将其分解成不同的单元，经干燥、施胶、铺装、预压、热压、锯边、砂光等一系列工序加工而成的板材。
- 塑料装饰板：是用于建筑装修的塑料板。原料为树脂板、表层纸与底层纸、装饰纸、覆盖纸、脱模纸等。将表层纸、装饰纸、覆盖纸、底层纸分别浸渍树脂后，经干燥后组坯，经热压后即为贴面装饰板
- 金属装饰板：是指用一种以金属为表面材料复合而成的新颖室内装饰材料，是以金属板、块装饰材料通过镶贴或构造连接安装等工艺与墙体表面形成的装饰层面，适用于大型公共建筑、商业建筑、厂房、车库等工程的防水等级为1~3级的墙面，如图4-48所示。
- 矿物装饰吸声板：以矿棉为主要材料，加入适

量的黏胶剂和防潮剂，经加压烘干成型，一般适用于宾馆、商场、剧院、影厅、车站和会堂等。

⊕ 陶瓷装饰壁画：是以砖、板等为板基，运用绘画艺术与陶瓷工艺技术相结合，经过放大、制板、刻画、彩绘、配釉、施釉、烧成等一系列工序，通过多种施釉技巧和巧妙窑烧而成，如图4-49所示。

⊕ 穿孔装饰吸音板：由三部分组成，即基材、饰面层和吸音棉，适用于歌剧院、录音棚、播音室、电视台、会议室、演播厅、音乐厅、大礼堂、琴房等，如图4-51所示。

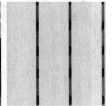

图4-48 金属　　图4-49 陶瓷　　图4-50 穿孔装饰
装饰板　　　装饰壁画　　　吸音板

4.3.2 ▶ 吊顶装饰材料

吊顶装饰材料可分为石膏板、铝扣板、PVC板、木质板、塑钢板和玻璃几种。

⊕ 石膏板：是以熟石膏为主要原料，再在其中舔乳添加剂和纤维制成。特点具有轻质、隔热、不燃、调湿、吸声。但耐潮性差、不易清洗，而且颜色单一，容易变色，价格比较低。安装过程也是很复杂的，大多用于客厅、卧室的吊顶装修设计，如图4-52所示。

⊕ 铝扣板：以铝材或铝合金为基本材料，表面经过不同的工艺处理后进一步加工制作。具有防潮、防火、抗酸碱油烟、易清洗、可回收环保、而且颜色丰富等特质，但绝热性差，安全要求高，价格较高。拼接的缝隙较大，主要装修于厨房、卫生间，如图4-52所示。

图4-51 石膏板　　　　图4-52 铝扣板

⊕ PVC板：PVC主要的成分是聚氯乙烯，在制造

时增添增塑剂、抗老化剂等一些辅助材料。具有轻质、防水、防潮、隔热、阻燃，但不耐高温，易变性，而且环保性较差，价格比较低。主要用于厨房、卫生间的吊顶装修，如图4-53所示。

⊕ 木质板：也可以叫胶合板，原木浆经过蒸煮软化，切成片经过干燥、涂胶等一系列的步骤而成。材质轻、高强度、抗冲击、抗震，但容易变形、扭曲开裂，价格较贵。适用于客厅的小范围，如图4-54所示。

图4-53 PVC发泡板　　　图4-54 木质板

⊕ 塑钢板：是由塑料制作而成，容易褪色、不阻燃，韧性较好，硬度较高，易安装，寿命短、易老化，不易清洁，价格较低。主要用于厨房、卫生间吊顶，如图4-55所示。

⊕ 玻璃：装饰性强，不易大面积使用，本身基本不会变形，但易碎。安装工艺难度较高，价格较高，多用于过道的吊顶装修，如图4-56所示。

图4-55 塑钢板　　　图4-56 玻璃吊顶过
道效果

4.3.3 ▶ 地面装饰材料

地面装饰材料可分为地面涂料、竹木地板、地面砖、塑料地板、地毯、石材、地垫几种。

地面涂料：是装饰与保护室内地面，使地面清洁美观，如图4-57所示。其耐碱性好、粘结力强、耐水性好、耐磨性好、抗冲击力强、涂刷施工方便及价格合理；地面涂料分为木地板涂料和水泥砂浆地面涂料。

竹木地板：是竹材与木材复合再生产物，如图

4-58所示。外观自然清新、文理细腻流畅、防潮防湿防蚀以及韧性强、有弹性。

图4-57 地面涂料　　　图4-58 竹木地板

地面砖可分为釉面砖、通体砖、抛光砖、玻化砖；

⊕ 釉面砖：指砖表面烧有釉层的瓷砖，大多数是用瓷土和釉烧制的，结构致密、强度很高、吸水率较低、抗污染性强，光滑，装饰性很强，如图4-59所示。

⊕ 通体砖：是不上釉的瓷制砖，整块砖的质地、色调一致，因此叫通体砖，有很好的防滑性和耐磨性，一般所说的"防滑地砖"，大部分是通体砖，价位适中，没有釉面砖那么多华丽的花色，色调较为庄重、浑厚，如图4-60所示。

图4-59 釉面砖　　　图4-60 通体砖

⊕ 抛光砖：是将通体砖经抛光后成为抛光砖，硬度较高，非常耐磨，比较实用，如图4-61所示。

⊕ 玻化砖：是一种高温烧制的瓷质砖，是所有瓷砖中最硬的一个品种，价格较高，一般用在公共装饰中人流量比较大的地方，如图4-62所示。

图4-61 抛光砖　　　图4-62 玻化砖

塑料地板可分为塑料地板砖和塑料地板革。

⊕ 塑料地板砖：是半硬质聚氯乙烯块状塑料地板，颜色有单色和拉花两种，档次较低，比较水泥地来讲克服了水泥地的冷、硬、灰、潮、响等缺点，如图4-63所示。

⊕ 塑料地板革：是带基材的聚氯乙烯卷材塑料地板，由基材、中间层和表面耐磨层三部分组成地板革的弹性比塑料地板砖好，并具有一定的吸声、保温、防寒作用。地板革不厚，而且用久了了出现起鼓、破裂、有划痕、边角卷起等现象，如图4-64所示。

图4-63 塑料地板砖　　　图4-64 塑料地板革

地毯可分为天然材料（毛、丝、麻、草）和人造材料（尼龙、丙纶织物）；

⊕ 天然材料：纯毛地毯脚感柔和、弹性好、有光泽，价格较高，如图4-65所示。

⊕ 人造材料：是以尼龙纤维、聚丙烯纤维、聚脂纤维等化学纤维为原料，经过机织法、簇绒法等加工成面层织物，再对背衬进行复合处理而制成的，色泽鲜艳，结实耐用，容易保养，较易清洗，但脚感粗硬，弹性较差，如图4-66所示。

图4-65 天然材料地毯　　　图4-66 人造材料地毯

石材可分为人造石材和天然石材；

⊕ 人造石材：是以不饱和聚酯树脂为黏结剂，配以天然大理石或方解石、白云石、硅砂、玻璃粉等无机物粉料，及适量的阻燃剂、颜色等，经配料混合、瓷铸、振动压缩、挤压等方法成型固化制成的，色彩艳丽、光洁度高、颜色均匀一致，抗压耐磨、韧性好、结构致密、坚固耐用、比重轻、不吸水、耐侵蚀风化、色差小、不褪色、放射性低,不破坏自然环境,利用了难以有效处理的废石料资源,较为环保,如图4-67所示,其主要有水磨石板材、人造大理石、人造花岗石。

◈ 天然石材:是指从天然岩体中开采出来的,并经加工成块状或板状。主要有花岗岩和大理石两种,其中花岗岩硬度大、耐压、耐火、耐腐蚀,自重较大,而大理石是变质岩,表面光滑,色彩丰富,纹理清晰,多用于高档的装饰工程用,但其硬度较低、容易断裂,如图4-68所示。

图4-67 人造石材地板　　图4-68 天然石材地板

地垫可分为圈丝型地垫、尼龙刮砂垫、地毯型吸水垫、Z字形地垫、模块式地垫、铝合金地垫、防滑贴、家用"噌噌"垫;

◈ 圈丝型地垫:强力柔韧且富弹性纤维材料,刮除泥尘、沙石及水分,有效保持室内的整洁舒适,如图4-69所示。

◈ 尼龙刮砂垫:采用特殊高性能尼龙纤维以及新式的纺法美观的外表,超强的刮砂除水的工作能力,通用的室外室内,如图4-70所示。

图4-69 圈丝型地垫　　图4-70 尼龙刮砂垫

◈ 地毯型吸水垫:地毯型吸水垫独具大小纤维双重结构特点,大纤维刮去泥尘,小纤维吸收水份;并具备多种颜色,以供配衬室内地面设计,如图4-71所示。

◈ Z字形地垫:Z字形地垫独具Z字造形开放结

构,刮泥、刮沙易清理;垫面平坦,方便手推车通行;耐磨,寿命持久,如图4-72所示。

图4-71 地毯型吸水垫　　图4-72 Z字形地垫

◈ 模块式地垫:模块式地垫独特的搭口式连接设计,可自由的组合搭配;具高效除尘吸水性能和极高的外观持久性;易于清洁;能经受手推车经过;行走安全,如图4-73所示。

◈ 铝合金地垫:铝合金式地垫具强承托力的铝合金镶条,灵活强抗拉力的钢丝绳,垫衬增强持久耐用性;双重纤维面料,小纤维吸收水份,大纤维刮除泥沙,提供卓越豪华外观并同时具备出色的性能表现,如图4-74所示。

图4-73 模块式地垫　　图4-74 铝合金地垫

◈ 防滑贴:防滑贴的金属防滑粒子表面可提供较高的摩擦系数,显著增强行走安全性,减少滑倒、摔跤的危险;易于安装,易于保养,使用寿命持久,如图4-75所示。

◈ 家用"噌噌"垫:可高效去除鞋底灰尘,快速排除鞋底水份,如图4-76所示。如室外经典系列、室内卡通系列、浴室疏水系列、车垫系列等。

图4-75 防滑贴　　图4-76 家用"噌噌"垫

4.4 室内设计的费用预算

客户与设计师沟通完之后，就进入了量房预算阶段，客户带设计师到新房内进行实地测量，对房屋的各个房间的长、宽、高及门、窗、暖气的位置进行逐一测量，房屋的现状对报价是有影响的，本节讲述室内工程的一些计算方法。

4.4.1 ▶ 影响工程量计算的因素

装修户的住房状况对装修施工报价也影响甚大，这主要包括以下几个方面。

⊕ 地面：无论是水泥抹灰还是地砖的地面，都须注意其平整度，包括单间房屋以及各个房间地面的平整度。平整度的优劣对于铺地砖或铺地板等装修施工单价有很大影响。

⊕ 顶面：其平整度可参照地面要求。可用灯光实验来查看是否有较大阴影，以明确其平整度。

⊕ 墙面：墙面平整度要从三方面来度量，两面墙与地面或顶面所形成的立体角应顺直，两面墙之间的夹角要垂直，单面墙要平整、无起伏、无弯曲。这三方面与地面铺装以及墙面装修的施工单价有关。

⊕ 门窗：主要查看门窗扇与柜之间横竖缝是否均匀及密实。

⊕ 厨卫：注意地面是否向地漏方向倾斜；地面防水状况如何；地面管道（上下水及煤、暖气管）周围的防水；墙体或顶面是否有局部裂缝、水迹及霉变；洁具上下水有无滴漏，下水是否通畅；现有洗脸池、坐便器、浴池、洗菜池、灶台等位置是否合理。

4.4.2 ▶ 楼地面工程量的计算

楼地面工程量的计算包括有整体面层、块料面层、橡塑面积等，下面简要说明如何对其进行计算，如图4-77所示为某室内装修平面图。

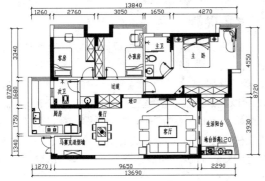

图4-77 平面设计图

① 整体面层

整体面层包括水泥砂浆地面、现浇水磨石楼地面按设计图样尺寸以面积计算。应扣除凸出地面构筑物、设备基础、地沟等所占面积，不扣除柱、垛、间壁墙、附墙烟囱以及面积在0.3m²以内的空洞所占的面积，但门洞、空圈、暖气包槽的开口部分亦不增加，以平方米为单位。

木地板面积的计算公式是木地板的长度×宽度，如图4-78所示为地面材质图。

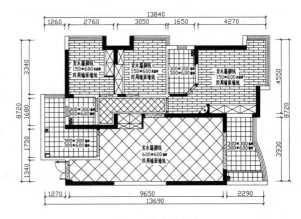

图4-78 地面材质图

② 块料和橡塑的计算方法

天然石材楼地面、块料楼地面按设计图样尺寸面积计算，不扣除0.1m²以内的空洞所占面积。

③ 安装踢脚线计算方法

踢脚线（如水泥砂浆踢脚线、石材踢脚线等）按设计图样尺寸面积计算，不扣除0.1m²以内的空洞所占面积。楼梯装饰按设计图样尺寸以楼梯（包括踏步、休息平台和500mm以内的楼梯井）水平投影面积计算，如楼梯铺设地毯。

▶ **设计点拨**

踢脚线砂浆打底和墙柱面抹灰不能重复计算。

4. 其它零星装饰

其它零星装饰按设计图样尺寸以面积计算，如天然石材零星项目、小面积分散的楼地面装饰等。详细计算方法如图4-79所示，并进行表 4-1所示计算。

图4-79 面积统计图

表 4-1 工程量计算表

序号	项目符号	备注	单位	工程量
1	客厅，600×600仿古砖	铺砖面积为31.2，耗损5%计	m²	31.2×105%=32.76，32.76/〔(0.6+0.002)×(0.6+0.002)〕=90.39，取91块
2	阳台，300×300阳台砖	铺砖面积为7.2，耗损5%计	m²	7.2×105%=7.56，7.56/〔(0.3+0.002)×(0.3+0.002)〕=83.07，取84块
3	厨房，300×300防滑砖	铺砖面积为17.9，耗损5%计	m²	17.9×105%=18.795，18.795/〔(0.3+0.002)×(0.3+0.002)〕=206.5，取207块
4	卫生间，300×300防滑砖	铺砖面积为6.9，耗损5%计	m²	6.9×105%=7.245，7.245/〔(0.3+0.002)×(0.3+0.002)〕=79.6，取80块
5	卧室，150×150木纹砖	铺砖面积为32.8，耗损5%计	m²	32.8×105%=34.44，34.44/0.15×0.15=34.44，取35块
6	过道，300×300地砖	铺砖面积为5.1，耗损5%计	m²	5.1×105%=5.355，5.355/〔(0.3+0.002)×(0.3+0.002)〕=58.84，取59块

4.4.3 ▶ 顶棚工程量的计算

顶棚包括了有客厅、厨房的顶棚以及阳台等位置的顶棚抹灰、涂料刷白等，如图4-80所示为顶棚效果图。

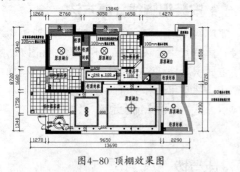

图4-80 顶棚效果图

1. 客厅顶棚

客厅顶棚按设计图样尺寸以面积计算，不扣除间壁墙、垛、柱、附墙烟囱、检查口和管道所占的面积。带梁的顶棚、梁两侧抹灰面积并入顶棚内计算；板式楼梯地面抹灰按斜面积计算；锯齿形楼梯地板按展开面积计算。

2. 顶棚装饰

灯带按设计图样尺寸框外围面积计算，送风口、回风口按图示规定数量计算（单位：个）。

3. 顶棚

顶棚按所示尺寸以面积计算，顶棚面中的灯槽、跌级、锯齿形等展开增加的面积不另计算。不扣除间壁墙、检查口和管道所占的面积，应扣除0.3m²以上的孔洞、独立柱和顶棚相连的窗帘盒所占的面积。顶棚饰面的面积按净面积计算，但应扣除独立柱、0.3m²以上的灯饰面积（石膏板、夹板顶棚面层的灯饰面积不扣除）与顶棚相连接的窗帘盒面积。

4.4.4 ▶ 墙柱面工程量计算

墙柱面的工程量主要是墙面抹灰、柱面的抹灰计算等。

1. 墙面抹灰和镶贴

墙面抹灰和镶贴按设计图样和垂直投影面积计算，以平方米为单位。外墙按外墙面垂直投影面积计算，内墙面抹灰按室内地面大顶棚地面计算，应扣除门窗洞口和0.3m²以上的孔洞所占面积。内墙抹灰不扣除踢脚线、挂镜线和0.3m²以内的孔洞和墙与构件交接处的面积，但门窗洞口、孔洞的侧壁面积也不能增加。

大理石、花岗岩面层镶贴不分品种、拼色均执行相应定额。包括镶贴一道墙四周的镶边线（阴、阳角处含45°角），设计有两条或两条以上的镶边者，按相应定额子人工×1.1系数，工程量按镶边的工程量计算。矩形分色镶贴的小方块，仍按定额执行。

大理石、花岗岩板局部切除并分色镶贴成折线图案者称为"简单图案镶贴"。切除分色镶贴成弧线图案者称"复杂图案镶贴"，该两种图案镶贴应分别套用定额。凡市场供应的拼花石材成品铺贴，按拼花石材定额执行。大理石、花岗岩板镶贴及切割费用已包含在定额内，但石材磨边未包含在内。

2. 墙面抹灰

墙面抹灰按设计图样尺寸以面积计算，包括柱面抹灰、柱面装饰抹灰、勾缝等。

3. 墙面抹灰、柱面镶贴块料

墙面镶贴块料按设计图样尺寸以面积计算，如天然石材墙面；干挂石材钢骨架以吨计算。镶贴块料按设计图样尺寸以实际面积计算。

4. 装饰墙面、柱饰面

装饰墙面、柱饰面的面积按图样设计，以墙净长乘以净高来计算，并扣除门窗洞口和0.3m²以上的孔洞所占面积。

4.4.5 ▶ 门窗、油漆和涂料工程的计算

1. 窗口工程的计算

⊕ 窗口按设计规定数量计算，计量装饰为框，如木门、金属门等。

⊕ 门窗套按设计图样尺寸以展开面积计算；窗帘盒、窗帘轨、窗台板按设计图样尺寸以长度计算；门窗五金安装按设计数量计算。

⊕ 门窗工程分为购入构件成品安装，铝合金门窗制作安装，木门窗框、扇制作安装，装饰木门扇和门窗五金配件安装等5部分。

⊕ 购入成品的各种铝合金门窗安装，按门窗洞口面积以平方米计算；购入成品的木门扇安装按购入门扇的净面积计算。

⊕ 现场铝合金门窗扇的制作、安装按门窗洞口面积以平方米计算；踢脚线按延长米计算；厨、台、柜工程量按展开面积计算。

⊕ 窗帘盒及窗帘轨道按延长米计算，如设计图样未注明尺寸可按洞口尺寸各加30cm计算；窗帘布、窗纱布、垂直窗帘的工程量按展开面积计算；窗水波幔帘按延长米计算。

2. 油漆、涂料、糊表工程量计算

⊕ 门窗油漆按设计图样数量计算、单位为框（樘）；木扶手油漆按设计图样尺寸以长度计算。

⊕ 木材面油漆按设计图样尺寸以面积计算；木地板油漆、烫硬腊面以面积计算，不扣除0.1m²以内孔洞所占面积。

4.4.6 ▶ 室内面积的测量方法

我们在做预算时，通常都是根据业主的房屋面积来计算的，那么如何测量室内面积呢？本小节讲解室内面积的测量方法。

1. 利用AutoCAD计算地面面积

当一张平面图的框架完成，或依现场丈量绘制的平面图后，必须知道此平面图的总使用面积为多少？单一空间的面积是多少？对此可以利用AutoCAD求得地面面积。具体操作如下。

（1）取一张只有框架图的平面图，如图4-81所示。

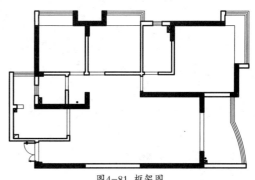

图4-81 框架图

（2）调用 PL【多段线】命令，绘制平面图的室内地面范围，如图 4-82 所示。

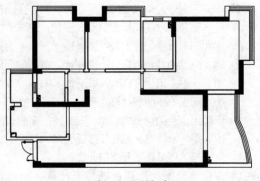

图4-82 绘制框线

（3）调用 LI【查询】命令，单击多线段，出现文字视窗，看到"面积"数值，如图 4-83 所示。

图4-83 文字视窗

我 们 看 到 C A D 给 出 的 面 积 数 值 是 99133147.0207。采用平方米作为单位，将小数点往前推6位数就是房子的面积，即99.1m²。

❷ 利用AutoCAD计算地面面积

当卫生间墙面贴瓷砖时，如何计算面积呢？室内隔间总面积为多少？贴于墙面的壁纸总的使用面积为多少？可利用墙面介绍的方法，计算出墙面面积。其步骤如下：

取一张只有框架图的平面图，利用多段线描绘主卫的墙面的瓷砖范围，如图4-84所示。

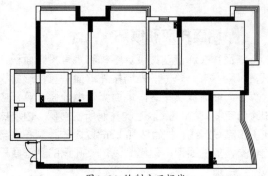

图4-84 绘制主卫框线

（4）调用 LI【查询】命令，单击多线段，出现文字视窗，看到"长度"数值，如图 4-85 所示。

图4-85 文字视窗

看到"长度"数值即为卫生间贴砖墙面的周长，我们以米为单位，将小数点往前推3位，即为8.08。利用8.08的数值乘以已知墙面完成高度，即可算出墙面面积。

计算公式：8.08（周长）×2.45（墙面完成高度）=19.796m²

第2篇 软件提高篇

第5章
室内设计软件入门

本章主要讲解了室内设计软件的入门知识，并介绍了一些常用图形的创建与编辑操作，使读者在快速熟悉 AutoCAD 2018 绘图工具的同时，能够掌握二维绘图工具、图形编辑工具、图案填充工具等基本使用方法。

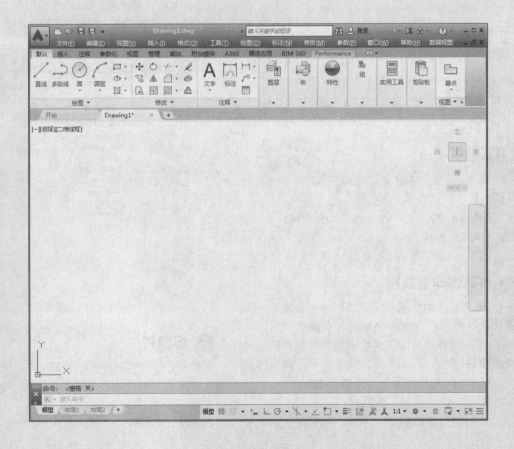

5.1 认识AutoCAD 2018绘图工具

为了满足用户的设计需要，AutoCAD 2018提供了多种绘图工具，以方便对软件的绘图环境、坐标、坐标系以及图层等进行设置。

5.1.1 ▶ 认识AutoCAD 2018 新界面

室内设计主要使用的是AutoCAD的二维绘图功能，本书将以"草图与注释"工作空间为例进行将讲解。"草图与注释"工作空间的界面主要由"应用程序"按钮、快速访问工具栏、标题栏、"功能区"选项板、绘图区、命令行、文本窗口和状态栏等元素组成，如图5-1所示。

图5-1 "草图与注释"界面

专家提醒
"草图与注释"工作空间用功能区取代了工具栏和菜单栏，是目前比较流行的一种界面形式，在Office 2007、SolidWorks 2012等软件中得到了广泛的应用。

❶ 快速访问工具栏
AutoCAD 2018的快速访问工具栏中包含最常用的操作快捷按钮，方便用户使用。在默认情况AutoCAD 2018的快速访问工具栏中包含最常用的操作快捷按钮，方便用户使用。快速访问工具栏中包含7个快捷工具，分别为"新建"按钮 🗋、"打开"按钮 🖾、"保存"按钮 🖫、"另存为"按钮 🖫、"打印"按钮 🖨、"放弃"按钮 ↺、

"重做"按钮 ↻，还有一个"工作空间"按钮 ⚙ 草图与注释，如图5-2所示。

图5-2 快速访问工具栏

专家提醒
快速访问工具栏放置的是最常用的工具按钮，同时用户也可以根据需要，添加更多的常用工具按钮。

❷ "应用程序"按钮
"应用程序"按钮 🅰 位于软件窗口左上方，单击该按钮，系统将弹出"应用程序"菜单，如图5-3所示，其中包含了AutoCAD的功能和命令。选择相应的命令，可以创建、打开、保存、另存为、输出、发布、打印和关闭AutoCAD文件等。

图5-3 "应用程序"菜单

❸ 标题栏
标题栏位于应用程序窗口的最上方，用于显示当前正在运行的程序名及文件名等信息。AutoCAD默认的图形文件名称为DrawingN.dwg（N表示数字），如图5-4所示。

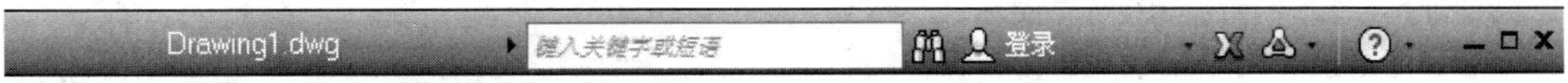

图5-4　标题栏

标题栏中的信息中心提供了多种信息来源。在文本框中输入需要帮助的问题，并单击"搜索"按钮 🔍，即可获取相关的帮助；单击"登录"按钮 👤登录 ⏷，可以登录Autodesk Online以访问与桌面软件集成的服务；单击"交换"按钮 🗙，启动Autodesk Exchange应用程序网站，其中包含信息、帮助和下载内容，并可以访问AutoCAD社区；单击"帮助"按钮 ❓⏷，可以访问帮助，查看相关信息；单击标题栏右侧的按钮组 ➖ ⬜ ✖，可以最小化、最大化或关闭应用程序窗口。

④ "功能区"选项板

"功能区"选项板是一种特殊的选项板，位于绘图区的上方，是菜单栏和工具栏的主要替代工具，用于显示与基于任务的工作空间关联的按钮和空间。默认状态下，在"草图与注释"工作界面中，"功能区"选项板中包含"默认""插入""注释""参数化""视图""管理""输出""附加模块""A360""精选应用""BIM360"和"Performance"12个选项卡，每个选项卡中包含若干个面板，每个面板中又包含许多命令按钮，如图5-5所示。

图5-5　"功能区"选项板

专家提醒

如果需要扩大绘图区域，则可以单击选项卡右侧的三角形按钮 ⊟⏷，使各面板最小化为面板按钮；再次单击该按钮，使各面板最小化为面板标题；再次单击该按钮，使"功能区"选项板最小化为选项卡；再次单击该按钮，可以显示完成的功能区。

⑤ 绘图区

绘图区是屏幕上的一大片空白区域，是用户绘图的主要工作区域，如图5-6所示。图形窗口的绘图区实际上是无限大的，用户可以通过"缩放"和"平移"等命令来观察绘图区的图形。有时候为了增大绘图空间，可以根据需要关闭其他界面元素，如选项板。

绘图区的左上角的三个快捷控件，可以快速修改图形的视图方向和视觉样式。在绘图区的左下角显示一个坐标系图标，以方便绘图人员了解当前的视图方向。此外，在绘图区中将显示一个十字光标，其交点为光标在当前坐标系中的位置。当移动鼠标时，光标的位置也会相应地改变。

绘图区的右上角包含"最小化"、"最大化"和"关闭"3个按钮，在AutoCAD中同时打开多个文件时，可以通过这些按钮切换和关闭图形文件。在绘图区的右侧还显示了ViewCube工具和导航面板，用于切换视图方向和控制视图。

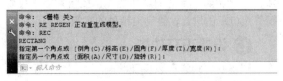

图5-6　绘图区

⑥ 命令行

命令行位于绘图窗口的下方，用于显示提示信息和输入数据，如命令、绘图模式、变量名、坐标值和角度值等，如图5-7所示。

```
命令：<栅格 关>
命令：RE REGEN 正在重生成模型。
命令：REC
RECTANG
指定第一个角点或 [倒角(C)/标高(E)/圆角(F)/厚度(T)/宽度(W)]：
指定另一个角点或 [面积(A)/尺寸(D)/旋转(R)]：
⌨⏷ 键入命令
```

图5-7　命令行

按F2快捷键，弹出AutoCAD文本窗口，如图5-8

所示，其中显示了命令行窗口的所有信息。文本窗口也称专业命令窗口，用于记录在窗口中操作的所有命令，如单击按钮和选择菜单项等。在文本窗口中输入命令，按Enter键结束，即可执行相应的命令。

图5-8 AutoCAD文本窗口

7. 状态栏

状态栏位于AutoCAD 2018窗口的最下方，它可以显示AutoCAD当前的状态，主要由5部分组成，如图5-9所示。

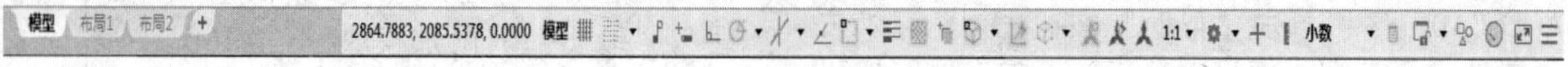

图5-9 状态栏

- ◈ 快速查看工具：使用其中的工具可以轻松预览打开的图形，以及打开图形的模型空间与布局，并在其间进行切换，图形将以缩略图形式在应用程序窗口的底部。
- ◈ 坐标值：光标坐标值显示了绘图区中光标的位置，移动光标，坐标值也随之变化。
- ◈ 绘图辅助工具：主要用于控制绘图的性能，其中包括推断约束、捕捉模式、栅格显示、正交模式、极轴追踪、对象捕捉、三维对象捕捉、对象捕捉追踪、允许/禁止动态UCS、动态输入、显示/隐藏线宽、显示/隐藏透明度、快捷特性和选择循环等工具。
- ◈ 注释工具：用于显示缩放注释的若干工具。对于模型空间和图纸空间，将显示不同的工具。当图形状态栏打开后，将显示在绘图区域的底部；当图形状态栏关闭时，图形状态栏上的工具移至应用程序状态栏。
- ◈ 工作空间工具：用于切换AutoCAD 2018的工作空间，以及对工作空间进行自定义设置等操作。

5.1.2 ▶ 设置绘图辅助功能

在绘制室内图形时，使用光标很难准确地指定点的正确位置。在AutoCAD 2018中，使用捕捉、栅格、正交功能、自动捕捉功能、捕捉自功能等可以精确定位点的位置，绘制出精确的室内图形。

1. 设置正交功能

"正交"功能可以保证绘制的直线完全呈水平或垂直状态。

开启与关闭正交模式主要有以下几种方法。
- ◈ 命令行：输入ORTHO命令。

- ◈ 状态栏：单击状态栏中的"正交模式"按钮。
- ◈ 快捷键：按F8快捷键或者按 Ctrl + L 快捷键。

正交取决于当前的捕捉角度、UCS坐标或等轴测栅格和捕捉设置，可以帮助用户绘制平行于X轴或Y轴的直线。启用正交功能后，只能在水平方向或垂直方向上移动十字光标，而且只能通过输入点坐标值的方式，才能在非水平或垂直方向绘制图形。如图5-10所示为使用正交模式绘制的床图形。

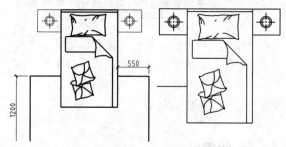

图5-10 使用正交模式绘制的床图形

2. 设置栅格功能

栅格是一些按照相等间距排布的网格，就像传统的坐标纸一样，能直观地显示图形界限的范围，如图5-11所示。用户可以根据绘图的需要，开启或关闭栅格在绘图区的显示，并在"草图设置"对话框中设置栅格的间距大小，从而达到精确绘图的目的，如图5-12所示。

开启与关闭栅格模式主要有以下几种方法。
- ◈ 命令行：输入GRID或SE命令。
- ◈ 状态栏：单击状态栏中的"栅格模式"按钮。
- ◈ 快捷键：按F7快捷键。

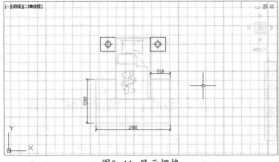

图5-11　显示栅格

图5-12　"捕捉和栅格"选项卡

3. 设置捕捉功能

"捕捉"功能可以控制光标移到的距离，它经常和"栅格"功能一起使用。打开"捕捉"功能，光标只能停留在栅格上，此时只能移到栅格间距整数倍的距离。

开启与关闭捕捉模式主要有以下几种方法。

❖ 状态栏：单击状态栏中的"捕捉模式"按钮。

❖ 快捷键：按"F9"快捷键。

4. 设置极轴追踪功能

"极轴追踪"功能实际上是极坐标的一个应用。该功能可以使光标沿着指定角度移动，从而找到指定的点。

开启与关闭极轴追踪模式主要有以下几种方法。

❖ 状态栏：单击状态栏中的"极轴追踪"按钮。

❖ 快捷键：按F10快捷键。

在"草图设置"对话框中，单击"极轴追踪"选项卡，勾选"启用极轴追踪"复选框，可以启用

极轴追踪功能，在"极轴角设置"选项组中，可以设置极轴追踪的增量角和附加角等参数，如图5-13所示。当光标的相对角度等于所设置的角度时，屏幕上将显示追踪路径，如图5-14所示。

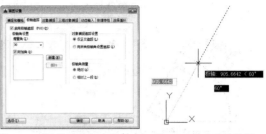

图5-13　"极轴追踪"选项卡　　图5-14　显示追踪路径

在"极轴追踪"选项卡中，各主要选项的含义如下。

❖ "启用极轴追踪"复选框：勾选该复选框，可以启用极轴追踪功能；取消勾选该复选框，则可以禁用极轴追踪功能。

❖ "增量角"列表框：设定用来显示极轴追踪对齐路径的极轴角增量。可以输入任何角度，也可以从列表框中选择90、45、30、22.5、18、15、10或5这些常用角度。

❖ "附加角"复选框：勾选该复选框，可以对极轴追踪使用列表中的附加角度。

❖ "新建"按钮：单击该按钮，最多可以添加10个附加极轴追踪对齐角度。

❖ "删除"按钮：单击该按钮，可以删除选定的附加角度。

❖ "对象捕捉追踪设置"选项组：用于设定对象捕捉追踪选项。

❖ "极轴角测量"选项组：用于设定测量极轴追踪对齐角度的基准。

5. 设置对象捕捉功能

在绘图的过程中，经常需要指定一些已有对象的特定点，如端点、中点、圆心、节点等。利用对象捕捉功能，系统可以自动捕捉到对象上所有符合条件的几何特征点，并显示相应的标记，使绘图人员能够快速准确地绘制图形。

开启与关闭对象捕捉模式主要有以下几种方法。

❖ 状态栏：单击状态栏中的"对象捕捉"按钮。

❖ 快捷键：按F3快捷键。

在"对象捕捉"按钮上右键单击，在弹出的菜单中选择"设置"命令，弹出"草图设置"对话框，如图5-15所示。

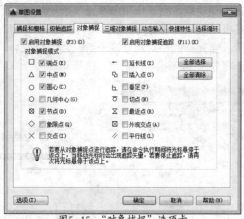

图5-15 "对象捕捉"选项卡

在"对象捕捉"选项卡中,各主要选项的含义如下。

⊕ "端点"复选框:选中该复选框,可以捕捉到圆弧、椭圆弧、直线、多行、多段线线段、样条曲线、面域或射线最近的端点,以及捕捉宽线、实体或三维面域的最近角点。

⊕ "中点"复选框:选中该复选框,可以捕捉到圆弧、椭圆、椭圆弧、直线、多行、多段线线段、面域、实体、样条曲线或参照线的中点。

⊕ "圆心"复选框:选中该复选框,可以捕捉到圆弧、圆、椭圆或椭圆弧的圆心点。

⊕ "几何中心"复选框:选中该复选框,可以捕捉封闭几何体的几何中心即质心。

⊕ "节点"复选框:选中该复选框,可以捕捉到点对象、标注定义点或文字原点。

⊕ "象限点"复选框:选中该复选框,可以捕捉到圆、椭圆或椭圆弧的象限点。

⊕ "交点"复选框:选中该复选框,可以捕捉到圆弧、圆、椭圆、椭圆弧、直线、多行、多段线、样条曲线或参照线的交点。

⊕ "延长线"复选框:选中该复选框,当光标经过对象的端点时,显示临时延长线或圆弧,以便用户捕捉指定点。

⊕ "插入点"复选框:选中该复选框,可以捕捉到属性、块、形或文字的插入点。

⊕ "垂足"复选框:选中该复选框,可以捕捉圆弧、圆、椭圆、椭圆弧、直线、多线、多段线、样条曲线或者构造线的垂足。

⊕ "切点"复选框:选中该复选框,可以捕捉到圆弧、圆、椭圆或样条曲线的切点。

⊕ "最近点"复选框:选中该复选框,可以捕捉到圆弧、圆、椭圆、椭圆弧、直线、多线、多段线、样条曲线或参照线的最近点。

⊕ "外观交点"复选框:选中该复选框,可以捕捉不在同一平面但在当前视图中看起来可能相交的两个对象的视觉交点。

⊕ "平行线"复选框:可以将直线或多段线限制为与其他线性对象平行。

6. 设置自动捕捉和临时捕捉功能

AutoCAD提供了两种捕捉模式:自动捕捉和临时捕捉。自动捕捉需要用户在捕捉特征点之前设置需要的捕捉点,当鼠标移动到这些对象捕捉点附近时,系统会自动捕捉特征点。

临时捕捉"FROM"命令是一种一次性捕捉模式,这种模式不需要提前设置,当用户需要时临时设置即可。且这种捕捉只是一次性的,就算是在命令未结束时也不能反复使用。

5.1.3 ▶ 设置绘图界限

图形界限指的是AutoCAD的绘图区域,也称为图限。AutoCAD的绘图区域是无限大的,用户可以绘制任意大小的图形。通常所用的图纸都有一定的规格尺寸。为了将绘制的图形方便地打印输出,在绘图前应设置好图形界限。

执行"图形界限"命令主要有以下两种方法。

⊕ 命令行:输入LIMITS命令。

⊕ 菜单栏:选择"格式"|"图形界限"命令。

调用LI MITS"图形界限"命令,此时命令行提示如下:

```
命令: LIMITS
重新设置模型空间界限:
指定左下角点或 [开(ON)/关(OFF)] <0.0000,0.0000>: 0,0
    //指定图形的左下角点
指定右上角点 <420.0000,297.0000>: 100,150
    //指定图形的右下角点
```

在设置完图形界限后,按"F7"快捷键,即可显示设置图形界限后的栅格,如图5-16所示。

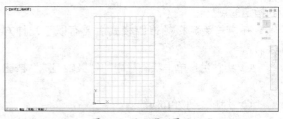

图5-16 显示图形界限

5.1.4 ▶ 设置坐标和坐标系

AutoCAD的图形定位，主要是由坐标系统确定的。使用AutoCAD提供的坐标系和坐标可以精确地设计并绘制图形。

❶ 输入点坐标

在AutoCAD 2018中输入点的坐标可以使用绝对坐标系、相对坐标系、绝对极坐标和相对极坐标4种方式。

⊕ 绝对坐标：绝对坐标是以原点（0,0）或（0,0,0）为基点定位的所有点，系统默认的坐标原点位于绘图区的左下角。在绝对坐标系中，X轴、Y轴和Z轴在原点（0,0,0）处相交。绘图区内的任意一点都可以使用（X,Y,Z）来标识，也可以通过输入X、Y、Z坐标值来定义点的位置，坐标间用逗号坐标间用逗号隔开，例如（20,25）、（5,7,10）等。

⊕ 相对坐标：相对坐标是一点相对于另一特定点的位置，可以使用（@X,Y）方式输入相对坐标。一般情况下，系统将把上一步操作的点看作为特定点，后续操作都是相对于上一步操作的点而进行，如上一步操作点为（20,40），输入下一个点的相对坐标为（@10,20），则

说明确定该点的绝对坐标为（30,60）。

⊕ 绝对极坐标：绝对极坐标是以原点作为极点。在AutoCAD 2018中，输入一个长度距离，后面加上一个"<"符号，再加一个角度即可以表示绝对极坐标。绝对极坐标规定X轴正方向为0°，Y轴正方向为90°，如（5<10）表示该点相对于原点的极径为5，而该点的连线与0°方向（通常指X轴正方向）之间的夹角为10°。

⊕ 相对极坐标：相对极坐标通过用相对于某一特定点的极径和偏移角度来表示。相对极坐标是以上一步操作点为极点，而不是以原点为极点。相对极坐标用（@1<a）来表示，其中，@表示相对、1表示极径、a表示角度，如（@20<40）表示相对于上一步操作点的极径为20、角度为40°的点。

❷ 创建坐标系

在AutoCAD 2018中可以创建UCS。UCS的原点以及X轴、Y轴、Z轴方向都可以移动及旋转，甚至可以依赖于图形中某个特定的对象。

执行"坐标系"命令主要有以下几种方法。

⊕ 命令行：输入UCS命令。

⊕ 菜单栏：选择"工具"|"新建UCS"|"原点"命令。

操作实例 5-1：创建餐桌中的坐标系

（1）按 Ctrl + O 快捷键，打开"第5章\5.1.4设置坐标和坐标系.dwg"图形文件，如图5-17所示。
（2）在命令行中输入UCS命令，此时命令行提示如下：

```
命令: ucs
当前 UCS 名称: *世界*
指定 UCS 的原点或 [面(F)/命名(NA)/对象(OB)/
上一个(P)/视图(V)/世界(W)/X/Y/Z/Z 轴(ZA)]
<世界>:          //捕捉中间的圆心点
指定 X 轴上的点或 <接受>:    //按回车键结
束，结果如图5-18所示
```

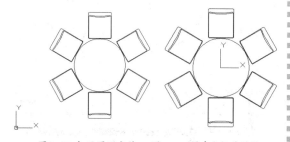

图5-17 打开图形文件　图5-18 创建坐标系效果

在命令行中，各主要选项的含义如下。

⊕ 面（F）：将UCS与实体选定的面对齐。

⊕ 命名（NA）：用于保存或恢复命名UCS定义。

⊕ 对象（OB）：根据选择的对象创建UCS。新创建的对象将位于新的XY平面上，X轴和Y轴方向取决于用户选择的对象类型。该命令不能用于三维实体、三维网格、视口、多线、面

域、样条曲线、椭圆、射线、构造线、引线、多行文字等对象。对于非三维面的对象，新UCS的XY平面与当绘制该对象时生效的XY平面平行，但X轴和Y轴可以进行不同的旋转。

⊕ 上一个（P）：退回到上一个坐标系，最多可以返回至前10个坐标系。

⊕ 视图（V）：使新坐标系的XY平面与当前视图的方向垂直，Z轴与XY平面垂直，而原点

保持不变。

- 世界（W）：将当前坐标系设置为WCS世界坐标系。
- X/Y/Z：将坐标系分别绕X、Y、Z轴旋转一定的角度生成新的坐标系，可以指定两个点或输入一个角度值来确定所需角度。
- Z轴（ZA）：在不改变原坐标系Z轴方向的前提下，通过确定新坐标系原点和Z轴正方向上的任意一点来新建UCS。

5.1.5▶ 创建与编辑图层

图层是大多数图形图像处理软件的基本组成元素。在AutoCAD 2018中，增强的图层管理功能可以帮助用户有效地管理大量的图层。新图层特性不仅占用小，而且还提供了更强大的功能。

在AutoCAD 2018的绘图过程中，图层是最基本的操作，也是最有用的工具之一，对图形文件中各类实体的分类管理和综合控制具有重要的意义。总的来说，图层具有以下3个方面的优点。

- 节省存储空间。
- 控制图形的颜色、线条的宽度及线型等属性。
- 统一控制同类图形实体的显示、冻结等特性。

执行"图层"命令主要有以下几种方法。

- 命令行：输入LAYER/LA命令。
- 菜单栏：选择"格式"|"图层"命令。
- 功能区：单击"默认"选项卡中"图层"面板中的"图层特性"按钮。

操作实例 5-2：创建室内绘图图层

（1）单击"图层"面板中"图层特性"按钮，打开"图层特性管理器"选项板，如图5-19所示。

（2）单击"新建图层"按钮，新建图层，并将其名称修改为"轴线"，如图5-20所示。

图5-19 "图层特性管理器"面板

图5-21 "选择颜色"对话框

图5-20 新建图层

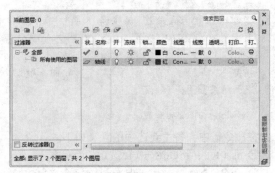

图5-22 设置图层颜色

（3）单击新建图层的"颜色"特性项，打开"选择颜色"对话框，选择"红色"，如图5-21所示。

（4）单击"确定"按钮，设置图层颜色，如图5-22所示。

（5）单击新建图层的"线型"特性项，打开"选择线型"对话框，单击"加载"按钮，如图5-23所示。

（6）打开"加载或重载线型"对话框,选择"CENTER"选项,如图 5-24 所示。

图5-23　单击"加载"按钮

图5-24　"加载或重载线型"对话框

（7）单击"确定"按钮,返回到"选择线型"对话框,选择"CENTER"选项,如图 5-25 所示。

（8）单击"确定"按钮,即可设置图层线型,如图 5-26 所示。

图5-25　"选择线型"对话框

图5-26　设置图层线型

（9）重复上述操作,创建其他相应图层,如图 5-27 所示。

图5-27　创建其他图层

在"图层特性管理器"选项板中,各主要选项的含义如下。

- "新建特性过滤器"按钮：单击该按钮,可以显示"图层过滤器特性"对话框,从中可根据图层的一个或多个特性创建图层过滤器。

- "新建组过滤器"按钮：单击该按钮,可以创建图层过滤器,其中包含选择并添加到该过滤器的图层。

- "图层状态管理器"按钮：单击该按钮,可以显示图层状态管理器,从中可以将图层的当前特性设置保存到一个命名图层状态中,以后可以再恢复这些设置。

- "新建图层"按钮：单击该按钮,可以创建新图层。

- "在所有的视口中都被冻结的新建图层视口"

按钮：单击该按钮,可以创建新图层,然后在所有现有布局视口中将其冻结。

- "删除图层"按钮：可以删除选定图层。并只能删除未被参照的图层。

- "置为当前"按钮：单击该按钮,可以将选定图层设定为当前图层。

- "当前图层"选项组：在该选项组中显示当前图层的名称。

- "搜索图层"文本框：输入字符时,按名称快速过滤图层列表。

- "状态行"选项组：在该选项组中显示当前过滤器的名称、列表视图中显示的图层数和图形中的图层数。

- "反转过滤器"复选框：选中该复选框,可以显示出所有不满足选定图层特性过滤器中条件的图层。

5.2 使用二维绘图工具

在室内装潢制图中，二维平面绘图是使用最多、用途最广的基础操作，其中基本的图层元素包括直线、圆、圆弧、多段线、矩形等，应用相应的命令即可绘制这些图形。本节将详细介绍使用二维绘图工具的操作方法，以供读者掌握。

5.2.1 ▸ 绘制直线

直线是各种绘图中最常用、最简单的图形对象，它可以是一条线段，也可以是一系列段段，但是每条线段都是独立的直线对象。

执行"直线"命令主要有以下几种方法。

⊕ 命令行：输入LINE/L命令。
⊕ 菜单栏：选择"绘图"|"直线"命令。
⊕ 功能区：单击"默认"选项卡中"绘图"面板中的"直线"按钮╱。

操作实例 5-3：绘制直线

（1）按 Ctrl + O 快捷键，打开"第 5 章\5.2.1 绘制直线 .dwg"图形文件，如图 5-28 所示。

（2）单击"绘图"面板中的"直线"按钮╱，此时命令行提示如下：

> 命令: LINE
> 指定第一个点: //指定图形的左上角点
> 指定下一点或 [放弃(U)]: 750 //设置直线长度参数，
> 按Enter键结束绘制，结果如图5-29所示

（3）重复上述方法，绘制其他的直线对象，如图 5-30 所示。

图5-30 绘制其他直线效果

图5-28 打开图形文件　　图5-29 绘制直线效果

5.2.2 ▸ 绘制圆

当一条线段绕着它的一个端点在平面内旋转一周时，其另一个端点的轨迹就是圆。圆是图形中一种常见的实体，也是一种特殊的平面曲线。

执行"圆"命令主要有以下几种方法。

⊕ 命令行：输入CIRCLE/C命令。
⊕ 菜单栏：选择"绘图"|"圆"命令。
⊕ 功能区：单击"默认"选项卡中"绘图"面板中的"圆心"按钮⊙。
⊕ 菜单栏中的"绘图"|"圆"子菜单中提供了6

种绘制圆的子命令，各子命令的含义如下。

⊕ 圆心、半径：通过确定圆心和半径的方式来绘制圆。
⊕ 圆心、直径：通过确定圆心和直径的方式来绘制圆。
⊕ 三点：通过确定圆周上的任意三个点来绘制圆。
⊕ 两点：通过确定直径的两个端点来绘制圆。
⊕ 相切、相切、半径：通过确定与已知的两个图形对象相切的切点和半径来绘制圆。
⊕ 相切、相切、相切：通过确定与已知的三个图形对象相切的切点来绘制圆。

操作实例 5-4：绘制圆

（1）按 Ctrl + O 快捷键，打开"第 5 章\5.2.2 绘制圆 .dwg"图形文件，如图 5-31 所示。

（2）单击"绘图"面板中的"圆心，半径"按钮⊙，此时命令行提示如下：

命令: CIRCLE

指定圆的圆心或 [三点(3P)/两点(2P)/切点、切点、半径(T)]: //指定右上方相应直线的交点

指定圆的半径或 [直径(D)]: 56 //设置圆半径参数，按Enter键结束绘制，结果如图5-32所示

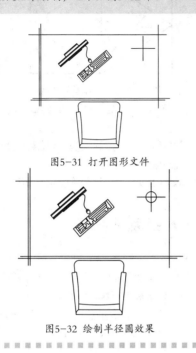

图5-31 打开图形文件

图5-32 绘制半径圆效果

（3）单击"绘图"面板中的"圆心，直径"按钮 ⊘，此时命令行提示如下：

命令: circle

指定圆的圆心或 [三点(3P)/两点(2P)/切点、切点、半径(T)]: //指定圆心点

指定圆的半径或 [直径(D)] <56.0000>: _d 指定圆的直径 <112.0000>: 225 //设置圆直径参数，按Enter键结束绘制，结果如图5-33所示

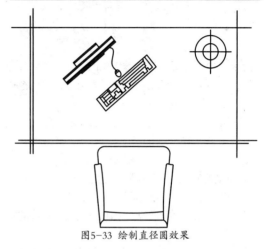

图5-33 绘制直径圆效果

5.2.3 ▸ 绘制矩形

使用"矩形"命令，不仅可以绘制一般的二维矩形，还能够绘制具有一定宽度、高度和厚度等特性的矩形，并且能够直接生成圆角或倒角的矩形。

执行"矩形"命令主要有以下几种方法。

⊕ 命令行：输入RECTANG/REC命令。

⊕ 菜单栏：选择"绘图" | "矩形"命令。

⊕ 功能区：单击"默认"选项卡中"绘图"面板中的"矩形"按钮 ▢。

操作实例 5-5：绘制矩形

（1）按 Ctrl + O 快捷键，打开"第 5 章 \5.2.3 绘制矩形 .dwg"图形文件，如图 5-34 所示。

（2）单击"绘图"面板中的"矩形"按钮 ▢，此时命令行提示如下：

命令: rectang

指定第一个角点或 [倒角(C)/标高(E)/圆角(F)/厚度(T)/宽度(W)]: from //输入"捕捉自"命令

基点: <偏移>: @-400,0 //捕捉图形中点，输入参数

指定另一个角点或 [面积(A)/尺寸(D)/旋转(R)]: @800,-20 //设置矩形对角点参数，按Enter键结束绘制，结果如图5-35所示

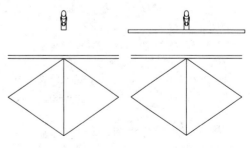

图5-34 打开图形文件　图5-35 绘制矩形效果

（3）重新单击"绘图"面板中"矩形"按钮 ▢，此时命令行提示如下：

命令: rectang
指定第一个角点或 [倒角(C)/标高(E)/圆角(F)/
厚度(T)/宽度(W)]: from   //输入"捕捉自"
命令
基点: <偏移>: @20,0   //捕捉新绘制矩形
的左下角点,输入参数
指定另一个角点或 [面积(A)/尺寸(D)/旋转(R)]:
@760,-680   //设置矩形对角点参数,
按Enter键结束绘制,结果如图5-36所示

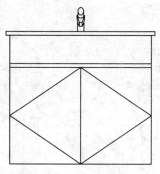

图5-36 绘制其他矩形效果

命令行中各主要选项的含义如下。

⊕ 倒角(C):设置矩形的倒角距离,需指定矩形的两个倒角距离。

⊕ 标高(E):指定矩形的平面高度,默认情况下,矩形在XY平面内。

⊕ 圆角(F):指定矩形的圆角半径。

⊕ 厚度(T):设置矩形的厚度,一般在创建矩形时,经常使用该选项。

⊕ 宽度(W):为要创建的矩形指定多段线的宽度。

⊕ 面积(A):用于设置矩形的面积来绘制图形。

⊕ 尺寸(D):可以通过设置长度和宽度尺寸来绘制矩形。

⊕ 旋转(R):用于绘制倾斜的矩形。

5.2.4 ▶ 绘制多线

多线包含1~16条称为元素的平行线,多线中的平行线可以具有不同的颜色和线型。多线可作为一个单一的实体来进行编辑。

执行"多线"命令主要有以下几种方法。

⊕ 命令行:输入MLINE/ML命令。

⊕ 菜单栏:选择"绘图"|"多线"命令。

操作实例 5-6:绘制多线

(1)按Ctrl + O快捷键,打开"第5章\5.2.4 绘制多线 .dwg"图形文件,如图5-37所示。

(2)在命令行中输入ML"多线"命令,此时命令行提示如下:

命令: ML MLINE
当前设置: 对正 = 上,比例 = 20.00,样式 =
STANDARD
指定起点或 [对正(J)/比例(S)/样式(ST)]: s
//选择"比例(S)"选项
输入多线比例 <20.00>: 240   //输入比例参数
当前设置: 对正 = 上,比例 = 240.00,样式 =
STANDARD
指定起点或 [对正(J)/比例(S)/样式(ST)]: j
//选择"对正(J)"选项

输入对正类型 [上(T)/无(Z)/下(B)] <上>: z
//选择"无(Z)"选项
当前设置: 对正 = 无,比例 = 240.00,样式 =
STANDARD
指定起点或 [对正(J)/比例(S)/样式(ST)]:
//捕捉右上方垂直直线的中点
指定下一点: 1520   //输入多线长度参数
指定下一点或 [放弃(U)]: 640   //输入多线长度参数,按Enter键结束,结果如图5-38所示

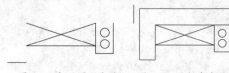

图5-37 打开图形文件   图5-38 绘制多线效果

命令行中各主要选项的含义如下。

⊕ 对正(J):用于指定多线上的某条平行线随

光标移动。共有3种对正类型"上"、"无"和"下",其中"上"表示在光标下方绘制多

线；"无"表示将光标位置作为原点绘制多线；"下"表示在光标上方绘制多线。

⊕ 比例（S）：用于确定多线宽度相对于多线定义宽度的比例因子，调整比例因子将不会影响线型比例。

⊕ 样式（ST）：用于确定绘制多线时采用的样式。

⊕ 放弃（U）：放弃多线上的上一个顶点。

5.2.5 ▶ 绘制圆弧

使用"圆弧"命令可以绘制圆弧图形，圆弧是圆的一部分，绘制圆弧除了要指定圆心和半径外，还需要指定起始角和终止角。

执行"圆弧"命令主要有以下几种方法。

⊕ 命令行：输入ARC/A命令。

⊕ 菜单栏：选择"绘图" | "圆弧"命令。

⊕ 功能区：单击"默认"选项卡"绘图"面板中的"圆弧"按钮 ⌒。

菜单栏中的"绘图" | "圆弧"子菜单中提供了11种绘制圆弧的子命令，各子命令的含义如下。

⊕ 三点：通通过三点确定一条圆弧。

⊕ 起点、圆心、端点：以起点、圆心、端点绘制圆弧。

⊕ 起点、圆心、以起点、圆心、圆心角绘制圆弧。

⊕ 起点、圆心、长度：以起点、圆心、弦长绘制圆弧。

⊕ 起点、端点、角度：以起点、终点、圆心角绘制圆弧。

⊕ 起点、端点、方向：以起点、终点、圆弧起点的切线方向绘制圆弧。

⊕ 起点、端点、半径：以起点、终点、半径绘制圆弧。

⊕ 圆心、起点、端点：以圆心、起点、终点绘制圆弧。

⊕ 圆心、起点、角度：以圆心、起点、圆心角绘制圆弧。

⊕ 圆心、起点、长度：以圆心、起点、弦长绘制圆弧。

⊕ 继续：从一段已有的圆弧开始绘制圆弧，用这个选项绘制的圆弧与已有圆弧沿切线方向相接。

操作实例 5-7：绘制圆弧

（1）按 Ctrl＋O 快捷键，打开"第 5 章 \5.2.5 绘制圆弧 .dwg"图形文件，如图 5-39 所示。

（2）单击"绘图"面板中的"三点"按钮 ⌒，绘制圆弧，此时命令行提示如下：

> 命令: arc
> 圆弧创建方向: 逆时针(按住 Ctrl 键可切换方向)。
> 指定圆弧的起点或 [圆心(C)]:　　//指定最上方水平直线的左端点
> 指定圆弧的第二个点或 [圆心(C)/端点(E)]:　//指定合适的端点
> 指定圆弧的端点: //指定最上方水平直线的右端点，按Enter键结束，结果如图5-40所示

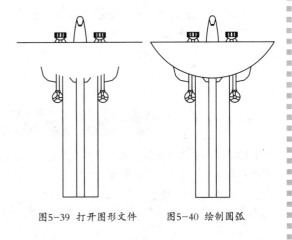

图5-39 打开图形文件　　图5-40 绘制圆弧

命令行中各主要选项的含义如下。

⊕ 圆心（C）：指定圆弧所在圆的圆心。

⊕ 端点（E）：指定圆弧的端点。

5.2.6 ▶ 绘制椭圆

"椭圆"命令用于绘制椭圆图形，椭圆是由定义了长度和宽度的两条轴决定的，其中较长的轴为

长轴，较短的轴为短轴。

执行"椭圆"命令主要有以下几种方法。

⊕ 命令行：输入ELLIPSE/EL命令。

⊕ 菜单栏：选择"绘图" | "椭圆"命令。

⊕ 功能区：单击"默认"选项卡中"绘图"面板中的"圆心"按钮 ⊙。

菜单栏中的"绘图" | "椭圆"子菜单中提供了3种绘制圆弧的子命令，各子命令的含义如下。

⊕ 圆心：通过指定圆心和两轴端点绘制椭圆。

⊕ 轴，端点：通过指定椭圆轴端点绘制椭圆。

⊕ 椭圆弧：通过指定半长轴、起点角度和端点角度绘制椭圆弧。

操作实例 5-8：绘制椭圆

（1）按 Ctrl + O 快捷键，打开"第 5 章 \5.2.6 绘制椭圆 .dwg"图形文件，如图 5-41 所示。

（2）单击"绘图"面板中的"圆心"按钮 ⊡，此时命令行提示如下：

命令: ellipse
指定椭圆的轴端点或 [圆弧(A)/中心点(C)]: c
//指定椭圆的绘制方式
指定椭圆的中心点: from   //输入"捕捉自"命令
基点: <偏移>: @100.82,50.1   //捕捉左下方圆心点，输入基点参数

指定轴的端点: 22//设置椭圆的短轴参数
指定另一条半轴长度或 [旋转(R)]: 38   //设置椭圆的长轴参数，按Enter键结束绘制，结果如图5-42所示

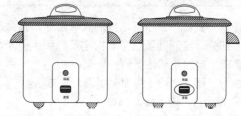

图5-41 打开图形文件   图5-42 绘制椭圆效果

命令行中各主要选项的含义如下。

⊕ 圆弧（A）：创建一段椭圆弧，第一条轴的角度确定了椭圆弧的角度，第一条轴即可定义椭圆弧长轴，也可以定义椭圆弧短轴。

⊕ 中心点（C）：通过指定椭圆的中心点创建椭圆。

⊕ 旋转（R）：通过绕第一条轴旋转，定义椭圆的长轴和短轴比例。

5.2.7 ▸ 绘制多段线

"多段线"命令可以绘制多段线图形。多段线图形是由等宽或不等宽的直线或圆弧等多条线段构成的特殊线段，这些线段所构成的图形是一个整体，可以对其进行相应编辑。

执行"多段线"命令主要有以下几种方法。

⊕ 命令行：输入PLINE/PL命令。

⊕ 菜单栏：选择"绘图" | "多段线"命令。

⊕ 功能区：单击"默认"选项卡中"绘图"面板中的"多段线"按钮 ⊃。

操作实例 5-9：绘制多段线

（1）按 Ctrl + O 快捷键，打开"第 5 章 \5.2.7 绘制多段线 .dwg"图形文件，如图 5-43 所示。

（2）单击"绘图"面板中的"多段线"按钮 ⊃，绘制图形中的多段线对象，此时命令行提示如下：

命令: pline
指定起点: //捕捉合适的端点，确定起点
当前线宽为 0.0000
指定下一个点或 [圆弧(A)/半宽(H)/长度(L)/放弃(U)/宽度(W)]: @600,0   //输入参数值，确定多段线第二点
指定下一点或 [圆弧(A)/闭合(C)/半宽(H)/长度(L)/放弃(U)/宽度(W)]: a   //选择"圆弧（A）"选项
指定圆弧的端点或[角度(A)/圆心(CE)/闭合(CL)/方向(D)/半宽(H)/直线(L)/半径(R)/第二个点(S)/放弃(U)/宽度(W)]: s //选择"第二个点（S）"选项

指定圆弧上的第二个点: @-175.7,-424.3
//输入参数值，确定圆弧第二点
指定圆弧的端点: @-424.2,-175.7   //输入参数值，确定圆弧端点
指定圆弧的端点或
[角度(A)/圆心(CE)/闭合(CL)/方向(D)/半宽(H)/直线(L)/半径(R)/第二个点(S)/放弃(U)/宽度(W)]: l   //选择"直线（L）"选项
指定下一点或 [圆弧(A)/闭合(C)/半宽(H)/长度(L)/放弃(U)/宽度(W)]: @0,600   //输入参数值，确定多段线第二点
指定下一点或 [圆弧(A)/闭合(C)/半宽(H)/长度(L)/放弃(U)/宽度(W)]:   //按Enter键结束绘制，结果如图5-44所示

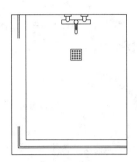 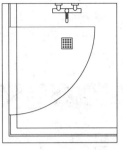

图5-43 打开图形文件　图5-44 绘制多段线效果

命令行中各主要选项的含义如下。

- 圆弧（A）：当选择该选项之后，将由绘制直线改为绘制圆弧。
- 半宽（H）：选择该选项将确定圆弧的起始半

宽或终止半宽。

- 长度（L）：执行这项将可以指定线段的长度。
- 放弃（U）：选择该选项，将取消最后一条绘制直线或圆弧，完成多段线的绘制。
- 宽度（W）：选择该选项，将可以确定所绘制的多段线宽度。
- 闭合（C）：选择该选项，完成多段线绘制，使已绘制的多段线成为闭合的多段线。
- 角度（A）：指定圆弧段的从起点开始的包含角。
- 圆心（CE）：基于其圆心指定圆弧段。
- 方向（D）：指定圆弧段的切线。
- 半径（R）：指定圆弧段的半径。
- 第二点（S）：指定三点圆弧的第二点和端点。

5.3　使用图形编辑工具

为了绘制所需要的图形，经常需要借助编辑和修改命令对图形进行相应编辑。在AutoCAD 2018中，提供了多种实用而有效的编辑命令，包括移动图形、镜像图形、复制图形以及修剪图形等相应命令，利用这些命令可以对所绘制的图形进行相应的修改，以得到最终效果。

5.3.1 ▶ 移动图形

使用"移动"命令，可以使用户轻松、快捷地移动图形对象。移动对象是指对象的重新定位，用于将单个或多个对象从当前位置移动至新位置。

执行"移动"命令主要有以下几种方法。

- 命令行：输入MOVE/M命令。
- 菜单栏：选择"修改"|"移动"命令。
- 功能区：单击"默认"选项卡中"修改"面板中的"移动"按钮 ✛。

操作实例 5–10：移动图形

（1）按 Ctrl ＋ O 快捷键，打开"第 5 章 \5.3.1 移动图形 .dwg"图形文件，如图 5-45 所示。

（2）单击"修改"面板中的"移动"按钮 ✛，此时命令行提示如下：

```
命令: move
选择对象:指定对角点:找到 60 个　//选择图
形右侧所有图形
选择对象:
指定基点或 [位移(D)] <位移>:　　//捕捉选
择图形左侧合适端点为基点
指定第二个点或 <使用第一个点作为位移>:
@-957.4,-237.8 //输入第二点参数，按Enter
键结束，结果如图5-46所示
```

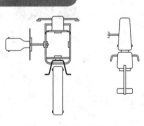

图5-45 打开图形文件

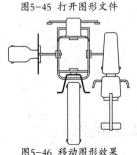

图5-46 移动图形效果

5.3.2▶ 镜像图形

使用"镜像"命令可以将图形对象按指定的轴线进行对称变换，绘制出呈对称显示的图形对象。

执行"镜像"命令主要有以下几种方法。

- ⊕ 命令行：输入MIRROR/MI命令。
- ⊕ 菜单栏：选择"修改"|"镜像"命令。
- ⊕ 功能区：单击"默认"选项卡中"修改"面板中的"镜像"按钮▲。

操作实例 5-11：镜像图形

（1）按 Ctrl + O 快捷键，打开"第 5 章 \5.3.2 镜像图形.dwg"图形文件，如图 5-47 所示。

（2）单击"修改"面板中的"镜像"按钮▲，此时命令行提示如下：

命令: mirror
选择对象:指定对角点:找到 0 个
选择对象:指定对角点:找到 168 个
选择对象: 指定对角点:找到 4 个 (2 个重复),
总计 170 个
选择对象: 找到 1 个，总计 171 个
选择对象: 找到 1 个，总计 172 个
选择对象: 找到 1 个，总计 173 个   //选择
左侧合适的图形
选择对象: 指定镜像线的第一点: //捕捉上方
象限点为第一点

指定镜像线的第二点: //捕捉下方象限点
为第一点
要删除源对象吗? [是(Y)/否(N)] <N>: //选
择"否（N）"选项，按Enter键结束，结果
如图5-48所示

图5-47 打开图形文件　　图5-48 镜像图形效果

5.3.3▶ 删除图形

在AutoCAD 2018中，删除图形是一个常用的操作，当不需要使用某个图形时，可将其删除。

执行"删除"命令主要有以下几种方法。

- ⊕ 命令行：输入ERASE/E命令。
- ⊕ 菜单栏：选择"修改"|"删除"命令。
- ⊕ 功能区：单击"默认"选项卡中"修改"面板中的"删除"按钮✎。
- ⊕ 快捷键：按Delete快捷键。

操作实例 5-12：删除图形

（1）按 Ctrl + O 快捷键，打开"第 5 章 \5.3.3 删除图形.dwg"图形文件，如图 5-49 所示。

（2）单击"修改"面板中的"删除"按钮✎，此时命令行提示如下：

命令: erase
选择对象:指定对角点:找到 2 个   //选择同
心圆对象
选择对象: //按Enter键结束，结果如图
5-50所示

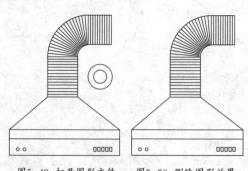

图5-49 打开图形文件　　图5-50 删除图形效果

5.3.4▶ 复制图形

"复制"命令是各种复制命令中最简单、使用

也较频繁的编辑命令之一。它可以分为两种复制方式：一种是单个复制，另一种是重复复制。

执行"复制"命令主要有以下几种方法。

◈ 命令行：输入 COPY/CO 命令。

◈ 菜单栏：选择"修改"|"复制"命令。

◈ 功能区：单击"默认"选项卡中"修改"面板中的"复制"按钮⬚。

操作实例 5-13：复制图形

（1）按 Ctrl + O 快捷键，打开"第 5 章 \5.3.4 复制图形 .dwg"图形文件，如图 5-51 所示。

（2）单击"修改"面板中的"复制"按钮⬚，此时命令行提示如下：

```
命令: copy
选择对象: 指定对角点: 找到 18 个   //选择左
侧合适的图形
选择对象:
当前设置: 复制模式 = 多个
指定基点或 [位移(D)/模式(O)] <位移>:
//指定选择对象的圆心点为基点
指定第二个点或 [阵列(A)] <使用第一个点作为
位移>: 217.5     //输入第二个点的参数值
```

```
指定第二个点或 [阵列(A)/退出(E)/放弃(U)] <退
出>:          //按 Enter 键结束复制，结果如
图 5-52 所示
```

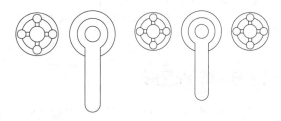

图 5-51 打开图形文件　　图 5-52 复制图形效果

命令行中各主要选项的含义如下。

◈ 位移（D）：直接输入位移数值。

◈ 模式（O）：指定复制的模式，是复制单个还是复制多个。

◈ 阵列（A）：指定在线性阵列中排列的副本数量。

5.3.5 ▸ 修剪图形

"修剪"命令主要用于修剪直线、圆、圆弧以及多段线等图形对象穿过修剪边的部分。

执行"修剪"命令主要有以下几种方法。

◈ 命令行：输入 TRIM/TR 命令。

◈ 菜单栏：选择"修改"|"修剪"命令。

◈ 功能区：单击"默认"选项卡中"修改"面板中的"修剪"按钮⬚。

操作实例 5-14：修剪图形

（1）按 Ctrl + O 快捷键，打开"第 5 章 \5.3.5 修剪图形 .dwg"图形文件，如图 5-53 所示。

（2）单击"修改"面板中的"修剪"按钮⬚，此时命令行提示如下：

```
命令: trim
当前设置: 投影=UCS, 边=无
选择剪切边...
选择对象或 <全部选择>:        //按 Enter 键默
认全部对象为修剪边界
选择要修剪的对象, 或按住 Shift 键选择要延伸
的对象, 或
[栏选(F)/窗交(C)/投影(P)/边(E)/删除(R)/放弃
(U)]:          //在需要修剪的位置单击
选择要修剪的对象, 或按住 Shift 键选择要延伸
的对象, 或
[栏选(F)/窗交(C)/投影(P)/边(E)/删除(R)/放弃
(U)]:     //继续选择需要修剪的线段
... //继续修剪图形对象, 最终结果如图 5-54 所示
```

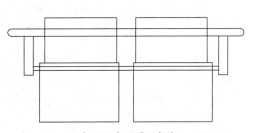

图 5-53 打开图形文件

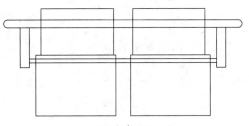

图 5-54 修剪图形效果

命令行中各主要选项的含义如下。

◈ 栏选（F）：选择与选择栏相交的所有对象。

◈ 窗交（C）：选择矩形区域（由两点确定）内部或与之相交的对象。

◈ 投影（P）：用于指定修剪对象时使用的投影方式。

◈ 边（E）：确定对象是在另一对象的延长边处进行修剪，还是仅在三维空间中与该对象相交的对象处进行修剪。

◈ 删除（R）：删除选定的对象。

◈ 放弃（U）：撤消由TRIM命令所做的最近一次更改。

5.3.6 ▶ 阵列图形

"阵列"命令是一个功能强大的多重复制命令，它可以一次将选择的对象复制多个，并按一定的规律进行排列。

根据阵列方式的不同，可以分为矩形阵列、环形阵列和路径阵列，下面将分别进行介绍。

1. 矩形阵列

使用"矩形阵列"命令，可以将对象副本分布到行、列和标高的任意组合。矩形阵列就是将图形像矩形一样地进行排列，用于多次重复绘制呈行状排列的图形。

执行"矩形阵列"命令主要有以下几种方法。

◈ 命令行1：输入ARRAY命令。

◈ 命令行2：输入ARRAYRECT命令。

◈ 菜单栏：选择"修改"｜"阵列"｜"矩形阵列"命令。

◈ 功能区：单击"默认"选项卡中"修改"面板中的"矩形阵列"按钮 ⊞。

操作实例 5-15：矩形阵列图形

（1）按 Ctrl＋O 快捷键，打开"第5章\5.3.6阵列图形1.dwg"图形文件，如图5-55所示。

（2）单击"修改"面板中的"矩形阵列"按钮 ⊞，此时命令行提示如下：

```
命令: arrayrect
选择对象: 指定对角点: 找到10个    //选择
合适的图形为阵列对象
选择对象:
类型 = 矩形 关联 = 是
选择夹点以编辑阵列或 [关联(AS)/基点(B)/
计数(COU)/间距(S)/列数(COL)/行数(R)/层
数(L)/退出(X)] <退出>: col    //选择"列数
（COL）"选项
输入列数数或 [表达式(E)] <4>: 2    //输入列
数参数值
指定 列数 之间的距离或 [总计(T)/表达式
(E)] <390>: 560    //输入列数距离参数
选择夹点以编辑阵列或 [关联(AS)/基点(B)/
计数(COU)/间距(S)/列数(COL)/行数(R)/层
数(L)/退出(X)] <退出>: r    //选择"行
数（R）"选项
输入行数数或 [表达式(E)] <3>: 2    //输入
行数参数值
指定 行数 之间的距离或 [总计(T)/表达式
(E)] <240>: -250    //输入行数距离参数
```

```
指定 行数 之间的标高增量或 [表达式(E)] <0>:
              //指定行数标高增量参数
选择夹点以编辑阵列或 [关联(AS)/基点(B)/
计数(COU)/间距(S)/列数(COL)/行数(R)/层
数(L)/退出(X)]:    //按Enter键结
束，结果如图5-56所示
```

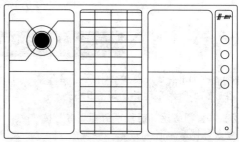

图5-55 打开图形文件

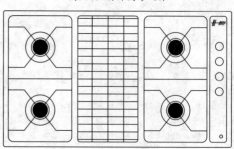

图5-56 矩形阵列图形效果

命令行中各主要选项的含义如下。

- 关联（AS）：指定是否在阵列中创建项目作为关联阵列对象，或作为独立对象。
- 基点（B）：指定阵列的基点。
- 计数（COU）：分别指定行和列的值。
- 间距（S）：分别指定行间距和列间距。
- 列数（COL）：编辑列数和列间距。
- 行数（R）：编辑阵列中的行数和间距，以及它们之间的增量标高。
- 层数（L）：指定层数和层间距。
- 退出（X）：退出命令。

② 环形阵列

环形阵列可以将图形以某一点为中心点进行环形复制，阵列结果是阵列对象沿中心点的四周均匀排列成环形。

执行"环形阵列"命令主要有以下几种方法。

- 命令行：输入ARRAYPOLAR命令。
- 菜单栏：选择"修改"|"阵列"|"环形阵列"命令。
- 功能区：单击"默认"选项卡中"修改"面板中的"环形阵列"按钮。

操作实例 5-16：环形阵具图形

（1）按 Ctrl＋O 快捷键，打开"第 5 章 \5.3.6 阵列图形 2.dwg"图形文件，如图 5-57 所示。

（2）单击"修改"面板中的"环形阵列"按钮，此时命令行提示如下：

命令: arraypolar
选择对象: 找到 10 个　　//选择合适的图形为阵列对象
选择对象:
类型 = 极轴 关联 = 是
指定阵列的中心点或 [基点(B)/旋转轴(A)]:
//捕捉图形的圆心点为阵列中心点
选择夹点以编辑阵列或 [关联(AS)/基点(B)/项目(I)/项目间角度(A)/填充角度(F)/行(ROW)/层(L)/旋转项目(ROT)/退出(X)] <退出>: i
//选择"项目（I）"选项

输入阵列中的项目数或 [表达式(E)] <6>: 5
//输入项目参数
选择夹点以编辑阵列或 [关联(AS)/基点(B)/项目(I)/项目间角度(A)/填充角度(F)/行(ROW)/层(L)/旋转项目(ROT)/退出(X)] <退出>: //按Enter键结束，结果如图5-58所示

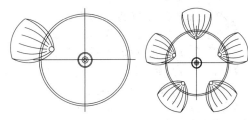

图5-57 打开图形文件　　图5-58 环形阵列图形效果

命令行中各主要选项的含义如下。

- 基点（B）：指定阵列的基点。
- 项目（I）：使用值或表达式指定阵列中的项目数。
- 项目间角度（A）：使用值或表达式指定项目之间的角度。
- 填充角度（F）：使用值或表达式指定阵列中第一个和最后一个项目之间的角度。
- 旋转项目（ROT）：控制在排列项目时是否旋转项目。

③ 路径阵列

使用"路径阵列"命令，可以使图形对象均匀地沿路径或部分路径分布。其路径可以是直线、多段线、三维多段线、样条曲线、螺旋、圆弧、圆或椭圆等。

执行"路径阵列"命令主要有以下几种方法。

- 命令行：输入ARRAYPATH命令。
- 菜单栏：选择"修改"|"阵列"|"路径阵列"命令。
- 功能区：单击"默认"选项卡中"修改"面板中的"路径阵列"按钮。

5.3.7 ▶ 偏移图形

使用"偏移"命令可以将指定的线进行平行偏移复制，也可以对指定的圆或圆弧等图形对象进行同心偏移复制操作。

执行"偏移"命令主要有以下几种方法。

- 命令行：输入OFFSET/O命令。
- 菜单栏：选择"修改"|"偏移"命令。
- 功能区：单击"默认"选项卡中"修改"面板中的"偏移"按钮。

（1）按 Ctrl＋O 快捷键，打开"第5章\5.3.7偏移图形.dwg"图形文件，如图5-59所示。

（2）单击"修改"面板中的"偏移"按钮▣，此时命令行提示如下：

```
命令: offset
当前设置: 删除源=否 图层=源
 OFFSETGAPTYPE=0
指定偏移距离或 [通过(T)/删除(E)/图层(L)] <
通过>: 20        //设置偏移距离参数
选择要偏移的对象，或 [退出(E)/放弃(U)] <退
出>:         //选择合适的垂直直线
指定要偏移的那一侧上的点，或 [退出(E)/多
个(M)/放弃(U)] <退出>: //在选择直线的右
侧，单击鼠标，指定偏移方向
选择要偏移的对象，或 [退出(E)/放弃(U)] <退
出>://按Enter键结束，最终结果如图5-60所
示
```

（3）重复上述方法，修改偏移距离为348，将偏移后的垂直直线向右偏移，效果如图5-61所示。

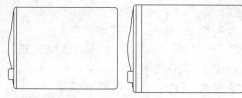

图5-59 打开图形文件　　图5-60 偏移图形效果

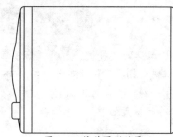

图5-61 偏移图形效果

命令行中各主要选项的含义如下。

⊕ 通过（T）：创建通过指定点的对象。

⊕ 删除（E）：偏移后将源对象删除。

⊕ 图层（L）：确定将偏移对象创建在当前图层上还是源对象所在的图层上。

⊕ 退出（E）：退出"偏移"命令。

⊕ 放弃（U）：恢复前一个偏移操作。

⊕ 多个（M）：输入"多个"偏移模式，将使用当前偏移距离重复进行偏移操作。

5.3.8▷ 延伸图形

"延伸"命令用于将没有和边界相交的部分延伸补齐，它和"修剪"命令是一组相对的命令。在命令执行过程中，需要设置的参数有延伸边界和延伸对象两类。

执行"延伸"命令主要有以下几种方法。

⊕ 命令行：输入EXTEND/EX命令。

⊕ 菜单栏：选择"修改"｜"延伸"命令。

⊕ 功能区：单击"默认"选项卡中"修改"面板中的"延伸"按钮▬。

（1）按 Ctrl＋O 快捷键，打开"第5章\5.3.8延伸图形.dwg"图形文件，如图5-62所示。

（2）单击"修改"面板中的"延伸"按钮▬，此时命令行提示如下：

```
命令: EXTEND
当前设置:投影=UCS，边=无
选择边界的边...
选择对象或 <全部选择>:找到1个    //选择
最下方水平直线
选择对象:
```

```
选择要延伸的对象，或按住 Shift 键选择要
修剪的对象，或
[栏选(F)/窗交(C)/投影(P)/边(E)/放弃(U)]:
        //选择左侧的垂直直线
选择要延伸的对象，或按住 Shift 键选择要
修剪的对象，或
[栏选(F)/窗交(C)/投影(P)/边(E)/放弃(U)]:
        //选择中间的垂直直线
选择要延伸的对象，或按住 Shift 键选择要
修剪的对象，或
[栏选(F)/窗交(C)/投影(P)/边(E)/放弃(U)]:
        //选择右侧的垂直直线，按Enter键结
束，如图5-63所示
```

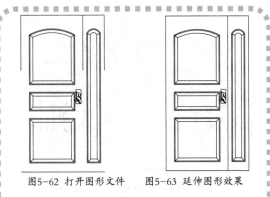

图5-62 打开图形文件　　图5-63 延伸图形效果

5.3.9 ▶ 圆角图形

"圆角"命令是指将两条相交的直线通过一个圆弧连接起来，圆弧的半径参数可以自由指定。

执行"圆角"命令主要有以下几种方法。

⊕ 命令行：输入FILLET/F命令。

⊕ 菜单栏：选择"修改" | "圆角"命令。

⊕ 功能区：单击"默认"选项卡中"修改"面板中的"圆角"按钮□。

操作实例 5-19：圆角图形

（1）按 Ctrl + O 快捷键，打开"第 5 章 \5.3.9 圆角图形 .dwg"图形文件，如图 5-64 所示。

（2）单击"修改"面板中的"圆角"按钮□，此时命令行提示如下：

```
命令:FILLET
当前设置: 模式 = 修剪, 半径 = 0.0000
选择第一个对象或 [放弃(U)/多段线(P)/半径
(R)/修剪(T)/多个(M)]: r //选择"半径（R）"
选项
指定圆角半径 <0.0000>: 20 //输入半径参数
选择第一个对象或 [放弃(U)/多段线(P)/半
径(R)/修剪(T)/多个(M)]: m //选择"多个
（m）"选项
选择第一个对象或 [放弃(U)/多段线(P)/半径
(R)/修剪(T)/多个(M)]: //选择直线
选择第二个对象, 或按住 Shift 键选择对象以应
用角点或 [半径(R)]: //选择直线
选择第一个对象或 [放弃(U)/多段线(P)/半径
(R)/修剪(T)/多个(M)]: //选择直线
选择第二个对象, 或按住 Shift 键选择对象以应
用角点或 [半径(R)]: //选择直线
选择第一个对象或 [放弃(U)/多段线(P)/半径
(R)/修剪(T)/多个(M)]: //选择直线
选择第二个对象, 或按住 Shift 键选择对象以应
用角点或 [半径(R)]: //选择直线
选择第一个对象或 [放弃(U)/多段线(P)/半径
(R)/修剪(T)/多个(M)]: //选择直线
选择第二个对象, 或按住 Shift 键选择对象以应
用角点或 [半径(R)]: //选择直线
选择第一个对象或 [放弃(U)/多段线(P)/半径
(R)/修剪(T)/多个(M)]: //选择直线, 按回
车键结束, 结果如图5-65所示
```

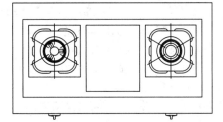

图5-64 打开图形文件

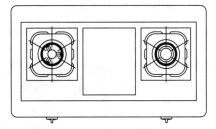

图5-65 圆角图形效果

（3）重新单击"修改"面板中的"圆角"按钮□，此时命令行提示如下：

```
命令: fillet
当前设置: 模式 = 修剪, 半径 = 20.0000
选择第一个对象或 [放弃(U)/多段线(P)/半径
(R)/修剪(T)/多个(M)]: r // 选择"半径
（R）"选项
指定圆角半径 <20.0000>: 29 //输入半径参数
选择第一个对象或 [放弃(U)/多段线(P)/半径
(R)/修剪(T)/多个(M)]: p // 选择"多段线
（P）"选项
选择二维多段线或 [半径(R)]: //选择最大的多
段线, 按Enter键结束, 结果如图5-66所示
4 条直线已被圆角
```

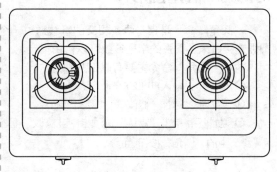

图5-66 圆角多段线效果

（4）重复上述方法，分别修改圆角半径为29和20，对相应的多段线进行圆角操作，如图5-67所示。

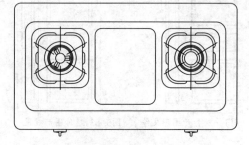

图5-67 圆角其他多段线效果

命令行中各主要选项的含义如下。

⊕ 放弃（U）：恢复在执行的上一个操作。

⊕ 多段线（P）：在二维多段线中两条直线段相交的每个顶点处插入圆角圆弧。

⊕ 半径（R）：定义圆角圆弧的半径。

⊕ 修剪（T）：控制圆角命令是否将选定的边修剪到圆角圆弧的端点。

⊕ 多个（M）：给多个图形对象设置圆角。

5.3.10 ▶ 倒角图形

"倒角"命令实际上就是指倒直角，使用"倒角"命令可以在两个图形对象或多段线之间产生倒角效果。在绘图过程中，经常需要将尖锐的角进行倒角处理，需要进行倒角的两个图形对象可以相交，也可以不相交，但不能平行。

执行"倒角"命令主要有以下几种方法。

⊕ 命令行：输入CHAMFER/CHA命令。

⊕ 菜单栏：选择"修改"|"倒角"命令。

⊕ 功能区：单击"默认"选项卡中"修改"面板中的"倒角"按钮☐。

操作实例 5-20：倒角图形

（1）按 Ctrl＋0 快捷键，打开"第5章\5.3.10倒角图形.dwg"图形文件，如图5-68所示。

（2）单击"修改"面板中的"倒角"按钮☐，此时命令行提示如下：

```
命令: chamfer
("修剪"模式) 当前倒角距离 1 = 0.0000，距离 2 = 0.0000
选择第一条直线或 [放弃(U)/多段线(P)/距离(D)/角度(A)/修剪(T)/方式(E)/多个(M)]: d
//选择"距离（D）"选项
指定 第一个 倒角距离 <0.0000>: 435
//输入第一个距离参数
指定 第二个 倒角距离 <435.0000>: 446
//输入第二个距离参数
选择第一条直线或 [放弃(U)/多段线(P)/距离(D)/角度(A)/修剪(T)/方式(E)/多个(M)]: m
//选择"多个（m）"选项
```

```
选择第一条直线或 [放弃(U)/多段线(P)/距离(D)/角度(A)/修剪(T)/方式(E)/多个(M)]:    //
选择直线
选择第二条直线，或按住 Shift 键选择直线以应用角点或 [距离(D)/角度(A)/方法(M)]:    //
选择直线
选择第一条直线或 [放弃(U)/多段线(P)/距离(D)/角度(A)/修剪(T)/方式(E)/多个(M)]:    //
选择直线
选择第一条直线或 [放弃(U)/多段线(P)/距离(D)/角度(A)/修剪(T)/方式(E)/多个(M)]:    //
选择直线
选择第二条直线，或按住 Shift 键选择直线以应用角点或 [距离(D)/角度(A)/方法(M)]:    //
选择直线
选择第一条直线或 [放弃(U)/多段线(P)/距离(D)/角度(A)/修剪(T)/方式(E)/多个(M)]:    //
选择直线，按Enter键结束，结果如图5-69所示
```

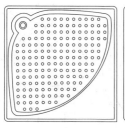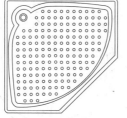

图5-68 打开图形文件　　图5-69 倒角图形效果

命令行中各主要选项的含义如下。

⬥ 距离（D）：设定倒角至选定边端点距离。

⬥ 角度（A）：设置是否在倒角对象后，仍然保留被倒角对象原有的距离。

⬥ 方式（E）：在"距离"和"角度"两个选项之间选择一种方法。

5.3.11 ▶ 旋转图形

使用"旋转"命令可以将选中的对象围绕指定的基点进行旋转，以改变图形方向。

执行"旋转"命令主要有以下几种方法。

⬥ 命令行：输ROTATE/RO命令。

⬥ 菜单栏：选择"修改"|"旋转"命令。

⬥ 功能区：单击"默认"选项卡中"修改"面板中的"旋转"按钮 ⟳。

操作实例 5-21：旋转图形

（1）按 Ctrl＋O 快捷键，打开"第5章\5.3.11 旋转图形.dwg"图形文件，如图 5-70 所示。

（2）单击"修改"面板中的"旋转"按钮 ⟳，此时命令行提示如下：

命令: rotate
UCS 当前的正角方向：ANGDIR=逆时针 ANGBASE=0
选择对象: 指定对角点: 找到 28 个
//选择所有图形
选择对象:
指定基点: 　　//捕捉圆心点为基点

指定旋转角度, 或 [复制(C)/参照(R)] <0>: -30 　　//输入旋转角度参数，按Enter键结束，结果如图5-71所示

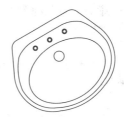

图5-70 打开图形文件　　图5-71 旋转图形效果

命令行中各主要选项的含义如下。

⬥ 复制（C）：创建要旋转对象的副本。

⬥ 参照（R）：将对象从指定的角度旋转到新的绝对角度。

5.3.12 ▶ 缩放图形

"缩放"命令可以改变图形对象的尺寸大小，使图形对象按照指定的比例相对于基点放大或缩小，图形被缩放后形状不会改变。

执行"缩放"命令主要有以下几种方法。

⬥ 命令行：输入SCALE/SC命令。

⬥ 菜单栏：选择"修改"|"缩放"命令。

⬥ 功能区：单击"默认"选项卡中"修改"面板中的"缩放"按钮 ◱。

操作实例 5-22：缩放图形

（1）按 Ctrl＋O 快捷键，打开"第5章\5.3.12 缩放图形.dwg"图形文件，如图 5-72 所示。

（2）单击"修改"面板中的"缩放"按钮 ◱，此时命令行提示如下：

```
命令: scale
选择对象: 指定对角点: 找到 2 个        //选择两
个圆弧对象
选择对象:
指定基点:                //指定圆心点为基点
指定比例因子或 [复制(C)/参照(R)]: 0.5        //
输入比例参数，按Enter键结束，结果如图5-73
所示
```

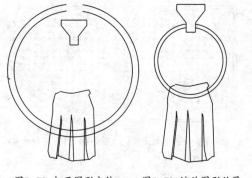

图5-72 打开图形文件   图5-73 缩放图形效果

5.3.13 ▶ 拉伸图形

使用"拉伸"命令，可以对图形对象进行拉伸和压缩，从而改变图形对象的大小。

执行"拉伸"命令主要有以下几种方法。

- 命令行：输入STRETCH/S命令。
- 菜单栏：选择"修改"|"拉伸"命令。
- 功能区：单击"默认"选项卡中"修改"面板中的"拉伸"按钮。

5.4 使用图案填充工具

在绘图过程中，经常需要将选定的某种图案填充到一个封闭的区域内，这就是图案填充，如机械绘图中的剖切面、建筑绘图中的地板图案等。使用图案填充可以表示不同的零件或者材料。

5.4.1 ▶ 创建图案填充

填充边界的内部区域即为填充区域。填充区域可以通过拾取封闭区域中的一点或拾取封闭对象两种方法来指定。

执行"图案填充"命令主要有以下几种方法。
- 命令行：输入HATCH/H命令。
- 菜单栏：选择"绘图"|"图案填充"命令。
- 功能区：单击"默认"选项卡中"绘图"面板中的"图案填充"按钮。

操作实例 5-23：创建图案填充对象

（1）按 Ctrl + O 快捷键，打开"第 5 章 \5.4.1 创建图案填充 .dwg"图形文件，如图 5-74 所示。

（2）单击"绘图"面板中的"图案填充"按钮，打开"图案填充创建"选项卡，在"图案"面板中，选择"CROSS"填充图案，修改"图案填充比例"为 8，如图 5-75 所示。

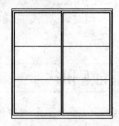

图5-74 打开图形文件

图5-75 "图案填充创建"选项卡

（3）在图形中的相应的空白区域中，单击鼠标，按 Enter 键结束，即可创建图案填充对象，效果如图 5-76 所示。

（4）重复上述方法，在"图案"面板中，选择"BOX"填充图案，修改"图案填充比例"为 5，在图形中的相应的空白区域中，单击鼠标，按回车键结束，即可创建其他图案填充对象，效果如图 5-77 所示。

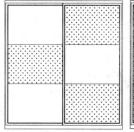 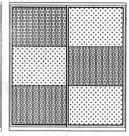

图5-76　创建图案填充　　图5-77　创建其他图案填充

在"图案填充创建"选项卡中，各面板的含义如下。

◉ "边界"面板：主要用于指定图案填充的边界，用户可以通过指定对象封闭区域中的点，或者封闭区域的对象等方法来确定填充边界，通常使用"拾取点"按钮和"选择边界对象"按钮进行选择。

◉ "图案"面板：在该面板中单击"图案填充图案"中间的下拉按钮，在弹出的下拉列表框中，可以选择合适的填充图案类型。

◉ "特性"面板：在该面板中包含了图案填充的各个特性，包括是创建实体填充、渐变填充、预定义填充图案，还是创建用户定义的填充图案，还包括图案填充的类型、图案填充透明度、角度和比例等，用户可以根据填充需要，进行相应参数的设置。

◉ "原点"面板：在默认情况下，填充图案始终相互对齐，但有时用户可能需要移动图案填充的原点，这时需要单击该面板上的"设定原点"按钮，在绘图区中拾取新的原点，以重新定义原点位置。

◉ "选项"面板：默认情况下，有边界的图案填充是关联的，即图案填充对象与图案填充边界对象相关联，对边界对象的更改将自动应用于图案填充。

◉ "关闭"面板：在完成所有相应操作后，单击"关闭"面板上的"关闭图案填充创建"按钮 ✕，即可关闭该选项卡，完成图案填充操作。

5.4.2 ▶ 创建渐变色填充

渐变是指一种颜色向另一种颜色的平滑过渡。渐变能产生光的效果，可以为图形添加视觉效果。在AutoCAD 2018中，使用"渐变色"命令后，可以通过渐变填充创建一种或两种颜色间的平滑转场。

执行"渐变色填充"命令有以下几种方法。

◉ 命令行：输入GRADIENT命令。

◉ 菜单栏：选择"绘图"|"渐变色"命令。

◉ 功能区：单击"默认"选项卡中"绘图"面板中的"渐变色"按钮。

操作实例 5-24：创建渐变色填充

（1）按 Ctrl＋O 快捷键，打开"第 5 章 \5.4.2 创建渐变色填充 .dwg"图形文件，如图 5-78 所示。

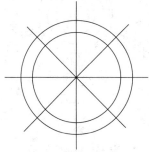

图5-78　打开图形文件

（2）单击"绘图"面板中的"渐变色"按钮，打开"图案填充创建"选项卡，在"图案"面板中，选择"GR_LINEAR"填充图案，如图 5-79 所示。

图5-79　选择"GR_LINEAR"填充图案

（3）在图形相应空白区域中单击鼠标，按Enter键结束，即可创建渐变色填充对象，效果如图 5-80 所示。

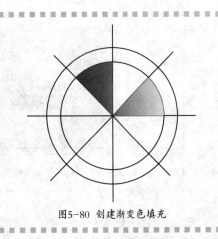

图5-80 创建渐变色填充

5.4.3 ▶ 编辑图案填充

创建了图案填充后，可对图案填充进行相应编辑修改，如更改图案填充、设置填充特性等。

执行"编辑图案填充"命令主要有以下几种方法。

- ◈ 命令行：输入HATCHEDIT/HE命令。
- ◈ 菜单栏：选择"修改"|"对象"|"图案填充"命令。
- ◈ 功能区：单击"默认"选项卡中"修改"面板中的"编辑图案填充"按钮 📝。

操作实例 5-25：编辑图案填充

（1）按 Ctrl + O 快捷键，打开"第5章 \5.4.3 编辑图案填充 .dwg"图形文件，如图5-81 所示。

（2）单击"修改"面板中的"编辑图案填充"按钮 📝。

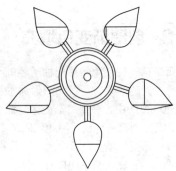

图5-81 打开图形文件

（3）在绘图区中选择要编辑的图案填充对象，打开"图案填充编辑"对话框，单击"图案"右侧的按钮 📖，如图5-82 所示。

（4）打开"填充图案选项板"对话框，选择"ANGLE"图案，如图5-83 所示。

（5）单击"确定"按钮，返回到"图案填充编辑"对话框，修改"比例"为5，如图5-84 所示。

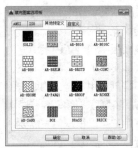 

图5-83 "填充图案选项 　　图5-84 修改参数
板"对话框

（6）单击"确定"按钮，即可编辑图案填充，如图5-85 所示。

图5-82 "图案填充编辑"对话框

图5-85 编辑图案填充

第6章
室内辅助工具应用

在应用 AutoCAD 绘制室内装潢设计图时，经常要用到一些辅助工具，包括图块工具、文字工具、尺寸标注工具以及图纸打印工具等，应用这些工具可以对图形进行统一的修改编辑，使图形整体更协调，同时提高了绘图效率。

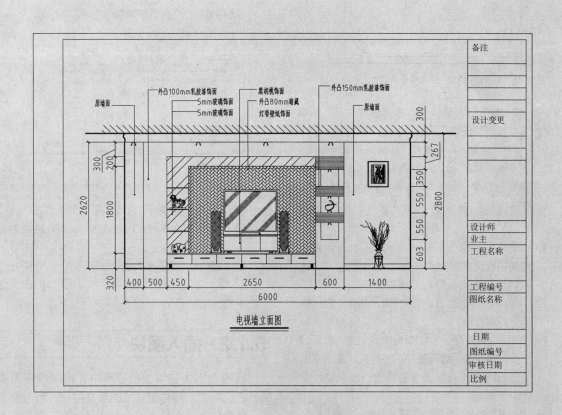

6.1 应用图块对象

图块是由多个对象组成的集合，用户可以将经常使用的部分图形或整个图形建立成块，插入到任何指定的图形中，并可以将块作为单个对象来处理。例如，在室内装潢设计中，经常用到一些家具图块（如沙发、床、餐桌等），将这些经常使用的图形建立成图库，不但简化绘图过程，还节省磁盘空间。

6.1.1 ▶ 创建图块

使用"创建块"命令，可以将一个或多个图形对象定义为一个图块。一般常见的室内图块主要有外部图块和内部图块两种。

执行"创建块"命令主要有以下几种方法。

⊕ 命令行：输入BLOCK/B命令。

⊕ 菜单栏：选择"绘图"|"块"|"创建"命令。

⊕ 功能区1：单击"默认"选项卡中"块"面板中的"创建块"按钮。

⊕ 功能区2：单击"插入"选项卡中"块定义"面板中的"创建块"按钮。

⊕ 执行"写块"命令主要有以下几种方法。

⊕ 命令行：输入WBLOCK/W命令。

⊕ 功能区：单击"插入"选项卡中"块定义"面板中的"写块"按钮。

操作实例 6-1：创建浴缸内部图块

（1）按 Ctrl + O 快捷键，打开"第 6 章 \6.1.1 创建图块 .dwg"图形文件，如图 6-1 所示。

图6-1 打开图形文件

（2）在"插入"选项卡中，单击"块定义"面板中的"创建块"按钮。

（3）打开"块定义"对话框，将其名称修改为"浴缸"，单击"对象"选项组下的"选择对象"按钮

，如图 6-2 所示，在绘图区中选择所有的图形对象，返回"块定义"对话框，单击"拾取点"按钮，拾取图形的左下方端点为插入基点，单击"确定"按钮关闭对话框，即可创建图块。

图6-2 单击"选择对象"按钮

在"块定义"对话框，各主要选项的含义如下。

⊕ "名称"下拉列表框：用于输入块的名称，最多可以使用255个字符。当其中包含多个块时，还可以在此选择已有的块。

⊕ "基点"选项组：指定块的插入基点。默认值为坐标原点。

⊕ "对象"选项组：指定新块中要包含的对象，以及创建块之后如何处理这些对象，是保留还是删除选定的对象或者是将它们转换成块实例。

⊕ "方式"选项组：用于设置组成块的对象的显示方式。

⊕ "设置"选项组：用于设置块的基本属性。

⊕ "说明"文本框：用来输入对当前块的说明文字。

⊕ "在块编辑器中打开"复选框：选中该复选框，在"块编辑器"中可以打开当前的块定义。

6.1.2 ▶ 插入图块

在绘制室内装潢图的过程中，可以根据需要随时把已经定义好的图块或图形文件插入到当前图形的任意位置，在插入的同时还可以改变图块的大小、旋转一定角度等。

执行"插入"命令主要有以下几种方法。

⊕ 命令行：输入INSERT/I命令。

⊕ 菜单栏：选择"插入"|"块"命令。

⊕ 功能区1：单击"默认"选项卡中"块"面板

中的"插入"按钮🔲。

⊕ 功能区2：单击"插入"选项卡中"块"面板中的"插入"按钮🔲。

操作实例 6-2：插入图块

（1）按 Ctrl＋O 快捷键，打开"第 6 章\6.1.2 插入图块 .dwg"图形文件，如图 6-3 所示。

（2）在"插入"选项卡中，单击"块"面板中的"插入"按钮🔲。

（3）打开"插入"对话框，单击"浏览"按钮，如图 6-4 所示。

图6-5　选择图形文件

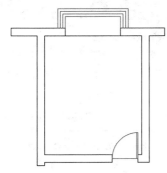

图6-3　打开图形文件

图6-4　单击"浏览"按钮

（4）打开"选择图形文件"对话框，选择"浴缸"图形文件，如图 6-5 所示。

（5）单击"打开"按钮，返回"插入"对话框，单击"确定"按钮关闭对话框，此时命令行提示如下：

```
命令: insert
指定插入点或 [基点(B)/比例(S)/旋转(R)]: s
//指定插入比例
指定 XYZ 轴的比例因子 <1>: 1.8      //设置
指定比例参数
指定插入点或 [基点(B)/比例(S)/旋转(R)]:
12675,16256      //设置指定点坐标，按
Enter键结束绘制，结果如图 6-6 所示
```

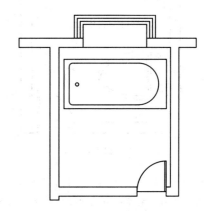

图6-6　插入图块后的效果

（6）重复调用 I"插入"命令，打开"插入"对话框，单击"名称"右侧的下三角按钮，弹出列表框，选择"马桶"选项，如图 6-7 所示。

图6-7　选择"马桶"选项

（7）单击"确定"按钮关闭对话框，此时命令行提示如下：

命令: I
指定插入点或 [基点(B)/比例(S)/旋转(R)]: s
　　//指定插入比例
指定 XYZ 轴的比例因子 <1>: 2
　　　　　　//设置指定比例参数
指定插入点或 [基点(B)/比例(S)/旋转(R)]: r
　　//指定插入角度
指定旋转角度 <0>: 180 //设置指定角度参数
指定插入点或 [基点(B)/比例(S)/旋转(R)]:
16160,19181 　　//设置指定点坐标，按Enter键
结束绘制，结果如图6-8所示

命令: I
指定插入点或 [基点(B)/比例(S)/旋转(R)]: s
　　　　　//指定插入比例
指定 XYZ 轴的比例因子 <1>: 1.5
　　　　　//设置指定比例参数
指定插入点或 [基点(B)/比例(S)/旋转(R)]: r
　　　　　//指定插入角度
指定旋转角度 <0>: -90 //设置指定角度参数
指定插入点或 [基点(B)/比例(S)/旋转(R)]:
15483,16904 　　// 设置指定点坐标，按
Enter键结束绘制，结果如图6-10所示

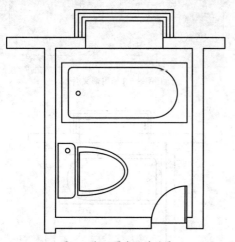

图6-8 插入图块后的效果

图6-9 选择"洗手台"选项

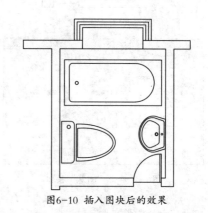

图6-10 插入图块后的效果

（8）重复调用 I "插入"命令，打开"插入"对话框，单击"名称"右侧的下三角按钮，弹出列表框，选择"洗手台"选项，如图6-9所示。

（9）单击"确定"按钮关闭对话框，此时命令行提示如下：

入该块的各个部分。

在"插入"对话框，各主要选项的含义如下。
- ◈ "名称"下拉列表框：指定要插入块的名称，或指定要作为块插入的文件的名称。
- ◈ "插入点"选项组：指定块的插入点。
- ◈ "比例"选项组：指定插入块的缩放比例。如果指定负的X、Y和Z缩放比例因子，则插入块的镜像图像。
- ◈ "旋转"选项组：在当前UCS中指定插入块的旋转角度。
- ◈ "块单位"选项组：显示有关块单位的信息。
- ◈ "分解"复选框：选中该复选框，分解块并插

6.1.3 ▸ 分解图块

使用"分解"命令可以将一个整体图形，如图块、多段线、矩形等分解为多个独立的图形对象。

执行"分解"命令主要有以下几种方法。
- ◈ 命令行：输入EXPLODE/X命令。
- ◈ 菜单栏：选择"修改" | "分解"命令。
- ◈ 面板：单击"修改"面板中的"分解"按钮。

（1）按 Ctrl＋O 快捷键，打开"第 6 章 \6.1.3 分解图块 .dwg"图形文件，如图 6-11 所示。

（2）在"默认"选项卡中，单击"修改"面板中的"分解"按钮。

（3）在绘图区中选择图块，按回车键结束，即可分解图形，任选一条直线，查看图形分解效果，如图 6-12 所示。

（4）调用 MI"镜像"命令，选择左侧合适的图形对象，如图 6-13 所示。

（5）捕捉图形的最上方水平直线和最下方水平直线的中点为镜像点，进行镜像处理，如图 6-14 所示。

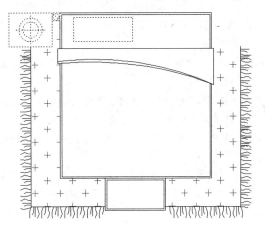

图6-13 选择合适的图形

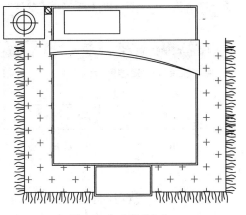

图6-11 打开图形文件

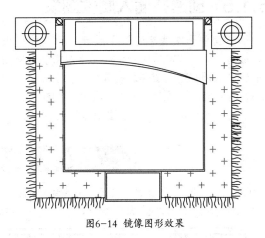

图6-14 镜像图形效果

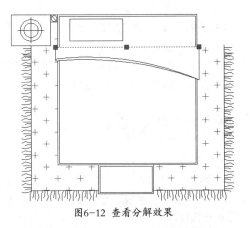

图6-12 查看分解效果

6.1.4 ▶ 重定义图块

通过对图块的重定义，可以更新所有与

之相关的块实例，达到自动修改的效果，在绘制比较复杂，且大量重复的图形时，应用非常广泛。

（1）按 Ctrl＋O 快捷键，打开"第 6 章 \6.1.4 重定义图块 .dwg"图形文件，如图 6-15 所示。

（2）调用 X"分解"命令，在绘图区中选择门图块，

按 Enter 键结束，并任选一个矩形，查看分解效果，如图 6-16 所示。

图6-15 打开图形文件   图6-16 查看分解效果

（3）调用 E "删除"命令，删除左侧的门对象，如图 6-17 所示。

图6-17 删除   图6-18 单击"确定"按钮
左侧门

（4）调用 B "创建块"命令，打开"块定义"对话框，修改其名称为"门"，单击"选择对象"按钮，在绘图区中选择分解后的图形，返回到"块定义"对话框，单击"确定"按钮，如图 6-18 所示。

（5）系统弹出"块-重定义块"对话框，单击"重定义"按钮，如图 6-19 所示，即可重新定义图块。

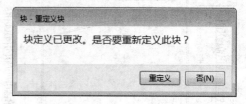

图6-19 单击"重定义"按钮

6.1.5 ▶ 创建并插入属性图块

属性有助于快速产生关于设计项目的信息报表，或者作为一些符号块的可变文字对象。定义图块的属性必须在定义图块之前进行。在定义属性图块后，可以使用"插入"命令，插入属性图块。

执行"定义属性"命令主要有以下几种方法。

⊕ 命令行：输入ATTDEF/ATT命令。

⊕ 菜单栏：选择"绘图"｜"块"｜"定义属性"命令。

⊕ 功能区1：单击"默认"选项卡中"块"面板中的"定义属性"按钮

⊕ 功能区2：单击"插入"选项卡中"块定义"面板中的"定义属性"按钮。

操作实例 6-5：创建并插入属性图块

（1）按 Ctrl＋O 快捷键，打开"第 6 章＼6.1.5 创建并插入属性图块.dwg"图形文件，如图 6-20 所示。

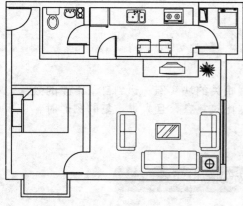

图6-20 打开图形文件

（2）在"插入"选项卡中，单击"块定义"面板中的"定义属性"按钮。

（3）打开"属性定义"对话框，修改"标记"为"客厅"，修改"文字高度"为 200，如图 6-21 所示。

（4）单击"确定"按钮，在合适位置单击鼠标，即可创建属性图块，如图 6-22 所示。

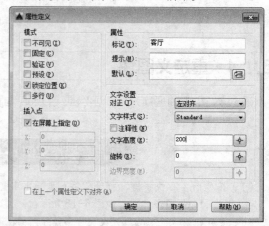

图6-21 "属性定义"对话框

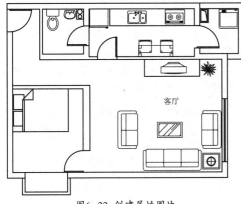

图6-22 创建属性图块

（5）调用 B"创建块"命令，打开"块定义"对话框，将其名称修改为"文字"，单击"对象"选项组下的"选择对象"按钮，如图 6-23 所示。

（6）在绘图区中选择文字对象，返回"块定义"对话框，单击"确定"按钮，打开"编辑属性"对话框，输入"客厅"文字，如图 6-24 所示。

图6-23 单击"选择对象"按钮

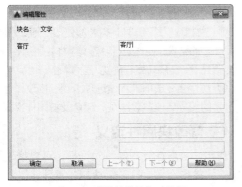

图6-24 "编辑属性"对话框

（7）单击"确定"按钮，即可完成块定义，调用 I"插入"命令，打开"插入"对话框，单击"确定"按钮，如图 6-25 所示。

（8）在绘图区中任意捕捉一点，打开"编辑属性"对话框，输入"卧室"文字，如图 6-26 所示。

图6-25 单击"确定"按钮

图6-26 输入文字

（9）单击"确定"按钮，即可插入属性图块，调用 M"移动"命令，调整图块位置，如图 6-27 所示。

（10）重复上述方法，插入其他的属性图块对象，如图 6-28 所示。

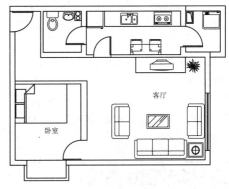

图6-27 插入属性图块效果

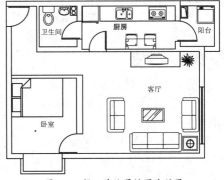

图6-28 插入其他属性图块效果

在"属性定义"对话框中，各主要选项的含义如下。

⊕ "不可见"复选框：用于指定插入块时不显示或打印属性值。

⊕ "固定"复选框：用于设置在插入块时赋予属性固定值，选中该复选框后，插入块后其属性值不再发生变化。

⊕ "验证"复选框：用于验证所输入的属性值是否正确。

⊕ "预设"复选框：用于确定是否将属性值直接预置成其他的默认值。

⊕ "锁定位置"复选框：用于锁定块参照中属性的位置，解锁后，属性可以相对于使用了夹点编辑块的其他部分移动，并且可以调整多行文字属性的大小。

⊕ "多行"复选框：使用包含多行文字来标注块的属性值，选中该复选框后，可以指定属性的边界宽度。

⊕ "插入点"选项组：指定属性位置，输入坐标值或者选中"在屏幕上指定"复选框，并使用定点设备根据与属性关联的对象，指定属性的位置。

⊕ "属性"选项组：用于定义块的属性，其中，"标记"文本框用于输入属性的标记；"提示"文本框用于在插入块时系统显示的提示信息；"默认值"文本框用于指定默认属性值。

⊕ "文字设置"选项组：用于设置属性文字的格式，包括对正、文字样式、文字高度以及旋转角度等选项。

⊕ "在上一个属性定义下对齐"复选框：将属性标记直接置于之前定义的属性下面，如果之前没有创建属性定义，则该复选框不可以使用。

6.1.6 ▶ 修改图块属性

若属性已经被创建成块，则用户可以使用 EATTEDIT "编辑属性"命令对属性值及其他特征进行编辑操作。

❶ 修改属性值

使用增强属性编辑器可以方便地修改属性值和属性文字的格式。打开"增强属性编辑器"对话框的方法主要有以下几种。

⊕ 命令行：输入EATTEDIT命令。

⊕ 菜单栏：选择"修改"｜"对象"｜"属性"｜"单个"命令。

⊕ 功能区1：单击"默认"选项卡中"块"面板

中的"单个"按钮。

⊕ 功能区2：单击"插入"选项卡中"块"面板中的"编辑属性-单个"按钮。

⊕ 鼠标：双击属性文字。

执行以上任意一种方法，都可以打开"增强属性编辑器"对话框，如图6-29所示。

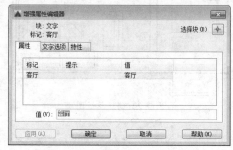

图6-29 "增强属性编辑器"对话框

在"增强属性编辑器"对话框中，各主要选项的含义如下。

⊕ "块"选项组：用于显示正在编辑属性的块名称。

⊕ "标记"选项组：标识属性的标记。

⊕ "选择块"按钮：单击该按钮，可以在使用定点设备选择块时，临时关闭"增强属性编辑器"对话框。

⊕ "应用"按钮：单击该按钮，可以更新已更改属性的图形，且"增强属性编辑器"对话框保持打开状态。

⊕ "属性"选项卡：该选项卡显示了块中每个属性的标记、提示和值，在列表框中选择某一属性后，在"值"文本框中将显示出该属性对应的属性值，可以通过它来修改属性值。

⊕ "文字选项"选项卡：该选项卡用于修改属性文字的格式，在其中可设置文字样式、对齐方式、高度、旋转角度、宽度因子和倾斜角度。

⊕ "特性"选项卡：该选项卡用于修改属性文字的图层、线宽、线型、颜色及打印样式等。

❷ 修改块属性定义

使用"块属性管理器"对话框，可以修改所有图块的块属性定义。打开"块属性管理器"对话框的方法主要有以下几种。

⊕ 命令行：输入BATTMAN命令。

⊕ 菜单栏：选择"修改"｜"对象"｜"属性"｜"块属性管理器"命令。

⊕ 功能区1：单击"默认"选项卡中"块"面板中的"属性-块属性管理器"按钮。

⊕ 功能区2：单击"插入"选项卡中"块定义"面板中的"管理属性"按钮。

执行以上任意一种方法，都可以打开"块属性管理器"对话框，如图6-30所示。

图6-30 "块属性管理器"对话框

在"块属性管理器"对话框中，各主要选项的含义如下。

⊕ "选择块"按钮🖽：单击该按钮，用户可以使用定点设备从绘图区域选择块。

⊕ "块"列表框：列出具有属性的当前图形中的所有块定义。

⊕ "属性列表"列表框：显示所选块中每个属性的特性。

⊕ "同步"按钮：单击该按钮，更新具有当前定义的属性特性的选定块的全部实例。

⊕ "上移"按钮：在提示序列的早期阶段移动选定的属性标签。选定固定属性时，"上移"按钮不可用。

⊕ "下移"按钮：在提示序列的后期阶段移动选定的属性标签。选定常量属性时，"下移"按钮不可使用。

⊕ "编辑"按钮：单击该按钮，打开"编辑属性"对话框，从中可以修改属性特性。

⊕ "删除"按钮：从块定义中删除选定的属性。

⊕ "设置"按钮：单击该按钮，打开"块属性设置"对话框，从中可以自定义"块属性管理器"中属性信息的列出方式。

6.2 应用文字和标注对象

文字注释和尺寸标注都是绘制图形过程中非常重要的内容。在进行绘图设计时，不仅要绘制出图形，还要在图形中标注一些注释性的文字，而为了更明确地表达物体的形状和大小，还可以为图形添加相应的尺寸标注，以作为施工的重要依据。

6.2.1 ▶ 创建单行文字

在绘制图形的过程中，文字表达了很多设计信息，当需要文字标注的文本不太长时，可以使用"单行文字"命令创建单行文本。

执行"单行文字"命令主要有以下几种方法。

⊕ 命令行：输入TEXT命令。

⊕ 菜单栏：选择"绘图"|"文字"|"单行文字"命令。

⊕ 功能区1：单击"默认"选项卡中"注释"面板中的"单行文字"按钮Ａ。

⊕ 功能区2：单击"注释"选项卡中"文字"面板中的"单行文字"按钮Ａ。

操作实例 6-6：创建鞋柜图形中的单行文字

（1）按 Ctrl + O 快捷键，打开"第6章\6.2.1 创建单行文字.dwg"图形文件，如图 6-31 所示。

（2）单击"注释"面板中的"单行文字"按钮Ａ，此时命令行提示如下：

```
命令: text
当前文字样式："Standard" 文字高度: 2.5000
注释性: 否 对正: 左
指定文字的起点或 [对正(J)/样式(S)]:
//捕捉合适的端点为文字起点
指定高度 <2.5000>: 100   //设置文字的高度
指定文字的旋转角度 <0>:          //设置文字
的旋转角度，输入文字，按Enter键结束，结果
如图6-32所示
```

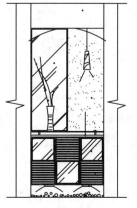

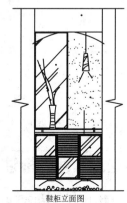

鞋柜立面图

图6-31 打开图形文件　　图6-32 创建单行文字

命令行中各主要选项的含义如下。
- 对正（J）：用于指定单行文字标注的对齐方式。
- 样式（S）：用于指定当前创建的文字标注所采用的文字样式。

6.2.2 ▶ 创建多行文字

多行文字又称段落文本，它由两行以上的文字组

成，而且所有行的文字都是作为一个整体来处理的。

执行"多行文字"命令主要有以下几种方法。
- 命令行：输入MTEXT/MT命令。
- 菜单栏：选择"绘图"|"文字"|"多行文字"命令。
- 功能区1：单击"默认"选项卡中"注释"面板中的"多行文字"按钮 **A**。
- 功能区2：单击"注释"选项卡中"文字"面板中的"多行文字"按钮 **A**。

操作实例 6–7：创建户型平面图中的多行文字

（1）按 Ctrl＋O 快捷键，打开"第 6 章 \6.2.2 创建多行文字 .dwg"图形文件，如图 6-33 所示。

（2）单击"注释"面板中的"多行文字"按钮 **A**，此时命令行提示如下：

```
命令: mtext
当前文字样式: "Standard" 文字高度: 2.5 注
释性: 否
指定第一角点: //捕捉合适的端点为第一角点
指定对角点或 [高度(H)/对正(J)/行距(L)/旋
转(R)/样式(S)/宽度(W)/栏(C)]:    //捕捉合
适的端点为第二角点，如图6-34所示
```

（3）打开文本框和"文字编辑器"选项板，输入合适的文字对象，如图 6-35 所示。

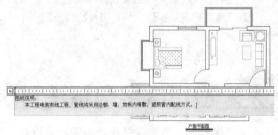

图6-35 输入文字效果

（4）修改"文字高度"为250,在绘图区中的空白处，单击鼠标，即可创建多行文字，并调整多行文字的位置，效果如图 6-36 所示。

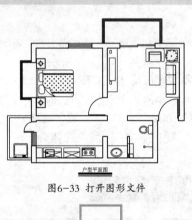

图6-33 打开图形文件

图6-34 捕捉第二角点

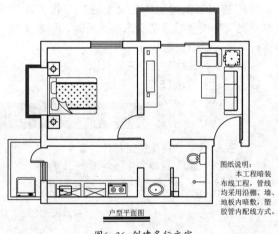

图6-36 创建多行文字

6.2.3 ▶ 智能标注

标注DIM命令为CAD2018新添的功能，可理解为智能标注，根据选定对象的类型自动创建相应的标注，几乎一个命令设置日常的标注，非常的实用，这样大大减少了对指定标注选项的需要。

执行"智能标注"命令有以下几种方式。
- 命令行：输入DIM命令。

◈ 功能区1：单击"默认"选项卡中"注释"面板中的"标注"按钮□。

◈ 功能区2：单击"注释"选项卡中"标注"面板中的"标注"按钮□

操作实例 6-8：智能标注家具尺寸

（1）按 Ctrl + O 快捷键，打开"第 6 章 \6.2.3 智能标注家具尺寸 .dwg"图形文件，如图6-37所示。

（2）单击"注释"面板中的"标注"按钮□，此时命令行提示如下：

命令: dim
选择对象或指定第一个尺寸界线原点或 [角度(A)/基线(B)/连续(C)/坐标(O)/对齐(G)/分发(D)/图层(L)/放弃(U)]: //捕捉A点为第一角点
指定第一个尺寸界线原点或 [角度(A)/基线(B)/继续(C)/坐标(O)/对齐(G)/分发(D)/图层(L)/放弃(U)]:
指定第二个尺寸界线原点或 [放弃（U）]: //捕捉B点为第一角点
指定尺寸界线位置或第二条线的角度 [多行文字(M)/文字(T)/文字角度(N)/放弃(U)]: //任意指定位置放置尺寸
选择对象或指定第一个尺寸界线原点或 [角度(A)/基线(B)/连续(C)/坐标(O)/对齐(G)/分发(D)/图层(L)/放弃(U)]: //捕捉A点为第一角点
指定第一个尺寸界线原点或 [角度(A)/基线(B)/继续(C)/坐标(O)/对齐(G)/分发(D)/图层(L)/放弃(U)]:
指定第二个尺寸界线原点或 [放弃（U）]: //捕捉C点为第一角点
指定尺寸界线位置或第二条线的角度 [多行文字(M)/文字(T)/文字角度(N)/放弃(U)]: //任意指定位置放置尺寸
选择对象或指定第一个尺寸界线原点或 [角度(A)/基线(B)/连续(C)/坐标(O)/对齐(G)/分发(D)/图层(L)/放弃(U)]: //捕捉AC直线为第一直线

选择直线以指定尺寸线原点:
选择直线以指定角度的第二条边：//捕捉CD直线为第二条直线
指定角度标注位置或 [多行文字(M)/文字(T)/文字角度(N)/放弃(U)]: //任意指定位置放置尺寸
选择对象或指定第一个尺寸界线原点或 [角度(A)/基线(B)/连续(C)/坐标(O)/对齐(G)/分发(D)/图层(L)/放弃(U)]:
选择圆弧以指定半径或 [直径(D)/折弯(J)/圆弧长度(L)/中心标记(C)/角度(A)]: //捕捉圆弧E
指定半径标注位置或 [直径(D)/角度(A)/多行文字(M)/文字(T)/文字角度(N)/放弃(U)]: //任意指定位置放置尺寸，如图6-38所示

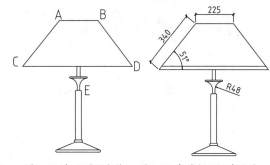

图6-37 打开图形文件　图6-38 智能标注尺寸效果

命令行中各主要选项的含义如下。

◈ 角度(A)：创建一个角度标注来显示三个点或两条直线之间的角度，操作方法基本同【角度标注】。

◈ 基线(B)：从上一个或选定标准的第一条界线创建线性、角度或坐标标注，操作方法基本同【基线标注】。

◈ 连续(C)：从选定标注的第二条尺寸界线创建线性、角度或坐标标注，操作方法基本同【连续标注】。

◈ 坐标(O)：创建坐标标注，提示选取部件上的点，如端点、交点或对象中心点。

◈ 对齐(G)：将多个平行、同心或同基准的标注对齐到选定的基准标注。

◈ 分发(D)：指定可用于分发一组选定的孤立线性标注或坐标标注的方法。

◈ 图层(L)：为指定的图层指定新标注，以替代当前图层。输入Use Current或"."以使用当前图层。

专家提醒

无论创建哪种类型的标注，DIM 命令都会保持活动状态，以便用户可以轻松地放置其他标注，直到退出命令。

6.2.4 ▸ 标注线性尺寸

线性尺寸标注用于对水平尺寸、垂直尺寸及旋转尺寸等长度类尺寸进行标注，这些尺寸标注方法基本类似。

执行"线性"命令主要有以下几种方法。

- 🟢 命令行：输入DIMLINEAR/DLI命令。
- 🟢 菜单栏：选择"标注"|"线性"命令。
- 🟢 功能区1：单击"默认"选项卡中"注释"面板中的"线性"按钮 $\boxed{\vdash}$。
- 🟢 功能区2：单击"注释"选项卡中"标注"面板中的"线性"按钮 $\boxed{\vdash}$。

操作实例 6-9：标注螺帽图形中的线性尺寸

（1）按 Ctrl＋O 快捷键，打开"第 6 章 \6.2.4 标注线性尺寸 .dwg"图形文件，如图 6-39 所示。

（2）单击"注释"面板中的"线性"按钮 $\boxed{\vdash}$，此时命令行提示如下：

> 命令: dimlinear
> 指定第一个尺寸界线原点或 <选择对象>:
> //捕捉最上方水平直线的左端点为第一尺寸界线原点
> 指定第二条尺寸界线原点：　　//捕捉最上方水平直线的右端点为第一尺寸界线原点
> 指定尺寸线位置或
> [多行文字(M)/文字(T)/角度(A)/水平(H)/垂直(V)/旋转(R)]：　//向上移动，单击鼠标，确定尺寸线位置，效果如图6-40所示
> 标注文字 = 555

（3）重复上述方法，标注其他的线性尺寸，如图 6-41 所示。

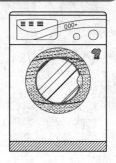

图6-39 打开图形文件　　图6-40 标注线性尺寸效果

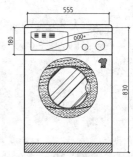

图6-41 标注其他线性尺寸

命令行中各主要选项的含义如下。

- 🟢 多行文字（M）：显示在位文字编辑器，可用它来编辑标注文字。
- 🟢 文字（T）：在命令行中显示尺寸文字的自动测量值，用户可以修改尺寸值。
- 🟢 角度（A）：指定文字的倾斜角度，使尺寸文字倾斜标注。
- 🟢 水平（H）：创建水平尺寸标注。
- 🟢 垂直（V）：创建垂直尺寸标注。
- 🟢 旋转（R）：创建旋转线性标注。

6.2.5 ▸ 标注对齐尺寸

对齐尺寸标注用于创建平行于所选对象或平行于两尺寸界线原点连线的直线形尺寸。

执行"对齐"命令主要有以下几种方法。

- 🟢 命令行：输入DIMALIGNED/DAL命令。
- 🟢 菜单栏：选择"标注"|"对齐"命令。
- 🟢 功能区1：单击"默认"选项卡中"注释"面板中的"对齐"按钮 $\boxed{\diagdown}$。
- 🟢 功能区2：单击"注释"选项卡中"标注"面板中的"对齐"按钮 $\boxed{\diagdown}$。

操作实例 6-10：标注浴缸图形中的对齐尺寸

（1）按 Ctrl＋O 快捷键，打开"第 6 章 \6.2.5 标注对齐尺寸 .dwg"图形文件，如图 6-42 所示。

（2）单击"注释"面板中的"对齐"按钮 $\boxed{\diagdown}$，此时命令行提示如下：

命令: dimaligned
指定第一个尺寸界线原点或 <选择对象>:
//捕捉左侧倾斜直线的上端点\
指定第二条尺寸界线原点:　　//捕捉左侧倾斜直
线的下端点
指定尺寸线位置或
[多行文字(M)/文字(T)/角度(A)]:　//向左上方移
动,单击鼠标,确定尺寸线位置,效果如图6-43
所示
标注文字 = 424

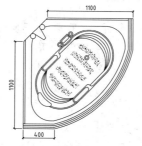
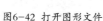
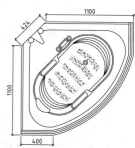

图6-42 打开图形文件　　图6-43 标注对齐尺寸效果

6.2.6 ▶ 标注半径尺寸

半径尺寸标注用于创建圆和圆弧半径的标注,
它由一条具有指向圆或圆弧的箭头和半径尺寸线组
成。

执行"半径"命令主要有以下几种方法。

⊕ 命令行: 输入DIMRADIUS/DRA命令。

⊕ 菜单栏: 选择"标注"|"半径"命令。

⊕ 功能区1: 单击"默认"选项卡中"注释"面
板中的"半径"按钮◎。

⊕ 功能区2: 单击"注释"选项卡中"标注"面
板中的"半径"按钮◎。

操作实例 6-11: 标注餐桌椅图形中的半径尺寸

(1) 按 Ctrl + O 快捷键,打开"第 6 章 \6.2.6 标
注半径尺寸 .dwg"图形文件,如图 6-44 所示。

(2) 单击"注释"面板中的"半径"按钮◎,此
时命令行提示如下:

命令: dimradius
选择圆弧或圆:　　//选择大圆对象
标注文字 = 500
指定尺寸线位置或 [多行文字(M)/文字(T)/角
度(A)]:　　//向右上方移动,单击鼠
标,确定尺寸线位置,效果如图6-45所示

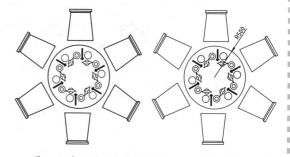

图6-44 打开图形文件　图6-45 标注半径尺寸效果

6.2.7 ▶ 标注直径尺寸

直径尺寸标注与半径尺寸标注类似,都是用于
创建圆或圆弧直径的标注。系统根据圆和圆弧的大
小、标注样式的选项以及光标位置的不同绘制不同
类型的直径标注。不同的是,半径标注显示半径符
号R,直径标注显示直径符号∅。

执行"直径"命令主要有以下几种方法。

⊕ 命令行: 输入DIMDIAMETER/DDI命令。

⊕ 菜单栏: 选择"标注"|"直径"命令。

⊕ 功能区1: 单击"默认"选项卡中"注释"面
板中的"直径"按钮◎。

⊕ 功能区2: 单击"注释"选项卡中"标注"面
板中的"直径"按钮◎。

6.2.8 ▶ 标注连续尺寸

连续尺寸标注可以创建一系列连续的线性、对
齐、角度或坐标标注。

执行"连续"命令主要有以下几种方法。

⊕ 命令行: 输入DIMCONTINUE/DCO命令。

⊕ 菜单栏: 选择"标注"|"连续"命令。

⊕ 功能区: 单击"注释"选项卡中"标注"面板
中的"连续"按钮⊞。

操作实例 6-12：标注床立面图中的连续尺寸

（1）按 Ctrl + O 快捷键，打开“第 6 章\6.2.8 标注连续尺寸 .dwg”图形文件，如图 6-46 所示。

（2）单击“标注”面板中的“连续”按钮，此时命令行提示如下：

```
命令: dimcontinue
选择连续标注: :      //选择线性标注对象
指定第二条尺寸界线原点或 [放弃(U)/选择(S)] <选择>:   //捕捉中间垂直直线的下端点
标注文字 = 743
指定第二条尺寸界线原点或 [放弃(U)/选择(S)] <选择>:       //捕捉最右侧垂直直线的下端点，按Enter键结束，结果如图6-47所示
标注文字 = 743
```

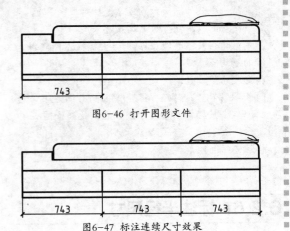

图6-46 打开图形文件

图6-47 标注连续尺寸效果

6.2.9 ▸ 标注快速尺寸

“快速标注”命令用于快速创建成组的基线标注、连续标注、阶梯标注和坐标尺寸标注，并且允许同时标注多个对象的尺寸。

执行“快速标注”命令主要有以下几种方法。

- 命令行：输入QDIM命令。
- 菜单栏：选择“标注”|“快速标注”命令。
- 功能区：单击“注释”选项卡中“标注”面板中的“快速标注”按钮。

操作实例 6-13：快速标注衣柜图形中的尺寸

（1）按 Ctrl + O 快捷键，打开“第 6 章\6.2.9 标注快速尺寸 .dwg”图形文件，如图 6-48 所示。

（2）单击“标注”面板中的“快速标注”按钮，此时命令行提示如下：

```
命令: qdim
关联标注优先级 = 端点
选择要标注的几何图形: 找到 1 个
选择要标注的几何图形: 找到 1 个，总计 2 个
选择要标注的几何图形: 找到 1 个，总计 3 个
//选择从上数第2条水平直线
选择要标注的几何图形:
指定尺寸线位置或 [连续(C)/并列(S)/基线(B)/坐标(O)/半径(R)/直径(D)/基准点(P)/编辑(E)/设置(T)] <连续>:   //向上移动，单击鼠标，确认尺寸线位置，效果如图6-49所示
```

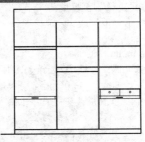

图6-48 打开图形文件

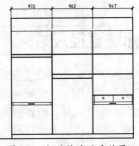

图6-49 标注快速尺寸效果

命令行中各主要选项的含义如下。

- 连续（C）：用于创建一系列连续标注。
- 并列（S）：用于创建一系列并列标注。
- 基线（B）：用于创建一系列基线标注。
- 坐标（O）：用于创建一系列坐标标注。
- 半径（R）：用于创建一系列半径标注。
- 直径（D）：用于创建一系列直径标注。
- 基准点（P）：为基线和坐标标注设置新的基

准点。

◈ 编辑（E）：；在生成标注之前，删除出于各种考虑而选定的点位置。

◈ 设置（T）：为指定尺寸界线原点（交点或端点）设置对象捕捉优先级。

6.2.10 ▶ 标注多重引线

在室内制图中，"多重引线"命令主要可以用来标注立面图中图形的材料及类型等对象。

执行"多重引线"命令主要有以下几种方法。

◈ 命令行：输入MLEADER命令。

◈ 菜单栏：选择"标注"|"多重引线"命令。

◈ 功能区1：单击"默认"选项卡中"注释"面板中的"引线"按钮。

◈ 功能区2：单击"注释"选项卡中"引线"面板中的"多重引线"按钮。

操作实例 6-14：标注图形中的多重引线

（1）按 Ctrl + O 快捷键，打开"第 6 章 \6.2.10 标注多重引线尺寸 .dwg"图形文件，如图6-50所示。

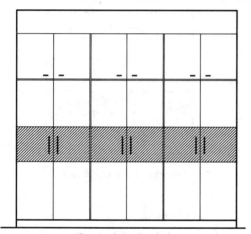

图6-50 打开图形文件

（2）单击"注释"面板中的"多重引线样式"按钮，打开"多重引线样式管理器"对话框，选择"Standard"样式，单击"修改"按钮，如图6-51所示。

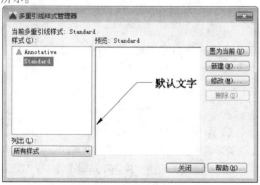

图6-51 单击"修改"按钮

（3）打开"修改多重引线样式：Standard"对话框，在"箭头"选项组中，"符号"下拉列表选择"点"

选项，设置"大小"为40，如图6-52所示。

图6-52 设置大小参数

（4）单击"引线结构"选项卡，在"基线设置"选项组中，修改"设置基线距离"为50，如图6-53所示。

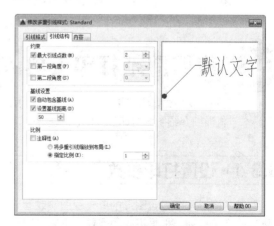

图6-53 修改基线参数

（5）单击"内容"选项卡，在"文字选项"选项组中，修改"文字高度"为150，如图6-54所示。

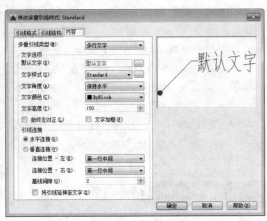

图6-54 设置文字参数

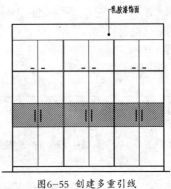

图6-55 创建多重引线

（6）依次单击"确定"和"关闭"按钮，关闭对话框，单击"注释"面板中的"引线"按钮 ，此时命令行提示如下：

命令：mleader
指定引线箭头的位置或 [引线基线优先(L)/内容优先(C)/选项(O)] <选项>：　//捕捉合适的端点
指定引线基线的位置：　//向上方移动，单击鼠标，确认引线基线位置，输入相应文字，效果如图6-55所示

（7）重复上述方法，创建其他的多重引线，如图6-56所示。

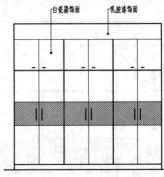

图6-56 创建其他多重引线

命令行中各主要选项的含义如下。

⊕ 引线基线优先（L）：指定多重引线对象的基线的位置。

⊕ 内容优先（C）：指定与多重引线对象相关联的文字或块的位置。

⊕ 选项（O）：指定用于放置多重引线对象的选项字。

6.3 使用图纸打印工具

创建完图形之后，通常要打印到图纸上，同时也可以生成一份电子图纸，以便从互联网上进行访问。本节将详细介绍图纸打印工具的使用方法。

6.3.1 ▶ 设置打印参数

打印的图形可以包含图形的单一视图，或者更为复杂的视图排列。根据不同的需要，可以打印一个或多个视口，或设置选项以决定打印的内容和图像在图纸上的布置。

在进行图纸打印之前，首先需要设置打印参数，该参数的设置主要在"打印-模型"对话框中进行。打开"打印-模型"对话框主要有以下几种方法。

⊕ 命令行：输入PLOT命令。

⊕ 菜单栏：选择"文件"|"打印"命令。

⊕ 功能区：单击"输出"选项卡中"打印"面板中的"打印"按钮 。

⊕ 快捷键：按Ctrl+P快捷键。

⊕ 程序菜单：在程序菜单中，选择"打印"|"打印"命令。

执行以上任意一种方法，将打开"打印-模

型"对话框,如图6-57所示,在该对话框中进行相应的参数设置,然后单击"确定"按钮,即可开始打印。

图6-57 "打印-模型"对话框

❶ 设置打印设备

为了获得更好的打印效果,在打印之前,应对打印设备进行设置。在"打印-模型"对话框中的"打印机/绘图仪"选项组中,单击"名称"下拉列表框,在弹出的下拉列表中选择合适的打印设备,如图6-58所示,完成打印设备的设置。选择相应打印设备后,单击其右侧的"特性"按钮,打开"绘图仪配置编辑器"对话框,在其中可以查看或修改打印机的配置信息,如图6-59所示。

图6-58 选择打印设备

图6-59 "绘图仪配置编辑器"对话框

在"绘图仪配置编辑器"对话框中,各主要选项卡的含义如下。

- ⊕ "常规"选项卡:包含关于绘图仪配置(PC3)文件的基本信息。可以在"说明"区域中添加或修改信息。选项卡中的其余内容是只读的。
- ⊕ "端口"选项卡:更改配置的打印机与用户计算机或网络系统之间的通信设置。可以指定通过端口打印、打印到文件或使用后台打印。
- ⊕ "设备和文档设置"选项卡:控制PC3文件中的许多设置。单击任意节点的图标可以查看和更改指定设置。如果更改了设置,所做更改将出现在设置名旁边的尖括号(< >)中。修改过值的节点图标上还会显示一个复选标记。

❷ 设置图纸尺寸

在"图纸尺寸"选项组中,可以指定打印的图纸尺寸大小。单击"图纸尺寸"下拉列表框,在弹出的下拉列表中,列出了该打印设备支持的图纸尺寸和用户使用"绘图仪配置编辑器"自定义的图纸尺寸,用户可以从中选择打印需要的图纸尺寸。如果在"图纸尺寸"下拉列表框中,没有需要的图纸尺寸,用户还可以根据打印图纸的需要,进行自定义图纸尺寸的操作。

❸ 设置打印区域

AutoCAD的绘图界限没有限制,在打印前必须设置图形的打印区域,以便更准确地打印图形。在"打印区域"选项区中的"打印范围"列表框中,包括"范围""窗口""图形界限"和"显示"4个选项。其中,选择"范围"选项,打印当前空间内的所有几何图形;选择"窗口"选项,则只打印指定窗口内的图形对象;选择"图形界限"选项,只打印设定的图形界限内的所有对象;选择"显示"选项,可以打印当前显示的图形对象。

❹ 设置打印偏移

在"打印-模型"对话框的"打印偏移(原点设置在可打印区域)"选项组中,可以确定打印区域相对于图纸左下角点的偏移量。其中,勾选"居中打印"复选框可以使图形位于图纸中间位置。

❺ 设置打印比例

在"打印比例"选项组中,可以设置图形的打印比例。用户在绘制图形时一般按1:1的比例绘制,而在打印输出图形时则需要根据图纸尺寸确定打印比例。系统默认的是"布满图纸",即系统自动调整缩放比例使所绘图形充满图纸。还可以在

"比例"列表框中选择标准比例值，或者选择"自定义"选项，在对应的两个数值框中设置打印比例。其中，第一个文本框表示图纸尺寸单位，第二个文本框表示图形单位。例如，设置打印比例为7:1，即可在第一个文本框内输入7，在第二个文本框内输入1，则表示图形中1个单位在打印输出后变为7个单位。

➏ 设置打印份数

在"打印份数"选项组中，可以指定要打印的份数，打印到文件时，此选项不可用。

➐ 设置打印样式表

在"打印样式表"下拉列表中显示了可供当前布局或"模型"选项卡使用的各种打印样式表，选择其中一种打印样式表，打印出的图形外观将由该样式表控制。其中选择"新建"选项，将弹出"添加打印样式表"向导，创建新的打印样式表。

➑ 设置着色视口选项

在"着色视口选项"选项组中，可以选择着色打印模式，如按显示、线框和真实等。

➒ 设置打印选项

在"打印选项"选项组中列出了控制影响对象打印方式的选项，包括后台打印、打印对象线宽和透明度、按样式打印和将修改保存到布局等。

➓ 设置图形方向

在"图形方向"选项组中，可以设置打印的图形方向，图形方向确定打印图形的位置是横向（图形的较长边位于水平方向）还是纵向（图形的较长边位于竖直方向），这取决于选定图纸的尺寸大小。同时，选中"上下颠倒打印"复选框，还可以进行颠倒打印，即相当于将图纸旋转180°。

6.3.2 ▶ 在模型空间中打印

模型空间打印指的是在模型窗口中进行相关设置并进行打印，下面将介绍在模型空间中打印图纸的操作方法。

操作实例 6-15：在模型空间中打印图纸

（1）按 Ctrl + O 快捷键，打开"第 6 章 \6.3.2 在模型空间中打印 .dwg"图形文件，如图 6-60 所示。

（2）单击"输出"选项卡中"打印"面板中的"页面设置管理器"按钮，打开"页面设置管理器"对话框，单击"新建"按钮，如图 6-61 所示。

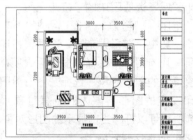

图6-60 打开图形文件

（3）打开"新建页面设置"对话框，修改"新页面设置名"为"模型图纸"，如图 6-62 所示。

图6-61 单击"新建"　图6-62 "新建页面设
按钮　　　　　　　置"对话框

（4）单击"确定"按钮，打开"页面设置 – 模型"对话框，在"打印机/绘图仪"选项组中，选择合适的打印机，如图 6-63 所示。

图6-63 选择打印机

（5）在"打印样式表"列表框中，选择合适的打印样式，如图 6-64 所示。

（6）打开"问题"对话框，单击"是"按钮，如图 6-65 所示。

图6-64 选择打印样式

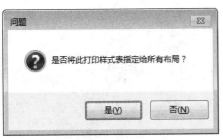

图6-65 单击"是"按钮

（7）在"图形方向"选项组中，点选"横向"单选按钮，如图 6-66 所示。

（8）在"打印范围"列表框中，选择"窗口"选项，如图 6-67 所示，在绘图区中，依次捕捉图形的左上方端点和右下方端点，即可设置打印范围。

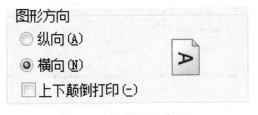

图6-66 点选"横向"单选钮

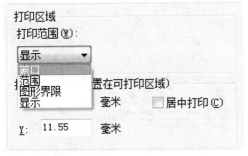

图6-67 选择"窗口"选项

（9）依次单击"确定"和"关闭"按钮，即可创建页面设置，单击"打印"面板中的"打印"按钮 🖶。

（10）打开"打印－模型"对话框，在"页面设置"选项组中的"名称"列表框中，选择"模型图纸"选项，如图 6-68 所示。

（11）单击"确定"按钮，打开"另存为"对话框，设置文件名和保存路径，单击"保存"按钮，开始打印，打印进度显示在打开的"打印作业进度"对话框中，如图 6-69 所示。

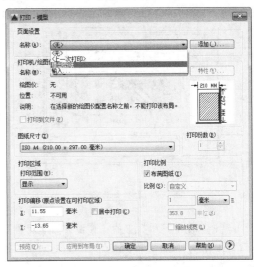

图6-68 选择"模型图纸"选项

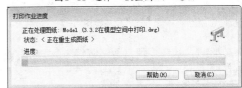

图6-69 "打印作业进度"对话框

6.3.3 ▶ 在布局空间中打印

布局空间（即图纸空间）是一种工具，用于设置在模型空间中绘制图形的不同视图，创建图形最终打印输出时的布局。布局空间可以完全模拟图纸布局，在图形输出之前，可以先在图纸上布置布局。

在布局中可以创建并放置视口对象，还可以添加标题栏或者其他对象。可以在图纸中创建多个布局以显示不同的视图，每个布局可以包含不同的打印比例和图纸尺寸。

操作实例 6-16：在图纸空间中打印图纸

（1）按 Ctrl＋O 快捷键，打开"第 6 章 \6.3.3 在布局空间中打印 .dwg"图形文件，如图 6-70 所示。

（2）在工作空间中单击"布局 1"选项卡，进入图纸空间，如图 6-71 所示。

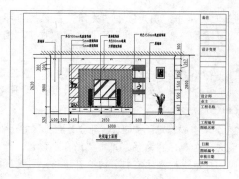

图6-70 打开图形文件

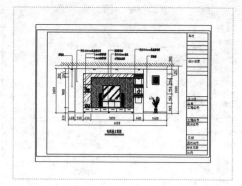

图6-71 进入图纸空间

（3）单击"打印"面板中的"页面设置管理器"按钮🖺，打开"页面设置管理器"对话框，单击"新建"按钮，如图6-72所示。

（4）打开"新建页面设置"对话框，修改"新页面设置名"为"布局图纸"，如图6-73所示。

图6-72 单击"新建"按钮　图6-73 修改名称

（5）单击"确定"按钮，打开"页面设置－布局1"对话框，在"打印范围"列表框中，选择"布局"选项，如图6-74所示。

（6）设置"打印机""打印样式表"和"图纸方向"参数，如图6-75所示。

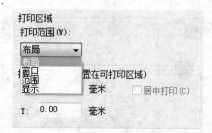

图6-74 选择"布局"选项

图6-75 修改其他参数

（7）依次单击"确定"和"关闭"按钮，即可创建页面设置，单击"打印"面板中的"打印"按钮🖨，打开"打印－布局1"对话框，在"页面设置"选项组中的"名称"列表框中，选择"布局图纸"选项，如图6-76所示。

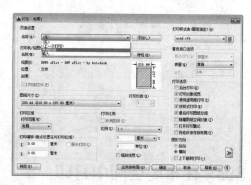

图6-76 选择"布局图纸"选项

（8）单击"确定"按钮，打开"另存为"对话框，设置文件名和保存路径，单击"保存"按钮，开始打印，打印进度显示在打开的"打印作业进度"对话框中。

第7章
室内常用图块绘制

本章讲解室内施工图中常见的指引符号、门窗图形和楼梯图形的绘制方法，包括标高、立面指向符、指北针、左单进户门、双扇进户门、门立面图、平开窗、直线楼梯等图形。通过这些图形的绘制练习，可以进一步掌握前面所学的 AutoCAD 绘图和编辑命令。

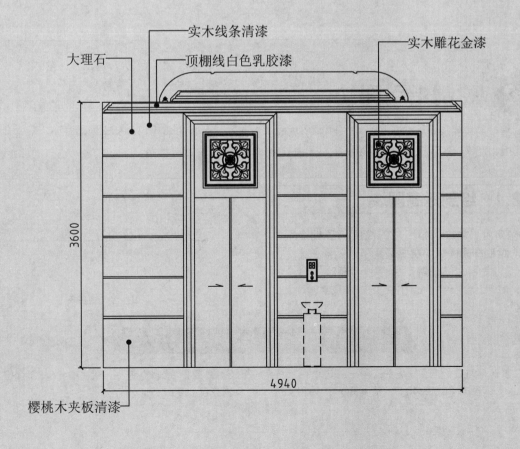

7.1 常用图块基础认识

在室内施工图中，除了有家具、电器、厨卫以及植物等配景图块外，还包含有指引图块、门窗图块和楼梯图块等，使用这些图块可以快速地修饰室内施工图，如图7-1所示。

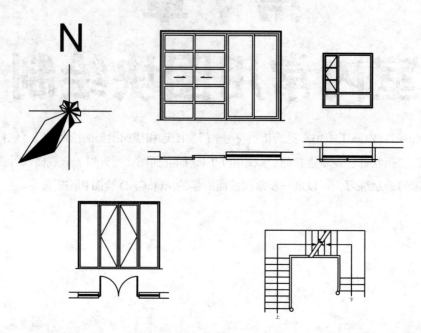

图7-1 常用图块

7.2 绘制指引图块

指引图块的作用主要是用来指示图形的高度、立面图等。常用的指引图块主要有标高、立面指向符以及指北针等。本节将详细介绍绘制指引图块的操作方法，以供读者掌握。

7.2.1 ▶ 绘制标高图块

标高用于地面装修完成的高度和顶棚造型的高度。绘制标高图块中主要运用了"矩形"命令、"直线"命令、"分解"命令、"删除"命令和"定义属性"命令等。如图7-2所示为标高图块。

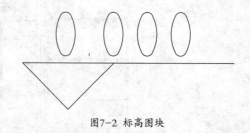

图7-2 标高图块

操作实例 7-1：绘制标高图块

（1）调用 REC "矩形" 命令，在绘图区中任意捕捉一点，输入（@80,-40），绘制矩形，如图 7-3 所示。

（2）调用 L "直线" 命令，依次捕捉端点和中点，绘制直线，如图 7-4 所示。

图7-3　绘制矩形

图7-4　绘制直线

图7-7　"属性定义"对话框

（3）调用 X"分解"命令，分解矩形；调用 E"删除"命令，删除多余的图形，如图 7-5 所示。

（4）调用 LEN"拉长"命令，修改增量值为 80，抬取最上方的水平直线，进行拉长操作，如图 7-6 所示。

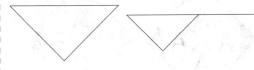

图7-5　删除图形　　　　图7-6　拉长图形

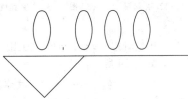

图7-8　创建属性

（5）调用 ATT"定义属性"命令，打开"属性定义"对话框，修改"标记"为"0.000"、"文字高度"为 30，如图 7-7 所示。

（6）单击"确定"按钮，在合适的位置单击鼠标，即可创建属性，如图 7-8 所示。

（7）调用 B"创建块"命令，打开"块定义"对话框，将其名称修改为"文字"，单击"对象"选项组下的"选择对象"按钮，在绘图区中选择文字对象，返回"块定义"对话框，单击"确定"按钮，打开"编辑属性"对话框，输入"0.000"文字，单击"确定"按钮，即可完成块定义。

7.2.2 ▶ 绘制立面指向符图块

立面指向符图块是室内施工图中一种特有的标识符号，主要用于立面图编号。绘制立面指向符图块中主要运用了"矩形"命令、"旋转"命令、"圆"命令、"直线"命令和"图案填充"命令等。如图7-9所示为立面指向符图块。

图7-9　立面指向符图块

操作实例 7-2：绘制立面指向符图块

（1）调用 REC"矩形"命令，在绘图区中任意捕捉一点，输入（@1296,-1296），绘制矩形，如图 7-10 所示。

（2）调用 RO"旋转"命令，将矩形旋转 45°，如图 7-11 所示。

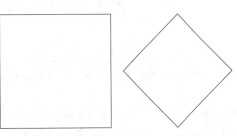

图7-10　绘制矩形　　　图7-11　旋转图形

（3）调用 C "圆" 命令，捕捉矩形的相互垂直轴线的交点为圆心，绘制一个半径为 648 的圆，如图 7-12 所示。

（4）调用 L "直线" 命令，绘制直线，如图 7-13 所示。

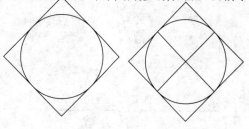

图7-12 绘制圆　　　　图7-13 绘制直线

（5）调用 H "图案填充" 命令，选择 "SOLID" 图案，填充图形，如图 7-14 所示。

（6）调用 MT "多行文字" 命令，修改 "文字高度" 为 300，创建文字 "A"，如图 7-15 所示。

（7）调用 CO "复制" 命令，复制文字，如图 7-16 所示。

（8）双击复制后的文字，修改相应的文字，如图 7-17 所示。

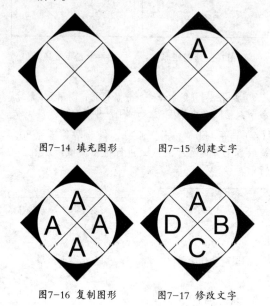

图7-14 填充图形　　　图7-15 创建文字

图7-16 复制图形　　　图7-17 修改文字

7.2.3 ▶ 绘制指北针图块

指北针是一种用于指示方向的工具，绘制指北针图块中主要运用了 "圆" 命令、"直线" 命令、"图案填充" 命令和 "多行文字" 命令等。如图 7-18 所示为指北针图块。

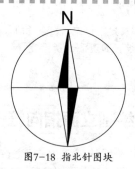

图7-18 指北针图块

操作实例 7-3：绘制指北针图块

（1）调用 C "圆" 命令，在绘图区中任意捕捉一点，绘制半径为 2248 的圆，如图 7-19 所示。

（2）调用 L "直线" 命令，依次捕捉圆象限点，连接直线，如图 7-20 所示。

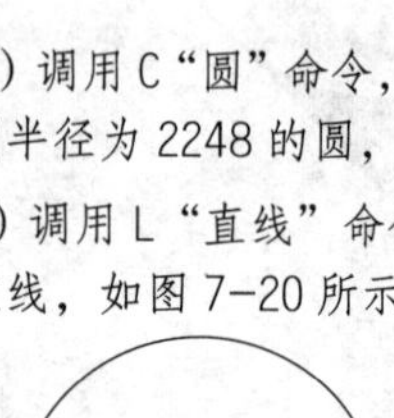

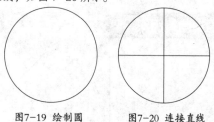

图7-19 绘制圆 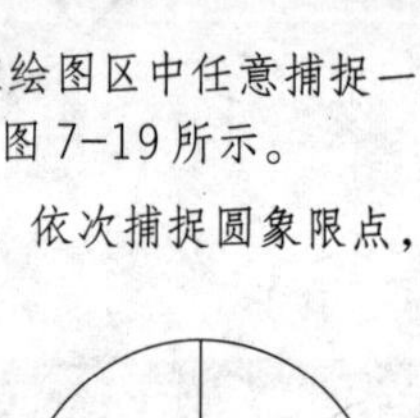　　　　图7-20 连接直线

（3）调用 L "直线" 命令，捕捉圆的上象限点，输入（@-394.1,-2248），绘制直线，如图 7-21 所示。

（4）调用 MI "镜像" 命令，镜像图形，如图 7-22 所示。

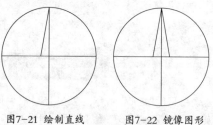

图7-21 绘制直线 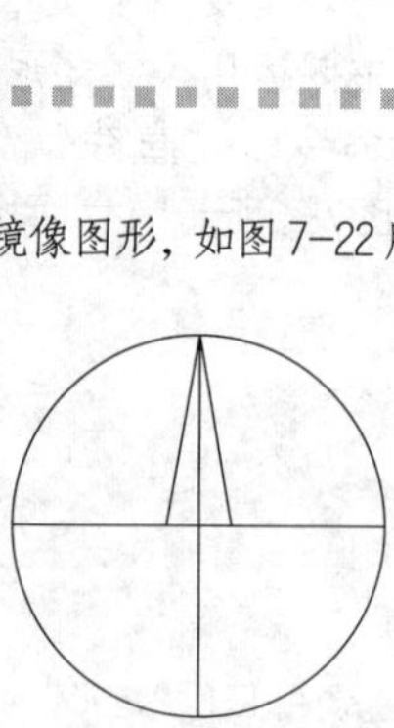　　　图7-22 镜像图形

（5）调用 MI "镜像" 命令，镜像图形，如图 7-23 所示。

（6）调用 H "图案填充" 命令，选择 "SOLID" 图案，填充图形，如图 7-24 所示。

图7-23 镜像图形

图7-24 填充图形

为500，创建文字"N"，如图7-25所示。

图7-25 创建文字

（7）调用MT"多行文字"命令，修改"文字高度"

7.3 绘制门窗图块

门窗图块的主要作用是用于表示室内施工图中的门窗图形。常用的门窗图块主要有单扇进户门、平开窗以及百叶窗等。本节将详细介绍绘制门窗图块的操作方法。

7.3.1 ▶ 绘制单扇进户门

绘制单扇进户门中主要运用了"直线"命令、"偏移"命令、"圆"命令和"修剪"命令等。如图7-26所示为单扇进户门。

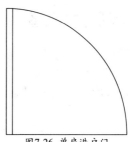

图7-26 单扇进户门

操作实例 7-4：绘制单扇进户门

（1）调用L"直线"命令，在绘图区中任意捕捉一点，输入（@0,-800）、（@800,0），绘制直线，如图7-27所示。

（2）调用O"偏移"命令，将垂直直线向右偏移40，如图7-28所示。

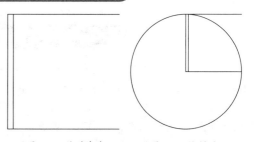

图7-29 偏移直线　　　图7-30 绘制圆

（5）调用TR"修剪"命令，修剪图形，如图7-31所示。

图7-27 绘制直线　　　图7-28 偏移直线

（3）调用O"偏移"命令，将水平直线向上偏移800，如图7-29所示。

（4）调用C"圆"命令，捕捉最左侧垂直直线的下端点为圆心，绘制一个半径为800的圆，如图7-30所示。

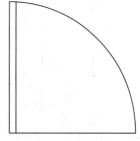

图7-31 修剪图形

7.3.2 ▶ 绘制双扇进户门

双扇进户门的制作主要是在绘制单扇进户门的基础上加上"镜像"命令制作而成。如图7-32所示为双扇进户门。

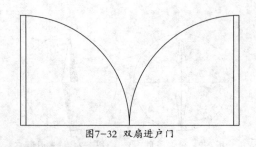

图7-32 双扇进户门

操作实例 7-5：绘制双扇进户门

（1）按 Ctrl＋O 快捷键，打开"第7章\7.3.2 绘制双扇进户门 .dwg"图形文件，如图7-33所示。

（2）调用 MI"镜像"命令，镜像所有图形，如图7-34所示。

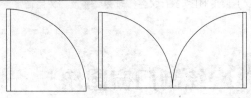

图7-33 打开图形文件　　图7-34 镜像图形

7.3.3 ▶ 绘制门立面图

绘制门立面图主要运用了"矩形"命令、"偏移"命令、"修剪"命令、"镜像"命令和"圆"命令等。如图7-35所示为门立面图。

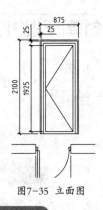

图7-35 立面图

操作实例 7-6：绘制门立面图

（1）调用 REC"矩形"命令，在绘图区中任意捕捉一点，输入（@875,-2100），绘制矩形，如图7-36所示。

（2）调用 X"分解"命令，分解矩形；调用 O"偏移"命令，将矩形上方的水平直线向下依次偏移25、50、50、1925，如图7-37所示。

（3）调用 O"偏移"命令，将矩形左侧的垂直直线向右依次偏移25、50、50、625、50、50，如图7-38所示。

（4）调用 TR"修剪"命令，修剪图形；调用 E"删除"命令，删除多余的图形，效果如图7-39所示。

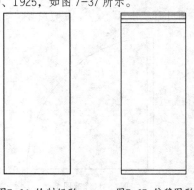

图7-36 绘制矩形　　图7-37 偏移图形

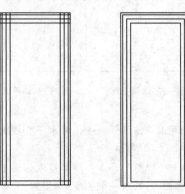

图7-38 偏移图形　　图7-39 修剪并删除图形

（5）调用 L "直线" 命令，依次捕捉小矩形的端点和中点，绘制直线，如图7-40所示。

（6）调用 L "直线" 命令，输入 FROM "捕捉自" 命令，捕捉图形的左下方端点，依次输入（@-648.5,-404.5）、（@548.5,0）、（@0,-200）和（@-548.5,0），绘制直线，如图7-41所示。

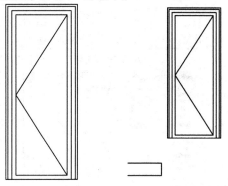

图7-40　绘制直线　　　　图7-41　绘制直线

（7）调用 L "直线" 命令，输入 FROM "捕捉自" 命令，捕捉新绘制图形的右上方端点，依次输入（@0,-60）、（@48,0）、（@0,-80），绘制直线，如图7-42所示。

（8）调用 O "偏移" 命令，将新绘制的水平直线向下依次偏移 40、40，如图7-43所示。

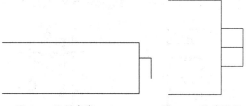

图7-42　绘制直线　　　　图7-43　偏移图形

（9）调用 O "偏移" 命令，将新绘制的右侧垂直直线向左依次偏移 8、32，如图7-44所示。

（10）调用 TR "修剪" 命令，修剪图形，如图7-45所示。

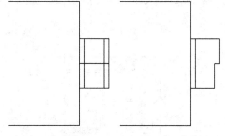

图7-44　偏移图形　　　　图7-45　修剪图形

（11）调用 L "直线" 命令，捕捉修剪后图形的右上方端点，输入（@704,0），绘制直线，效果如图7-46所示。

（12）调用 MI "镜像" 命令，镜像图形，效果如图7-47所示。

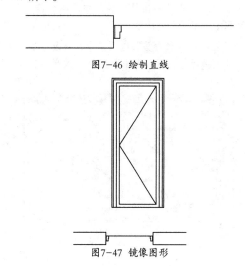

图7-46　绘制直线

图7-47　镜像图形

（13）调用 E "删除" 命令，删除水平直线，效果如图7-48所示。

（14）调用 REC "矩形" 命令，捕捉相应图形的右下方端点，输入（@46,-720），绘制矩形，如图7-49所示。

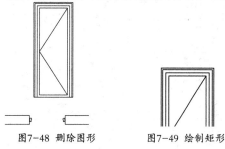

图7-48　删除图形　　　　图7-49　绘制矩形

（15）调用 C "圆" 命令，捕捉矩形右上方交点为圆心，绘制一个半径为720的圆，效果如图7-50所示。

（16）调用 TR "修剪" 命令，修剪图形；调用 E "删除" 命令，删除多余的图形，效果如图7-51所示。

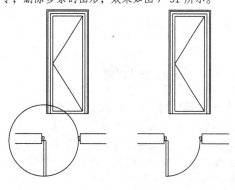

图7-50　绘制圆　　　　图7-51　修剪并删除图形

（17）调用 D"标注样式"命令，打开"标注样式管理器"对话框，选择"ISO-25"样式，单击"修改"按钮，打开"修改标注样式: ISO-25"对话框，在"线"选项卡中，修改"超出尺寸线"和"起点偏移量"均为 50，如图 7-52 所示。

（18）在"符号和箭头"选项卡中，修改"第一个"为"建筑标记""箭头大小"为 50，效果如图 7-53所示。

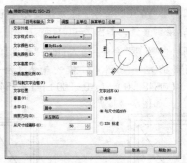
图7-54 修改文字

图7-55 修改主单位参数

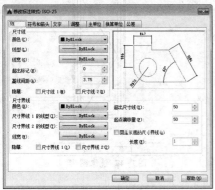
图7-52 修改线参数

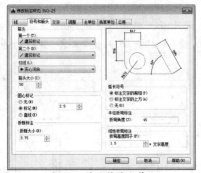
图7-53 修改符号和箭头

（19）在"文字"选项卡中，修改"文字高度"为150、"从尺寸线偏移"为50，如图 7-54 所示。

（20）在"主单位"选项卡中，修改"精度"为0，如图 7-55 所示，单击"确定"和"关闭"按钮，即可设置标注样式。

（21）将"标注"图层置为当前，调用 DIM"标注"命令，捕捉最上方水平直线的左右端点，标注线性尺寸，如图 7-56 所示。

（22）重复上述方法，标注其他线性尺寸，如图 7-57所示。

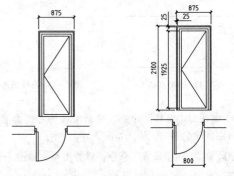
图7-56 标注线性尺寸　　图7-57 标注其他线性尺寸

7.3.4 ▶ 绘制平开窗

平开窗是目前比较流行的开窗方式，其优点是开启面积大，通风好，密封性好，隔音、保温、抗渗性能优良。绘制平开窗主要运用了"矩形"命令、"偏移"命令、"修剪"命令、"镜像"命令等。如图7-58所示为平开窗。

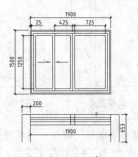
图7-58 平开窗

（1）调用 REC "矩形" 命令，任意捕捉一点，输入（@1900,-1500），绘制矩形，如图 7-59 所示。

（2）调用 O "偏移" 命令，将矩形向内偏移 25，如图 7-60 所示。

图7-59 绘制矩形　　　　图7-60 偏移图形

（3）调用 X "分解" 命令，分解所有矩形；调用 O "偏移" 命令，将内侧矩形上方的水平直线向下依次偏移 50、50、1250、50，如图 7-61 所示。

（4）调用 O "偏移" 命令，将内侧矩形左侧的垂直直线向右依次偏移 50、50、400、50、375、50、50、725、50，如图 7-62 所示。

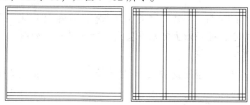

图7-61 偏移图形　　　　图7-62 偏移图形

（5）调用 TR "修剪" 命令，修剪图形；调用 E "删除" 命令，删除多余的图形，效果如图 7-63 所示。

（6）调用 L "直线" 命令，输入 FROM "捕捉自" 命令，捕捉左上方端点，依次输入（@174.2,-755）、（@293,0）、（@-73.7,16.6），绘制直线，如图 7-64 所示。

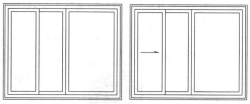

图7-63 修剪并删除图形　　　图7-64 绘制直线

（7）调用 L "直线" 命令，输入 FROM "捕捉自" 命令，捕捉新绘制直线的右上方端点，依次输入（@208.7,16.6）、（@-73.7,-16.6）、（@293,0），绘制直线，如图 7-65 所示。

（8）调用 L "直线" 命令，输入 FROM "捕捉自" 命令，

捕捉左下方端点，依次输入（@-201.4,-1129.2）、（@0,653）、（@200,0）和（@0,-653），绘制直线，如图 7-66 所示。

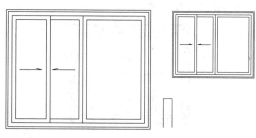

图7-65 绘制直线　　　　图7-66 绘制直线

（9）调用 L "直线" 命令，捕捉新绘制图形的右上方端点，输入（@1900,0），绘制直线，如图 7-67 所示。

（10）调用 O "偏移" 命令，将新绘制的直线向下依次偏移 75、50、50、75，如图 7-68 所示。

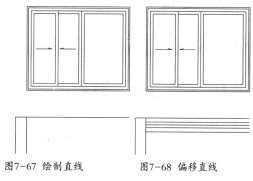

图7-67 绘制直线　　　　图7-68 偏移直线

（11）调用 MI "镜像" 命令，镜像图形，如图 7-69 所示。

（12）调用 O "偏移" 命令，将左侧第 2 条垂直直线向右偏移 951、100，如图 7-70 所示。

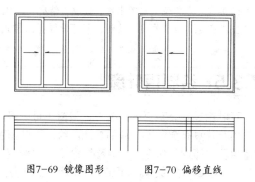

图7-69 镜像图形　　　　图7-70 偏移直线

（13）调用 TR "修剪" 命令，修剪图形，如图 7-71 所示。

（14）调用 D "标注样式"命令，将打开"标注样式管理器"对话框，选择"ISO-25"样式，单击"修改"按钮，打开"修改标注样式：ISO-25"对话框，在"线"选项卡中，修改"超出尺寸线"和"起点偏移量"均为 40，如图 7-72 所示。

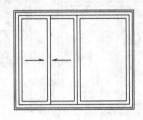

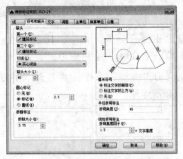

图7-73 修改符号和箭头

图7-71 修剪图形

图7-74 修改文字

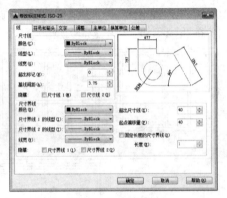

图7-72 修改线参数

（18）将"标注"图层置为当前，调用 DIM "标注"命令，捕捉最上方水平直线，标注尺寸，如图 7-75 所示。

（19）重复上述方法，标注其他线性尺寸，如图 7-76 所示。

（15）在"符号和箭头"选项卡中，修改"第一个"为"建筑标记"、"箭头大小"为 40，如图 7-73 所示。

（16）在"文字"选项卡中，修改"文字高度"为120、"从尺寸线偏移"为 30，如图 7-74 所示。

（17）在"主单位"选项卡中，修改"精度"为 0，单击"确定"和"关闭"按钮，即可设置标注样式。

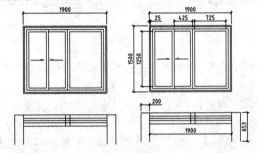

图7-75 标注线性尺寸　　图7-76 标注其他线性尺寸

7.3.5▶ 绘制百叶窗

百叶窗是安装有百叶的窗户，该窗子可以灵活调节的叶片具有窗帘所欠缺的功能。绘制百叶窗主要运用了"矩形"命令、"偏移"命令、"修剪"命令、"镜像"命令等。如图 7-77 所示为百叶窗。

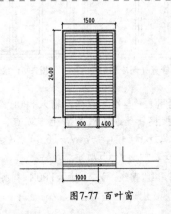

图7-77 百叶窗

操作实例 7-8：绘制百叶窗

（1）调用 REC "矩形" 命令，任意捕捉一点，输入（@1500,-2400），绘制矩形，如图7-78 所示。

（2）调用 O "偏移" 命令，将矩形向内偏移25，如图7-79 所示。

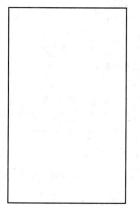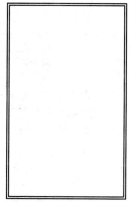

图7-78 绘制矩形　　　　图7-79 偏移图形

（3）调用 X "分解" 命令，分解所有矩形；调用 O "偏移" 命令，将内侧矩形的右侧垂直直线向左偏移475，如图 7-80 所示。

（4）调用 REC "矩形" 命令，输入 FROM "捕捉自" 命令，捕捉图形的左上方端点，输入（@75,-75）、（@900,-2250），绘制矩形，如图 7-81 所示。

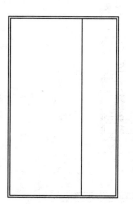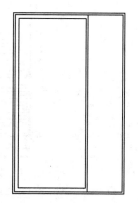

图7-80 偏移图形　　　　图7-81 绘制矩形

（5）调用 REC "矩形" 命令，输入 FROM "捕捉自" 命令，捕捉图形的右上方端点，输入（@-75,-75）、（@-400,-2250），绘制矩形，如图7-82 所示。

（6）调用 X "分解" 命令，分解所有矩形；调用 O "偏移" 命令，将分解后矩形上方的水平直线向下偏移27次，偏移距离均为80，如图7-83 所示。

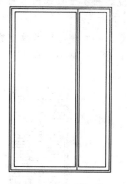

图7-82 绘制矩形　　　　图7-83 偏移图形

（7）调用 L "直线" 命令，输入 FROM "捕捉自" 命令，捕捉图形的左下方端点，输入（@0,-803）、（@0,-605.5）、（@-1210,0），绘制直线，如图7-84 所示。

（8）调用 O "偏移" 命令，将新绘制的垂直直线向左偏移200、水平直线向上偏移200，如图7-85 所示。

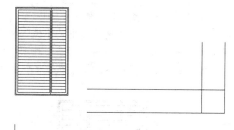

图7-84 绘制直线　　　　图7-85 偏移图形

（9）调用 TR "修剪" 命令，修剪图形，如图7-86 所示。

（10）调用 L "直线" 命令，捕捉图形的右下方端点，输入（@1500,0），绘制直线，如图7-87 所示。

图7-86 修剪图形　　　　图7-87 绘制直线

（11）调用 O "偏移"命令，将水平直线向上偏移 75、50、75，如图 7-88 所示。

（12）调用 O "偏移"命令，将左侧相应的垂直直线向右偏移 1000 和 80；调用 TR "修剪"命令，修剪图形，如图 7-89 所示。

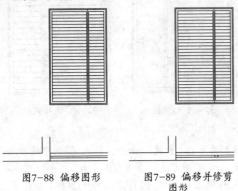

图7-88 偏移图形　　图7-89 偏移并修剪图形

（13）调用 MI "镜像"命令，镜像图形，如图 7-90 所示。

（14）调用 D "标注样式"命令，将打开"标注样式管理器"对话框，选择"ISO-25"样式，单击"修改"按钮，打开"修改标注样式：ISO-25"对话框，在"线"选项卡中，修改"超出尺寸线"和"起点偏移量"均为 40，在"符号和箭头"选项卡中，修改"第一个"为"建筑标记""箭头大小"为 40，如图 7-91 所示。

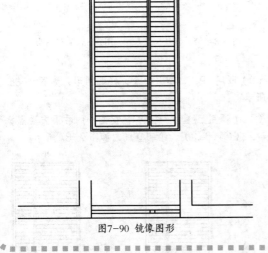

图7-90 镜像图形

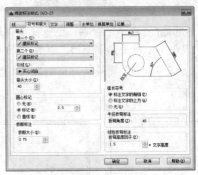

图7-91 修改符号和箭头

（15）在"文字"选项卡中，修改"文字高度"为 150、"从尺寸线偏移"为 30，如图 7-92 所示，在"主单位"选项卡中，修改"精度"为 0，单击"确定"和"关闭"按钮，即可设置标注样式。

（16）将"标注"图层置为当前，调用 DIM "标注"命令，标注图形中的线性尺寸，如图 7-93 所示。

图7-92 修改参数

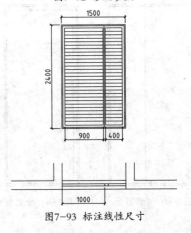

图7-93 标注线性尺寸

7.4 绘制楼梯图块

　　楼梯图块的主要作用是表示室内施工图中的楼梯图形。常用的楼梯图块中包含直线楼梯和电梯立面等。本节将详细介绍绘制楼梯图块的操作方法。

7.4.1 ▶ 绘制直线楼梯

绘制直线楼梯中主要运用了"直线"命令、"偏移"命令、"矩形"命令、"复制"命令和"修剪"命令等。如图7-94所示为直线楼梯。

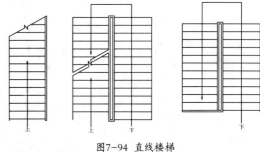

图7-94　直线楼梯

操作实例 7-9：绘制一层楼梯

（1）调用 REC "矩形"命令，在绘图区中任意捕捉一点，输入（@60,-3992），绘制矩形，如图7-95所示。

（2）调用 X "分解"命令，分解矩形，调用 O "偏移"命令，将矩形左侧的垂直直线向左偏移1400，如图7-96所示。

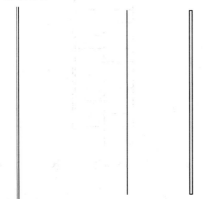

图7-95　绘制矩形　　　图7-96　偏移图形

（3）调用 L "直线"命令，输入 FROM "捕捉自"命令，捕捉左下方端点，输入（@0,60）、（@1400,0），绘制直线，如图7-97所示。

（4）调用 O "偏移"命令，将水平直线向上偏移12次，偏移距离均为300，如图7-98所示。

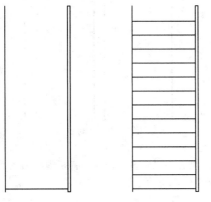

图7-97　绘制直线　　　图7-98　偏移图形

（5）调用 L "直线"命令，输入 FROM "捕捉自"命令，捕捉右上方端点，依次输入（@40,21.5）、（@-793.3,-426.9）、（@16.9,-110.1）、（@-132.1,167.4）、（@16.1,-110.6）和（@-661.7,-356.1），绘制直线，如图7-99所示。

（6）调用 TR "修剪"命令，修剪图形；调用 E "删除"命令，删除多余图形，如图7-100所示。

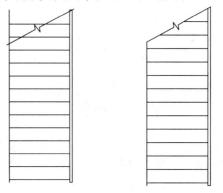

图7-99　绘制直线　　　图7-100　修剪并删除图形

（7）调用 MLEADERSTYLE "多重引线样式"命令，打开"多重引线样式管理器"对话框，选择"Standard"样式，单击"修改"按钮，如图7-101所示。

（8）打开"修改多重引线样式：Standard"对话框，在"引线格式"选项卡中，修改"符号"为"实心闭合""大小"为100，如图7-102所示。

图7-101　单击"修改"按钮

图7-102 修改引线格式

（9）单击"内容"选项卡，修改"文字高度"为150，点选"垂直连接"单选钮，如图7-103所示。

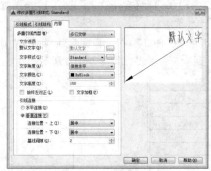

图7-103 修改内容参数

（10）单击"引线结构"选项卡，修改"最大引线点数"为4，如图7-104所示，单击"确定"和"关

闭"按钮，即可设置多重引线样式。

（11）调用MLEADER"多重引线"命令，在图中的相应位置，标注多重引线，如图7-105所示。

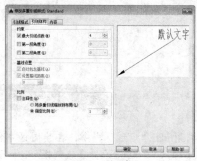

图7-104 修改参数

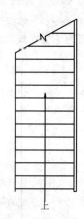

图7-105 标注多重引线

操作实例 7-10：绘制二层楼梯

（1）调用O"偏移"命令，将新绘制一层楼梯右侧的垂直直线向右依次偏移1015和3070，如图7-106所示。

（2）调用REC"矩形"命令，输入FROM"捕捉自"命令，捕捉偏移后左侧垂直直线的上方端点，输入（@1400,0）、（@220,-4020），绘制矩形，如图7-107所示。

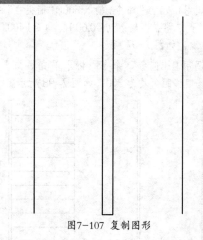

图7-107 复制图形

（3）调用O"偏移"命令，将矩形向内偏移60，如图7-108所示。

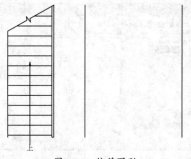

图7-106 偏移图形

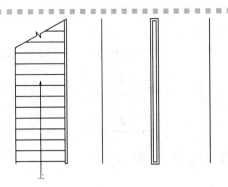

图7-108 偏移图形

（4）调用 L "直线"命令，输入 FROM "捕捉自"命令，捕捉二层楼梯的左上方端点，输入（@0,-60）、（@3070,0），绘制直线，如图7-109所示。

（5）调用 O "偏移"命令，将直线向下偏移13次，偏移距离均为300，如图 7-110 所示。

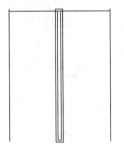

图7-109 绘制直线　　图7-110 偏移图形

（6）调用 TR "修剪"命令，修剪图形，如图7-111所示。

（7）调用 L "直线"命令，输入 FROM "捕捉自"命令，捕捉修剪后图形的左上方端点，输入（@1400,-1227.2）、（@-714.6,-384.5）、（@33.8,-220.3）、（@-132.1,167.4）、（@32.2,-221.4）和（@-619.3,-334.6），绘制直线，如图7-112所示。

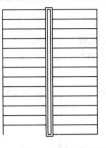 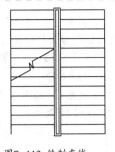

图7-111 修剪图形　　图7-112 绘制直线

（8）调用 CO "复制"命令，复制图形，如图 7-113 所示。

（9）调用 TR "修剪"命令，修剪图形，如图 7-114 所示。

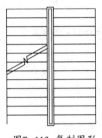 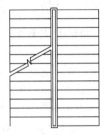

图7-113 复制图形　　图7-114 修剪图形

（10）调用 MLEADER "多重引线"命令，在图中的相应位置，标注多重引线，如图 7-115 所示。

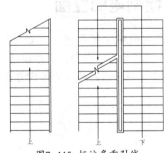

图7-115 标注多重引线

操作实例 7-11：绘制三层楼梯

（1）调用 O "偏移"命令，将新绘制二层楼梯右侧的垂直直线向右依次偏移1179和3070，如图7-116 所示。

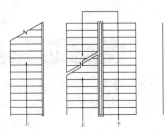

图7-116 偏移图形

（2）调用 REC "矩形" 命令，输入 FROM "捕捉自" 命令，捕捉偏移后左侧垂直直线的上方端点，输入（@1400,-180）、（@220,-3420），绘制矩形，如图 7-117 所示。

（3）调用 O "偏移" 命令，将矩形向内偏移 60，如图 7-118 所示。

水平直线向下偏移 60，如图 7-120 所示。

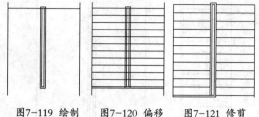

图7-119　绘制　　图7-120　偏移　　图7-121　修剪
　　　直线　　　　　图形　　　　　　图形

（6）调用 TR "修剪" 命令，修剪图形，如图 7-121 所示。

（7）调用 MLEADER "多重引线" 命令，在图中的相应位置，标注多重引线，如图 7-122 所示。

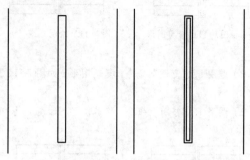

图7-117　绘制矩形　　　图7-118　偏移图形

（4）调用 L "直线" 命令，输入 FROM "捕捉自" 命令，捕捉左上方端点，输入（@0,-240）、（@3070,0），绘制直线，如图 7-119 所示。

（5）调用 O "偏移" 命令，将新绘制的直线向下偏移 11 次，偏移距离均为 300，将偏移后最下方的

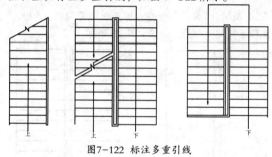

图7-122　标注多重引线

7.4.2 ▶ 绘制电梯立面

绘制电梯立面中主要运用了 "矩形" 命令、"分解" 命令、"偏移" 命令、"多段线" 命令和 "复制" 命令等。图7-123所示为电梯立面。

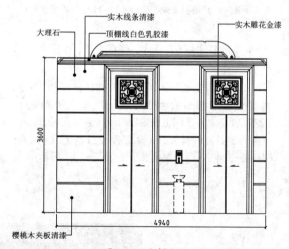

图7-123　电梯立面

操作实例 7-12：绘制电梯立面

（1）调用 REC "矩形" 命令，在绘图区中任意捕捉一点，输入（@4940,-3600），绘制矩形，如图 7-124 所示。

（2）调用 X "分解" 命令，分解矩形；调用 O "偏移"

命令，将矩形上方的水平直线向下依次偏移 15、57、33、34.5、10.5、565、20、530、20、530、20、530、20、515、31、4，如图 7-125 所示。

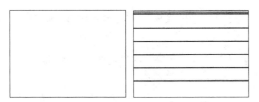

图7-124 绘制矩形　　　图7-125 偏移图形

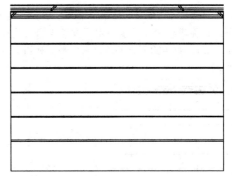

图7-129 镜像图形

（3）调用 PL "多段线" 命令，输入 FROM "捕捉自" 命令，捕捉图形的左上方端点，依次输入（@105,0）、（@45,0）、（@0,-15）、（@-7.5,0）、A、S、（@-12,-5）、（@-6,-11.5）、S、（@-5.8,-11.8）、（@-12.2,-4.7）、S、（@-16.5,-7.5）、（@-7.5,-16.5）、L、（@-10.5,0）、（@0,-7.5）、A、S、（@-12.4,-19.3）、（@-22,-6.2）、L、（@0,-9）、A、S、（@-11.8,-6.3）、（@-5.3,-12.3）、S、（@-1.9,-5）、（@-4.9,-1.9）、L、（@0,-10.5）、（@-13.5,0）、（@0,45）、（@105,105），绘制多段线，如图 7-126 所示。

（4）调用 O "偏移" 命令，将矩形上方的水平直线向上依次偏移 10.5、34.5、33、57、15，如图 7-127 所示。

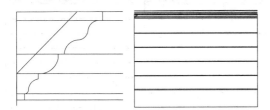

图7-126 绘制多段线　　　图7-127 偏移图形

（5）调用 CO "复制" 命令，选择多段线为复制对象，捕捉左上方端点为基点，输入（@930,150），复制图形，如图 7-128 所示。

（6）调用 MI "镜像" 命令，镜像图形，如图 7-129 所示。

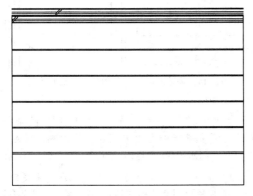

图7-128 绘制多段线

（7）绘制电梯立面轮廓。调用 TR "修剪" 命令，修剪图形，如图 7-130 所示。

（8）调用 PL "多段线" 命令，输入 FROM "捕捉自" 命令，捕捉图形的左上方端点，依次输入（@780,0）、（@0,50）A、S、（@191.7,258.3）、（@308.3,91.7）、L、（@202.8,0）、（@0,-17.9）、（@6,0）、（@0,-2.1）、（@15.9,0）、（@0,2.1）、A、S、（@6.8,1.1）、（@5.9,3.6）、S、（@7.1,4.6）、（@8.2,2.1）、L、（@0,6.5）、（@1904.3,0），绘制多段线，如图 7-131 所示。

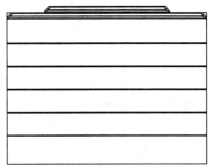

图7-130 修剪图形

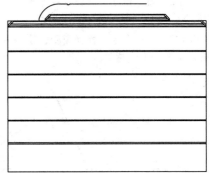

图7-131 绘制多段线

（9）调用 X "分解" 命令，分解多段线；调用 MI "镜像" 命令，镜像图形；调用 PE "编辑多段线" 命令，合并多段线，如图 7-132 所示。

（10）调用 REC"矩形"命令，输入 FROM"捕捉自"命令，捕捉新绘制多段线的左下方端点，依次输入（@44.7,0）、（@60,22.5），绘制矩形，如图 7-133 所示。

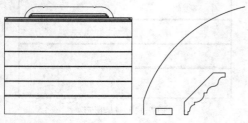

图7-132 镜像图形　　图7-133 绘制矩形

（11）调用 L"直线"命令，输入 FROM"捕捉自"命令，捕捉矩形的左上方端点，，依次输入（@11.3,0）、（@0,22.8），绘制直线，如图 7-134 所示。

（12）调用 O"偏移"命令，将新绘制的直线向右偏移 39，如图 7-135 所示。

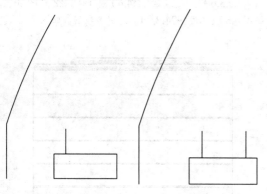

图7-134 绘制直线　　图7-135 偏移图形

（13）调用 C"圆"命令，捕捉直线的端点，通过两点绘制圆，如图 7-136 所示。

（14）调用 C"圆"命令，捕捉圆心，绘制半径为 16 的圆，如图 7-137 所示。

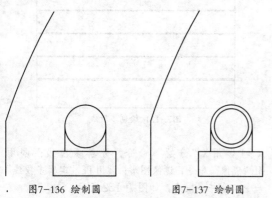

图7-136 绘制圆　　图7-137 绘制圆

（15）调用 TR"修剪"命令，修剪图形，如图 7-138 所示。

（16）调用 L"直线"命令，绘制两条相互垂直的直线，如图 7-139 所示。

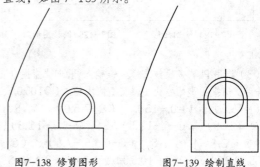

图7-138 修剪图形　　图7-139 绘制直线

（17）调用 MI"镜像"命令，镜像图形，如图 7-140 所示。

（18）调用 PL"多段线"命令，输入 FROM"捕捉自"命令，捕捉图形的左下方端点，依次输入（@1100,0）、（@0,3450）、（@1290,0）、（@0,-3450），绘制多段线，如图 7-141 所示。

图7-140 镜像图形　　图7-141 绘制多段线

（19）调用 O"偏移"命令，将多段线依次向内偏移 40、60、50，如图 7-142 所示。

（20）调用 L"直线"命令，依次捕捉端点，连接直线，如图 7-143 所示。

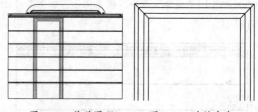

图7-142 偏移图形　　图7-143 连接直线

（21）调用 L"直线"命令，输入 FROM"捕捉自"命令，捕捉内侧多段线的左上方端点，依次输入（@0,-1000）、（@990,0），绘制直线，如图 7-144 所示。

（22）调用 L"直线"命令，输入 FROM"捕捉自"命令，捕捉新绘制直线的左端点，依次输入（@505,0）、

（@0，-2300），绘制直线，如图 7-145 所示。

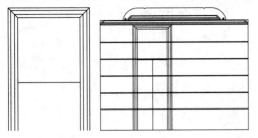

图7-144 绘制直线　　图7-145 绘制直线

（23）调用 O"偏移"命令，将新绘制的直线向左偏移 20，如图 7-146 所示。

（24）调用 L"直线"命令，输入 FROM"捕捉自"命令，捕捉内侧多段线的左下方端点，依次输入（@190，1100）、（@200，0）、（@-96.6，25.9），绘制直线，如图 7-147 所示。

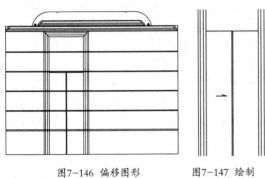

图7-146 偏移图形　　图7-147 绘制
直线

（25）调用 MI"镜像"命令，镜像直线，如图 7-148 所示。

（26）调用 CO"复制"命令，捕捉选择图形的左下方端点，输入（@2250，0），复制图形，如图 7-149 所示。

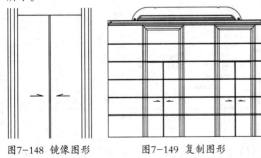

图7-148 镜像图形　　图7-149 复制图形

（27）调用 I"插入"命令，打开"插入"对话框，单击"浏览"按钮，如图 7-150 所示。

（28）打开"选择图形文件"对话框，选择"电梯

装饰"图形文件，如图 7-151 所示。

图7-150 单击"浏览"按钮

图7-151 选择"电梯装饰"图形文件

（29）依次单击"打开"和"确定"按钮，在绘图区单击鼠标，即可插入图块；调用 M"移动"命令，调整图块位置，如图 7-152 所示。

（30）调用 TR"修剪"命令，修剪图形；调用 E"删除"命令，删除多余的图形，效果如图 7-153 所示。

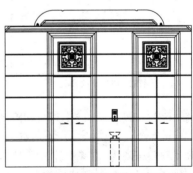

图7-152 插入图块效果

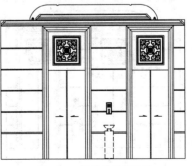

图7-153 修剪并删除图形

（31）调用 D "标注样式" 命令，将打开 "标注样式管理器" 对话框，选择 "ISO-25" 样式，单击 "修改" 按钮，打开 "修改标注样式：ISO-25" 对话框，在 "线" 选项卡中，修改 "超出尺寸界限" 和 "起点偏移量" 均为 40，在 "符号和箭头" 选项卡中，修改 "第一个" 为 "建筑标记"，"箭头大小" 为 40，如图 7-154 所示。

（32）在 "文字" 选项卡中，修改 "文字高度" 为 150、"从尺寸线偏移" 为 30，如图 7-155 所示，在 "主单位" 选项卡中，修改 "精度" 为 0，单击 "确定" 和 "关闭" 按钮，即可设置标注样式。

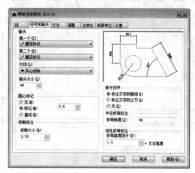

图7-154 修改参数

图7-155 修改参数

（33）将 "标注" 图层置为当前，调用 DIM "标注" 命令，标注图中的尺寸，如图 7-156 所示。

（34）调用 MLEADERSTYLE "多重引线样式" 命令，打开 "多重引线样式管理器" 对话框，选择 "Standard" 样式，单击 "修改" 按钮，如图 7-157 所示。

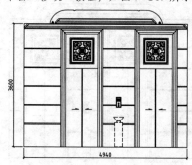

图7-156 标注线性尺寸

图7-157 单击 "修改" 按钮

（35）打开 "修改多重引线样式：Standard" 对话框，在 "引线格式" 选项卡中，修改 "符号" 为 "点"、"大小" 为 60，如图 7-158 所示。

（36）单击 "内容" 选项卡，修改 "文字高度" 为 130，如图 7-159 所示，单击 "确定" 和 "关闭" 按钮，即可设置多重引线样式。

图7-158 修改参数

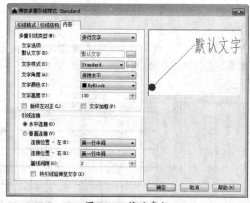

图7-159 修改参数

（37）调用 MLEADER "多重引线" 命令，在图中的相应位置，标注多重引线尺寸，如图 7-160 所示。

（38）重复上述方法，标注其他的多重引线尺寸，如图 7-161 所示。

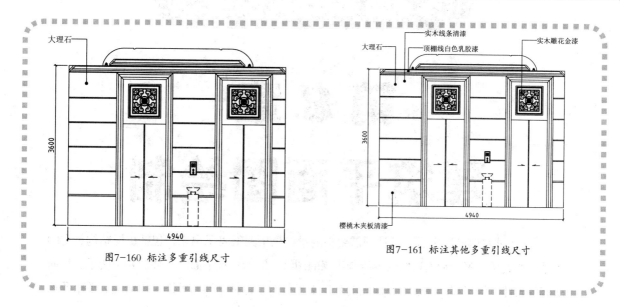

图7-160　标注多重引线尺寸　　　　图7-161　标注其他多重引线尺寸

第8章
建筑平面图绘制

在经过实地量房之后，设计师需要将测量结果用图纸表示出来，包括房屋结构、空间关系、相关尺寸等，利用这些内容绘制出来的图纸，即为建筑平面图，如图8-1所示。后面所有的设计、施工都是在建筑平面图的基础上进行的，包括平面布置图、地面铺装图以及顶棚平面图等。本章将详细介绍建筑平面图的绘制方法。

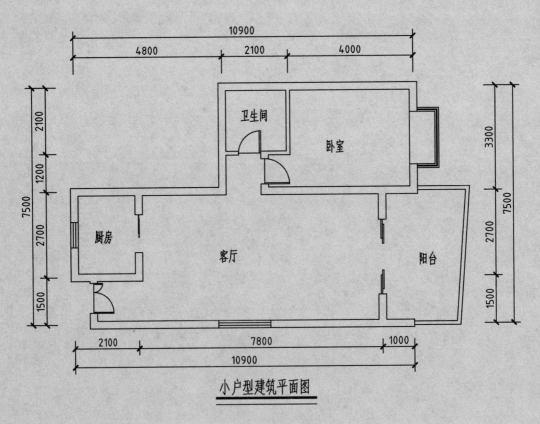

小户型建筑平面图

图8-1 建筑平面图

建筑平面图基础认识

建筑平面图是室内施工图的基础，在绘制建筑平面图之前，首先需要对建筑平面图有个基础的认识，了解建筑平面图的形成以及画法等。

8.1.1 ▸ 建筑平面图的形成

建筑平面图是室内施工图的基本样图，它是假想用一个水平面沿建筑物窗台上位置进行水平剖切，再利用正投影的原理得到的图形，在剖切图形时，只剖切建筑物墙体、柱体部分，而不剖切家具、家电、陈设等物品，且需要完整画出其顶面的正投影。

8.1.2 ▸ 建筑平面图的内容

建筑平面图中包含有以下内容。

⊕ 定位轴线、墙体以及组成房间的名称和尺寸。
⊕ 门窗位置、楼梯位置以及阳台位置。

8.1.3 ▸ 建筑平面图的画法

下面将介绍建筑平面图的绘制方法。
⊕ 绘制定位轴线和墙体对象。
⊕ 绘制门窗洞口。
⊕ 绘制门窗、阳台图形
⊕ 在建筑平面图中添加尺寸标注和图名。

8.2 绘制小户型建筑平面图

绘制小户型建筑平面图中主要运用了"直线"命令、"偏移"命令、"多线"命令、"圆"命令和"矩形"命令等。如图8-1所示为小户型建筑平面图。

8.2.1 ▸ 小户型概念

所谓小户型其实是一个模糊的概念，它的面积标准通常也是不同的：北京 30～50m²；上海 60～70m²；福州 60m² 左右；广州 50～60m²；境外例如日本的东京、香港的中环，面积多在40平方米左右。而在重庆，在1997年以前有小户型的，直辖市是个分水岭，使重庆由普通的大城市变为了包容开放的现代化大都市。对于小户型的面积没有一个明确的鉴定标准，简单一句话，小户型就是浓缩版的大户型。

小户型具有以下4个优点：

⊕ 配套完善："服务于都市白领"的市场定位，决定了小户型较集中的项目大都毗邻商务中心区，这是因为现代年轻人在高负荷的工作之余，对住宅的要求首先是便捷性，其中包括交通的便捷，商业的便捷，以及休闲的便捷，简而言之，就是工作与生活的切换要迅速。

⊕ 成本低廉：现代小家庭对于住宅的要求是，不仅要买得起，还要住得起。这其中既包含了前

期购房费用，如购房款、契税，维修基金等，也包含了后期居住的运行费用，如采暖费、物业费等。这些费用主要都是依据建筑面积来核算，因此，选择小户型会使前后期居住费用降低

⊕ 空间浓缩：简洁舒适、经济实用是现代都市年轻人对私人生活空间的理解，这中间包括了经济薄弱、家庭成员简单、日常很多活动在公共空间完成等诸多缘由，因而对空间功能要求可以不那么齐全。某种意义上说，小户型只要设计合理，面积缩小但功能不减，仍然可以烘托出高质量的生活氛围。

⊕ 进退自如：小户型总价相对较低，同时又属于过渡型产品，在居住上可进可退。像住了一段时间的一居室，待经济上允许，可换个大一些的二居或三居，将现有的一居投入租赁市场，利用租金还贷。相对大户型而言，精巧的一、二、三居小户型的单位面积投资回报要高一些，如果直接进入二手房交易市场，相比大户型来说，低总价也容易成交。

8.2.2 ▶ 了解小户型空间设计

刚成家的年轻人的房型多以小户型为主，如何巧妙地在有限的空间中创造最大的使用空间，一直是人们追求的设计理念。下面将介绍几种节省空间的妙招。

1. 卧室转角做妆台

有些房型的设计不像以前那么方正，屋子中会出现不规则的转角。这部分不规则的空间十分令人头痛：摆放家具总是不适合，放任不管又浪费空间。很多人在装修时处理这种不规则空间往往都打一个衣柜了事。

但是如果卧室的转角处有窗户，不能用衣柜封起来，又要保证采光和保证空间利用的最大化，在这不规则之处因势巧妙地造了一个梳妆台。在以黑白为主色调的素雅卧室里，配上这处别具匠心的梳妆台，更加彰显主人的个性风范。而且梳妆台临窗而建，在光线充足的环境描眉打扮，除了美观之外也具有很强的实用性，如图8-2所示。

2. 书房书桌贴墙造

书房是体现主人文化品位的地方。但是对于一些小户型来说，书房往往是和卧室结合在一起的，而且空间有限，很难体现文化设计的理念。但是，书房也有造型和节省空间兼顾的一箭双雕之法。在书房用木板装饰的同时依势打出一个书桌，墙面装饰与书桌连成一体，在美化设计的基础上更加节省了空间。

在这种以木质感觉为装修主线的风格中，木板的大量运用营造出一种温馨的氛围，而书桌与墙面装饰的巧妙结合更进一步体现了这种风韵。书桌之上墙面的两层隔板不但可以摆放各种装饰物品，还可以放书和其他物品，美观之余，巧妙地利用了空间。

3. 客厅背景墙打柜加隔板

对于一般人来说，客厅的背景墙起到的仅仅是一个装饰的作用。所以许多人在装修的过程中都会为背景墙的设计煞费苦心。但是如何让过多强调装饰作用的背景墙具有一定的实用性呢？不妨试试在背景墙上打几个柜子和隔板，这些墙上的额外装饰不但更加美化了客厅，提升主人的品位，更可以在柜子和隔板中放置各种物品，起到实用的储藏收纳作用，巧妙地利用现有空间。

4. 餐厅客厅沙发相连

餐厅部分的沙发连接餐桌，桌对面再摆放两个椅子就正好组成了一个完整的就餐区域。这一天马行空的设计理念虽然应用的可能性不高，但是这种妙用空间的理念却可以给我们提供更多的灵感，效果如图8-3所示。

图8-2 卧室转角做梳妆台效果

图8-3 餐厅客厅沙发相连效果

8.2.3 ▶ 绘制墙体

绘制墙体主要运用了"直线"命令、"偏移"命令、"多线"命令、"分解"命令和"修剪"命令。

操作实例 8-1：绘制墙体

（1）将"轴线"图层置为当前，调用 L "直线"命令，绘制一条长为 10900 的水平直线。

（2）调用 L "直线"命令，捕捉水平直线的左端点，绘制一条长为 7500 的垂直直线，如图 8-4 所示。

（3）调用 O "偏移"命令，将垂直直线向右依次偏移 600、1500、2700、1340、760、3000、1000，如图 8-5 所示。

图8-4 绘制直线　　　　图8-5 偏移直线

（4）调用 O "偏移"命令，将水平直线向上依次偏移1500、2700、1200、2100，效果如图 8-6 所示。

（5）将"墙体"图层置为当前，调用 ML "多线"命令，修改比例为 240、对正为"无"，在绘图区中捕捉最下方水平轴线的相应端点，绘制多线，如图 8-7 所示。

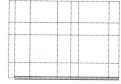

图8-6 偏移直线　　　　图8-7 绘制多线

（6）重复上述方法，依次捕捉其他的端点，绘制多线，如图 8-8 所示。

（7）调用 ML "多线"命令，修改比例为 120、对正为"无"，在绘图区中捕捉相应端点，绘制多线，如图 8-9 所示。

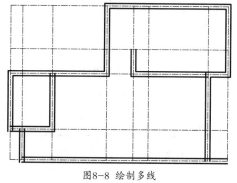

图8-8 绘制多线

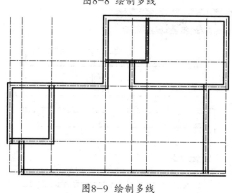

图8-9 绘制多线

（8）调用 L "直线"命令，捕捉最下方水平多线右侧上下端点，连接直线，封闭墙体，如图 8-10 所示。

（9）调用 X "分解"命令，分解所有的多线图形；调用 LAYOFF "关闭图层"命令，关闭"轴线"图层，如图 8-11 所示。

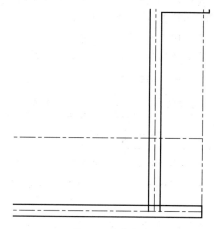

图8-10 连接直线

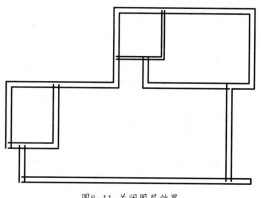

图8-11 关闭图层效果

（10）调用 TR "修剪"命令，修剪图形，效果如图8-12 所示。

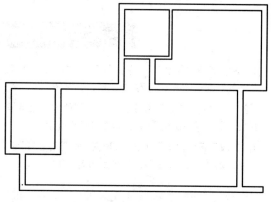

图8-12 延伸并修剪图形

8.2.4 ▶ 绘制门洞

绘制门洞主要运用了"偏移"命令、"修剪"命令和"删除"命令等。

操作实例 8-2：绘制门洞

（1）调用 O"偏移"命令，将最下方的水平直线向上偏移 501 和 940，如图 8-13 所示。

（2）调用 TR"修剪"命令，修剪图形，即可得到一个门洞，如图 8-14 所示。

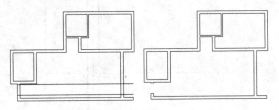

图8-13 偏移直线　　　图8-14 修剪直线

（3）调用 O"偏移"命令，将最上方的水平直线向下依次偏移 2401、800、940、200、1000、1360，效果如图 8-15 所示。

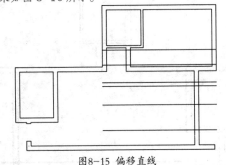

图8-15 偏移直线

（4）调用 O"偏移"命令，将右上方的垂直直线向左依次偏移 5000、700，如图 8-16 所示。

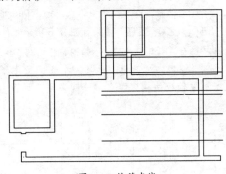

图8-16 偏移直线

（5）调用 TR"修剪"命令，修剪图形；调用 E"删除"命令，删除多余的图形，效果如图 8-17 所示。

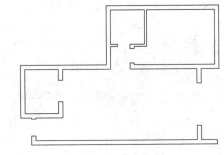

图8-17 修改图形

8.2.5 ▶ 绘制窗洞

绘制窗洞主要运用了"偏移"命令、"修剪"命令和"删除"命令等。

操作实例 8-3：绘制窗洞

（1）调用 O"偏移"命令，将最下方的水平直线向上偏移 2571、800、1770、1660，如图 8-18 所示。

（2）调用 O"偏移"命令，将最左侧的垂直直线向右依次偏移 4770 和 1655，如图 8-19 所示。

（3）调用 TR"修剪"命令，修剪图形；调用 E"删除"命令，删除多余的图形，效果如图 8-20 所示。

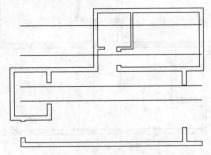

图8-18 偏移直线

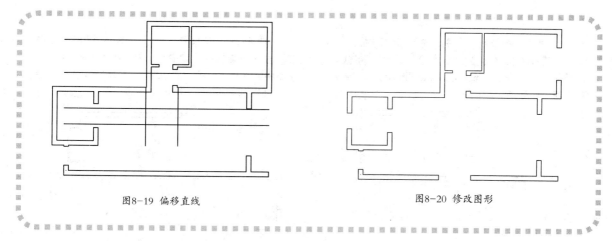

图8-19 偏移直线   图8-20 修改图形

8.2.6 ▶ 绘制窗户和阳台

绘制窗户和阳台主要运用了"直线"命令、"偏移"命令和"多段线"命令。

操作实例 8-4：绘制窗户和阳台

（1）将"门窗"图层置为当前，调用L"直线"命令，捕捉最下方修剪图形的左下方端点，绘制一条长度为1655的水平直线，如图8-21所示。

（2）调用 O "偏移"命令，将水平直线向上偏移 3 次，偏移距离均为80，如图8-22所示。

（3）重复上述方法，绘制其他的窗户对象，如图8-23所示。

（4）调用 L "直线"命令，依次捕捉右上方墙体的上下端点，连接直线，如图8-24所示。

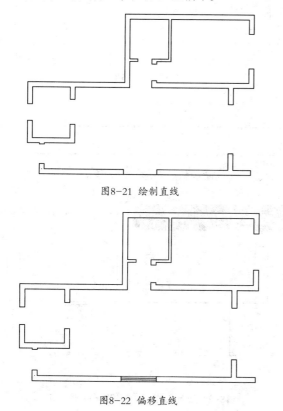

图8-21 绘制直线

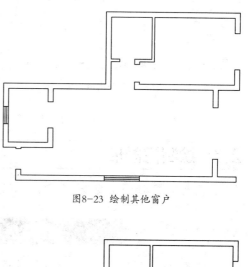

图8-23 绘制其他窗户

图8-22 偏移直线

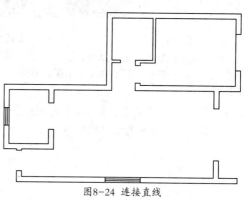

图8-24 连接直线

（5）调用 PL"多段线"命令，输入 FROM"捕捉自"命令，捕捉右上方端点，依次输入（@0,-940）、（@560,0）、（@0,-1660）、（@-560,0），绘制多段线，如图 8-25 所示。

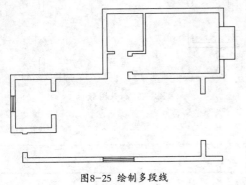

图8-25 绘制多段线

（6）调用 O"偏移"命令，将多段线依次向外偏移50、20、50，如图 8-26 所示。

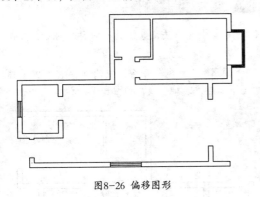

图8-26 偏移图形

（7）调用 PL"多段线"命令，输入 FROM"捕捉自"命令，捕捉右下方端点，依次输入（@0,60）、（@1460,0）、（@300,4380）、（@-1640,0），绘制多段线，如图 8-27 所示。

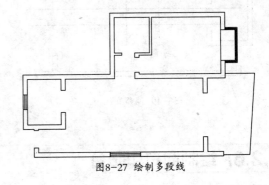

图8-27 绘制多段线

（8）调用 O"偏移"命令，将多段线向内偏移120，如图 8-28 所示。

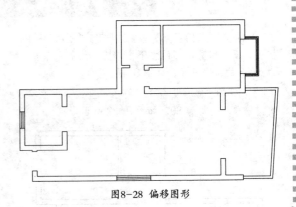

图8-28 偏移图形

8.2.7 ▸ 绘制门图形

绘制门图形主要运用了"直线"命令、"偏移"命令、"圆"命令和"矩形"命令等。

操作实例 8-5：绘制门图形

（1）绘制子母门。调用 L"直线"命令，捕捉左侧修剪后门洞的中点，连接直线，捕捉垂直直线的下端点，绘制一条长为 655 的水平直线，如图 8-29 所示。

（2）调用 O"偏移"命令，将水平直线向上依次偏移 30、880、30，如图 8-30 所示。

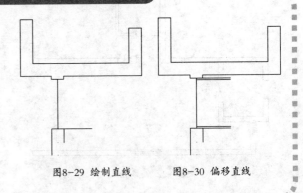

图8-29 绘制直线　　图8-30 偏移直线

（3）调用 O"偏移"命令，将垂直直线向右偏移 285、370，如图 8-31 所示。

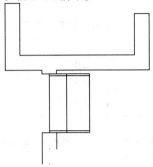

图8-31　偏移直线

（4）调用 C"圆"命令，捕捉图形的左上方端点为圆心，绘制半径为 285 的圆，如图 8-32 所示。

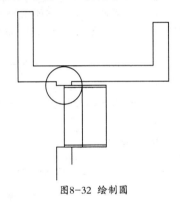

图8-32　绘制圆

（5）调用 C"圆"命令，捕捉图形的左下方端点为圆心，绘制半径为 655 的圆，如图 8-33 所示。

（6）调用 TR"修剪"命令，修剪图形；调用 E"删除"命令，删除多余的图形，如图 8-34 所示。

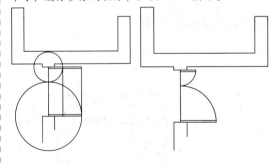

图8-33　绘制圆　　　　图8-34　修剪图形

（7）调用 L"直线"命令，捕捉相应墙体的左侧中点，输入（@700,0）、（@0,700），绘制两条直线，如图 8-35 所示。

（8）调用 O"偏移"命令，将水平直线向上偏移 700，将垂直直线向左偏移 45，如图 8-36 所示。

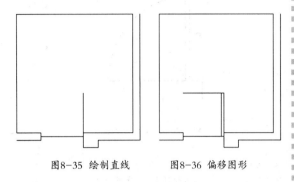

图8-35　绘制直线　　　　图8-36　偏移图形

（9）调用 C"圆"命令，捕捉水平直线的左端点为圆心，绘制半径为 700 的圆，如图 8-37 所示。

（10）调用 TR"修剪"命令，修剪图形，如图 8-38 所示。

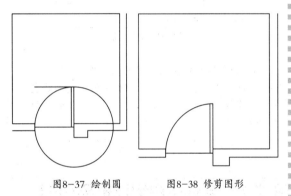

图8-37　绘制圆　　　　图8-38　修剪图形

（11）调用 I"插入"命令，打开"插入"对话框，单击"浏览"按钮，打开"选择图形文件"对话框，选择"门 2"图形文件，如图 8-39 所示。

（12）依次单击"打开"和"确定"按钮，在绘图区的任意位置单击鼠标，即可插入图块；调用 M"移动"命令，移动插入的图块，如图 8-40 所示。

图8-39　选择"门2"图形文件

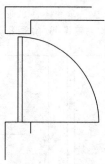

图8-40 插入图块效果

捕捉左上方端点为基点，输入（@12.9,-129.6），复制图形，如图8-43所示。

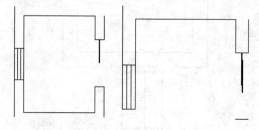

图8-42 绘制矩形　　图8-43 复制图形

（13）调用RO"旋转"命令、MI"镜像"命令、M"移动"命令，调整图块，效果如图8-41所示。

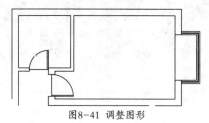

图8-41 调整图形

（14）绘制厨房推拉门。调用REC"矩形"命令，输入FROM"捕捉自"命令，捕捉左侧合适的端点，输入（@2208,-841）、（@12,-588），绘制矩形，如图8-42所示。

（15）调用CO"复制"命令，选择新绘制的矩形，

（16）调用REC"矩形"命令，输入FROM"捕捉自"命令，捕捉墙体的右下方端点，输入（@-1000,1039）、（@-45,600），绘制矩形，如图8-44所示。

（17）调用CO"复制"命令，选择新绘制的矩形，捕捉右下方端点为基点，输入（@45.6,160.1）、（@45.6,1599.9）、（@0,1760），复制图形，如图8-45所示。

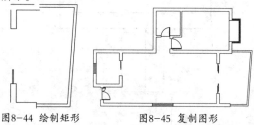

图8-44 绘制矩形　　图8-45 复制图形

8.2.8 ▶ 完善小户型建筑平面图

完善小户型建筑平面图主要运用了"标注"命令、"多行文字"命令和"多段线"命令等。

操作实例 8-6：完善小户型建筑平面图

（1）调用D"标注样式"命令，打开"标注样式管理器"对话框，选择"ISO-25"样式，修改各参数。

（2）将"标注"图层置为当前，显示"轴线"图层，调用DIM"标注"命令，捕捉最上方轴线的相应左右端点，标注尺寸，如图8-46所示。

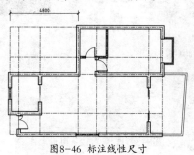

图8-46 标注线性尺寸

（3）重复上述方法，标注其他线性尺寸，并隐藏"轴线"图层，如图8-47所示。

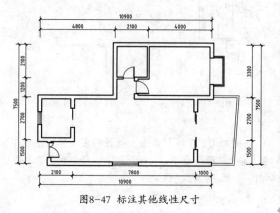

图8-47 标注其他线性尺寸

（4）调用 MT "多行文字" 命令，修改 "文字高度" 为 400 和 500，在绘图区中的相应位置，创建文字对象，如图 8-48 所示。

（5）绘制图名。调用 L "直线" 和 PL "多段线" 命令，在绘图区相应位置，绘制一条宽度为 50 的多段线和一条直线，如图 8-49 所示。

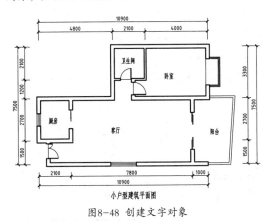

图8-48　创建文字对象

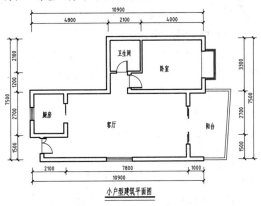

图8-49　绘制直线和多段线

8.3　绘制两居室建筑平面图

绘制两居室建筑平面图中主要运用了 "直线" 命令、"偏移" 命令、"多线" 命令、"圆" 命令和 "矩形" 命令等。如图8-50所示为两居室建筑平面图。

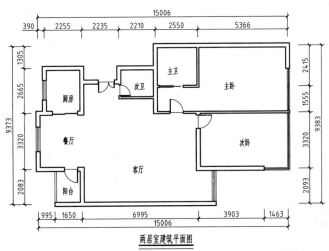

图8-50　两居室建筑平面图

8.3.1 ▶ 了解两居室概念

两居室泛指拥有两个卧室的房间，是一种经常采用的主体户型样式。20世纪80年代早期的两居室，一般仅含有卫浴及客厅。自90年代以后，逐渐增加了饭厅、分离卫浴乃至于双卫双浴等多种户型。

8.3.2 ▶ 绘制墙体

绘制墙体主要运用了 "直线" 命令、"偏移" 命令、"多线" 命令、"分解" 命令、"修剪" 命令和 "拉长" 命令等。

操作实例 8-7：绘制墙体

（1）将"轴线"图层置为当前，调用L"直线"命令，绘制一条长度为 15006 的水平直线。

（2）调用L"直线"命令，捕捉水平直线的左端点，绘制一条长为 9373 的垂直直线，如图 8-51 所示。

（3）调用O"偏移"命令，将垂直直线向右依次偏移 390、605、1650、2235、2210、2550、3903、1463，如图 8-52 所示。

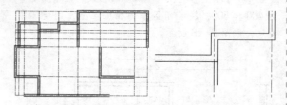

图8-55 绘制多线　　图8-56 绘制多线

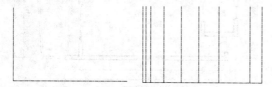

图8-51 绘制直线　　　图8-52 偏移直线

（4）调用O"偏移"命令，将水平直线向上依次偏移 2083、3320、900、655、285、825、1305，如图 8-53 所示。

（5）将"墙体"图层置为当前，调用ML"多线"命令，修改比例为 240、对正为"无"，绘制一条长度为 9690 的水平多线，如图 8-54 所示。

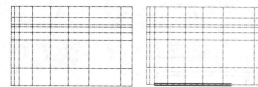

图8-53 偏移直线　　　图8-54 绘制多线

（6）重复上述方法，绘制多线，如图 8-55 所示。

（7）调用ML"多线"命令，修改比例为 120、对正为"上"，绘制长为 880 的垂直多线，如图 8-56 所示。

（8）调用ML"多线"命令，修改比例为 120、对正为"无"，绘制多线，如图 8-57 所示。

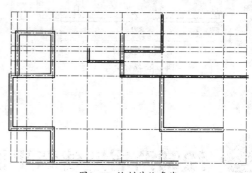

图8-57 绘制其他多线

（9）隐藏"轴线"图层，调用L"直线"命令，封闭墙体，如图 8-58 所示。

（10）调用X"分解"命令，分解多线对象，调用TR"修剪"命令，修剪图形，如图 8-59 所示。

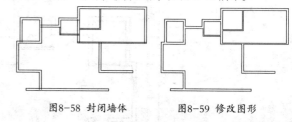

图8-58 封闭墙体　　　图8-59 修改图形

8.3.3 ▶ 绘制门洞

绘制门洞主要运用了"偏移"命令、"修剪"命令和"删除"命令。

操作实例 8-8：绘制门洞

（1）调用O"偏移"命令，将最上方的水平直线向下依次偏移 2430、640、1170、800，效果如图 8-60 所示。

（2）调调用TR"修剪"命令，修剪图形；调用E"删除"命令，删除图形，效果如图 8-61 所示。

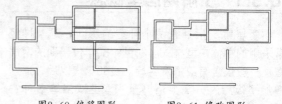

图8-60 偏移图形　　　图8-61 修改图形

（3）调用 O "偏移" 命令，将最左侧的垂直直线向右依次偏移 990、705、800、1265、970、2720、630、800，如图 8-62 所示。

（4）调用 TR "修剪" 命令，修剪图形；调用 E "删除" 命令，删除多余的图形，效果如图 8-63 所示。

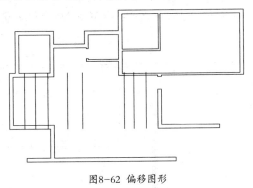

图8-62 偏移图形

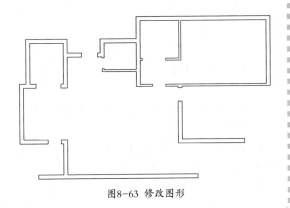

图8-63 修改图形

8.3.4 ▶ 绘制窗洞

绘制窗洞主要运用了 "偏移" 命令、"删除" 命令和 "修剪" 命令。

操作实例 8-9：绘制窗洞

（1）调用 O "偏移" 命令，将最上方的水平直线向下依次偏移 1500、635、1160、735、875、1450，如图 8-64 所示。

（2）调用 TR"修剪"命令，修剪图形，效果如图 8-65 所示。

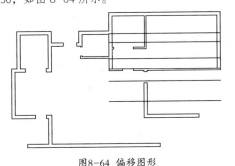

图8-64 偏移图形

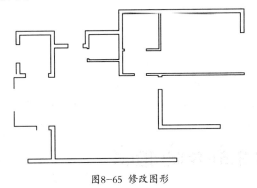

图8-65 修改图形

8.3.5 ▶ 绘制窗户和阳台

绘制窗户和阳台主要运用了 "直线" 命令、"偏移" 命令和 "修剪" 命令等。

操作实例 8-10：绘制窗户和阳台

（1）将 "门窗" 图层置为当前，调用 L "直线" 命令，捕捉右下方合适的端点和垂足点，绘制直线，如图 8-66 所示。

（2）调用 O "偏移" 命令，将垂直直线向左依次偏移 3 次，偏移距离均为 80，效果如图 8-67 所示。

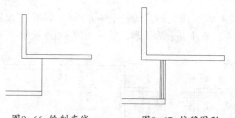

图8-66 绘制直线 　　图8-67 偏移图形

（7）调用 O "偏移" 命令，将直线偏移依次向右偏移 60、30、60，如图 8-72 所示。

（8）调用 PL "多段线" 命令，捕捉右下方相应端点，输入（ @1583,0 ）和（ @0,3380 ），绘制多段线，如图 8-73 所示。

（3）重复上述方法，绘制其他的窗户图形，如图 8-68 所示。

（4）调用 L "直线" 命令，捕捉左下方合适的端点和垂足，绘制直线，如图 8-69 所示。

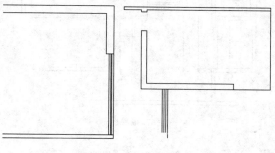

图8-72 偏移直线 　　图8-73 绘制多段线

（9）调用 O "偏移" 命令，将多段线依次向左偏移 60、30、60，效果如图 8-74 所示。

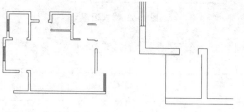

图8-68 绘制其他窗户 　　图8-69 绘制直线

（5）调用 O "偏移" 命令，将直线向右偏移 100，如图 8-70 所示。

（6）调用 L "直线" 命令，捕捉右上方的相应端点和垂足，绘制直线，如图 8-71 所示。

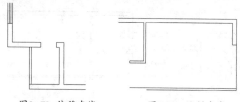

图8-70 偏移直线 　　图8-71 绘制直线

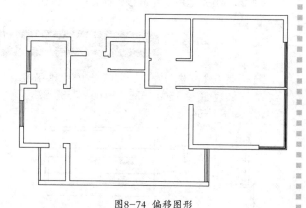

图8-74 偏移图形

8.3.6 ▶ 绘制门图形

绘制门图形主要运用了 "插入" 命令、"复制" 命令、"镜像" 命令和 "矩形" 命令等。

操作实例 8-11：绘制门图形

（1）调用 I "插入" 命令，打开 "插入" 对话框，单击 "浏览" 按钮，如图 8-75 所示。

（2）打开 "选择图形文件" 对话框，选择 "门1" 图形文件，如图 8-76 所示。

图8-75 单击 "浏览" 按钮

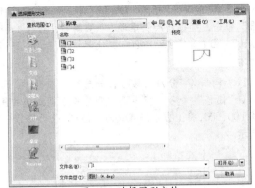

图8-76　选择图形文件

（3）单击"打开"和"确定"按钮，在绘图区单击鼠标，即可插入图块；调用 M"移动"命令，移动插入的图块，如图 8-77 所示。

（4）调用 I"插入"命令，打开"插入"对话框，单击"浏览"按钮，打开"选择图形文件"对话框，选择"门2"图形文件，如图 8-78 所示。

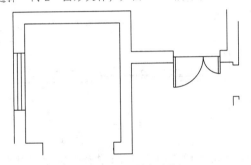

图8-77　插入图块效果

图8-78　选择图形文件

（5）依次单击"打开"和"确定"按钮，在绘图区单击鼠标，即可插入图块；调用 M"移动"命令，移动插入的图块，如图 8-79 所示。

（6）调用 CO"复制"命令，选择插入的图块，捕捉左下方端点为基点，依次输入（@1680,-150）、（@-3020,1660）和（@-5585,-3320），复制图块，如图 8-80 所示。

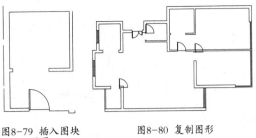

图8-79　插入图块　　　图8-80　复制图形
　　　　　效果

（7）调用 RO"旋转"命令、MI"镜像"命令、M"移动"命令和 SC"缩放"命令，调整复制后的图块，效果如图 8-81 所示。

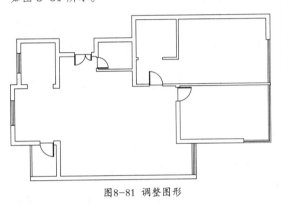

图8-81　调整图形

（8）调用 REC"矩形"命令，输入 FROM"捕捉自"命令，捕捉左上方合适的端点，输入（@600,-2824）、（@750,-40），绘制矩形，如图 8-82 所示。

（9）调用 X"分解"命令，分解矩形；调用 O"偏移"命令，将矩形左侧的垂直直线向右偏移 100、550，如图 8-83 所示。

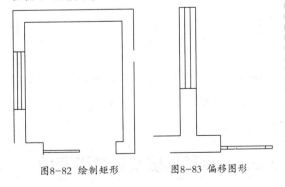

图8-82　绘制矩形　　　图8-83　偏移图形

（10）调用 O"偏移"命令，将上方水平直线向下偏移 20，如图 8-84 所示。

（11）调用 TR"修剪"命令，修剪图形，如图 8-85 所示。

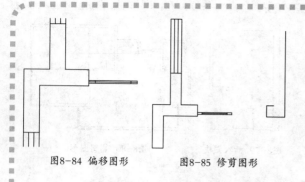

图8-84 偏移图形　　　图8-85 修剪图形

（12）调用 CO"复制"命令，捕捉左下方端点为基点，输入（@750,40），复制矩形，如图 8-86 所示。

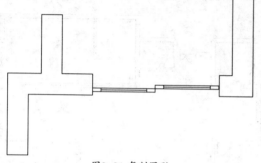

图8-86 复制图形

（13）调用 REC"矩形"命令，捕捉相应墙体的右上方端点，输入（@830,-50），绘制矩形，如图 8-87 所示。

（14）调用 CO"复制"命令，捕捉左上方端点为基点，输入（@0,-70），复制矩形，如图 8-88 所示。

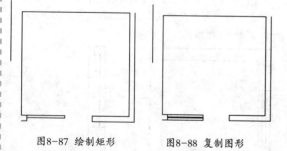

图8-87 绘制矩形　　　图8-88 复制图形

（15）调用 REC"矩形"命令，输入 FROM"捕捉自"命令，捕捉新绘制矩形右上方端点，输入（@-245.8,-50）和（@700,-20），绘制矩形，如图 8-89 所示。

（16）调用 X"分解"命令，分解新绘制矩形；调用 O"偏移"命令，将矩形左侧的垂直直线向右偏移 100、500，将上方水平直线向下偏移 10，如图 8-90 所示。

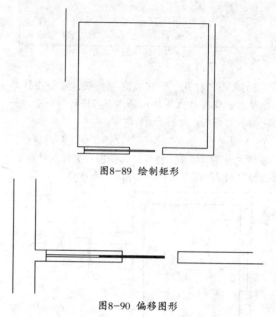

图8-89 绘制矩形

图8-90 偏移图形

（17）调用 TR"修剪"命令，修剪图形，如图 8-91 所示。

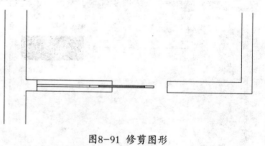

图8-91 修剪图形

8.3.7 ▶ 完善两居室建筑平面图

完善两居室建筑平面图主要运用了"标注"命令、"多行文字"命令和"多段线"命令等。

操作实例 8-12：完善两居室建筑平面图

（1）调用 D"标注样式"命令，打开"标注样式管理器"对话框，选择"ISO-25"样式，修改各

参数。

（2）将"标注"图层置为当前，显示"轴线"图层，

调用 DIM "线性" 命令，标注尺寸，并隐藏 "轴线" 图层，如图 8-92 所示。

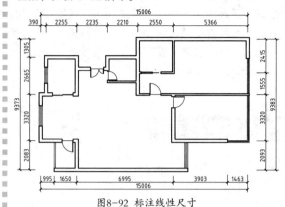

图8-92　标注线性尺寸

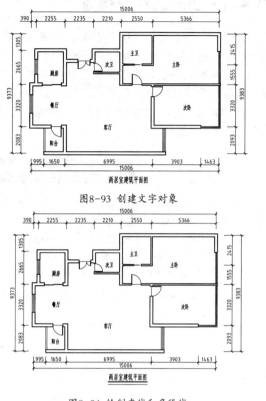

图8-93　创建文字对象

（3）调用 MT "多行文字" 命令，修改 "文字高度" 为 450 和 550，创建文字对象，如图 8-93 所示。

（4）调用 L "直线" 和 PL "多段线" 命令，绘制一条宽度为 50 的多段线和一条直线，如图 8-94 所示。

图8-94　绘制直线和多段线

8.4　绘制三居室建筑平面图

绘制三居室建筑平面图中主要运用了 "直线" 命令、"偏移" 命令、"修剪" 命令、"复制" 命令、"圆" 命令和 "矩形" 命令等。如图 8-95 所示为三居室建筑平面图。

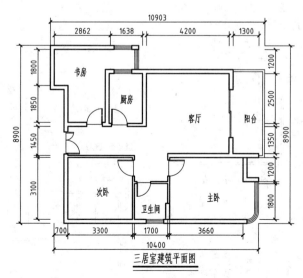

图8-95　三居室建筑平面图

8.4.1 ▸ 了解三居室概念

三居室一般包含有主卧、次卧和书房三个房间，其面积通常为90~100m²，是一个适合三口之家的常见居家型户型，除了保障基本的就餐、洗浴、就寝和会客功能外，还在这寸土寸金的面积中，适时增加了读书、休闲等功能，尽量满足了居住者生活多方面的需求。

8.4.2 ▸ 绘制墙体

本实例绘制墙体的方法与上两个墙体的方法略有不同，该实例的绘制中取消了多线绘制墙体的方法，而且直接通过绘制直线和偏移直线的手法绘制出来。绘制墙体主要运用了"直线"命令、"偏移"命令、"圆角"命令、"修剪"命令等。

操作实例 8-13：绘制墙体

（1）将"墙体"图层置为当前，调用L"直线"命令，在绘图区中任意捕捉一点，依次输入（@0,200）、（@-4500,0）、（@0,-2200）、（@700,0）、（@0,-6700）、（@9300,0）和（@0,200），绘制直线，如图8-96所示。

（2）调用O"偏移"命令，将直线依次向内偏移200，如图8-97所示。

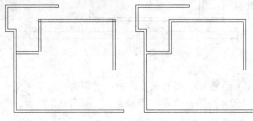

图8-100 偏移直线   图8-101 圆角并修剪图形

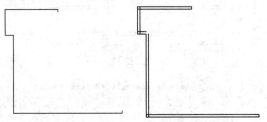

图8-96 绘制直线   图8-97 偏移直线

（7）调用L"直线"命令，输入FROM"捕捉自"命令，捕捉图形的左上方端点，依次输入（@4700,-1400）、（@0,-2500），绘制直线，如图8-102所示。

（8）调用L"直线"命令，输入FROM"捕捉自"命令，捕捉图形的右侧合适的端点，依次输入（@1300,0）、（@0,-200）、（@-4500,0）、（@0,-3100），绘制直线，如图8-103所示。

（3）调用F"圆角"命令，修改圆角半径为0，进行圆角操作；调用TR"修剪"命令，修剪图形，如图8-98所示。

（4）调用L"直线"命令，输入FROM"捕捉自"命令，捕捉图形的左上方端点，依次输入（@900,-3850）、（@1900,0）、（@0,2650）、（@6500,0）和（@0,-4200），绘制直线，如图8-99所示。

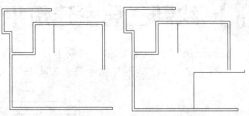

图8-102 绘制直线   图8-103 绘制直线

（9）调用O"偏移"命令，将直线依次向右或向上偏移200，如图8-104所示。

（10）调用O"偏移"命令，将垂直直线向左偏移100、100，将最下方的水平直线向上偏移1000，如图8-105所示。

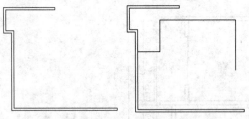

图8-98 圆角并修剪图形   图8-99 绘制直线

（5）调用O"偏移"命令，将直线依次向下偏移200，如图8-100所示。

（6）调用F"圆角"命令，修改圆角半径为0，进行圆角操作；调用TR"修剪"命令，修剪图形，如图8-101所示。

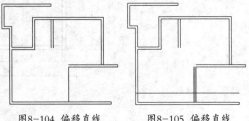

图8-104 偏移直线   图8-105 偏移直线

（11）调用 F "圆角"命令，修改圆角半径为 0，进行圆角操作；调用 TR "修剪"命令，修剪图形，如图 8-106 所示。

（12）调用 L"直线"命令，输入 FROM "捕捉自"命令，捕捉图形的右侧合适的端点，依次输入（@-600,0）、（@0,-1000）、（@600,0）、（@0,-200）、（@-800,0）和（@0,1200），绘制直线，如图 8-107 所示。

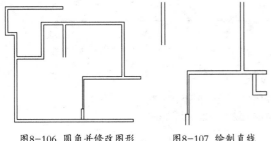

图8-106 圆角并修改图形　　图8-107 绘制直线

（13）调用 L"直线"命令，捕捉垂直直线的下端点，输入（@-1700,0），绘制直线，如图 8-108 所示。

（14）调用 O "偏移"命令，将直线向下偏移 150；调用 F "圆角"命令，修改圆角半径为 0，进行圆角操作，如图 8-109 所示。

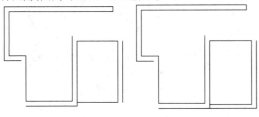

图8-108 绘制直线　　图8-109 偏移并圆角图形

（15）调用 L"直线"命令，输入 FROM "捕捉自"命令，捕捉图形的左下方端点，依次输入（@3500,200）、（@0,3100）、（@-3300,0），绘制直线，如图 8-110 所示。

（16）调用 L"直线"命令，输入 FROM "捕捉自"命令，捕捉新绘制直线的交点，依次输入（@0,-1200）、（@1800,0），绘制直线，如图 8-111 所示。

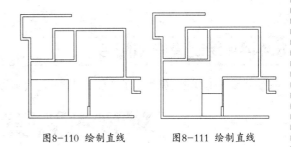

图8-110 绘制直线　　图8-111 绘制直线

（17）调用 O "偏移"命令，将直线向外和向下偏移 100，如图 8-112 所示。

（18）调用 F "圆角"命令，修改圆角半径为 0，进行圆角操作；调用 TR "修剪"命令，修剪图形，如图 8-113 所示。

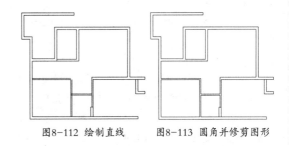

图8-112 绘制直线　　图8-113 圆角并修剪图形

8.4.3▶ 绘制门洞和窗洞

绘制门洞和窗洞主要运用了"偏移"命令、"修剪"命令。

操作实例 8-14：绘制门洞和窗洞

（1）调用 O "偏移"命令，将最下方的水平直线向上依次偏移 2375、800、300、825、275、2125，如图 8-114 所示。

（2）调用 TR "修剪"命令，修剪图形；调用 E "删除"命令，删除多余图形，如图 8-115 所示。

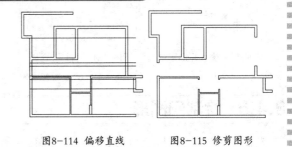

图8-114 偏移直线　　图8-115 修剪图形

（3）调用 O"偏移"命令，将左下方的垂直直线向右依次偏移 1155、800、470、125、675、225、275、475、225、675，如图 8-116 所示。

（4）调用 TR"修剪"命令，修剪图形；调用 E"删除"命令，删除多余的图形，如图 8-117 所示。

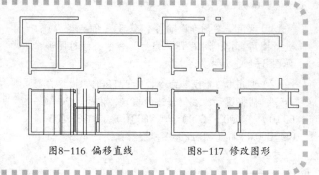

图8-116 偏移直线　　　图8-117 修改图形

8.4.4 ▶ 绘制窗户和阳台

绘制窗户和阳台主要运用了"直线"命令、"偏移"命令、"矩形"命令和"多段线"命令。

操作实例 8-15：绘制窗户和阳台

（1）将"门窗"图层置为当前，调用 L"直线"命令，捕捉右上方合适的端点，绘制一条长度为 1000 的垂直直线，如图 8-118 所示。

（2）调用 O"偏移"命令，将直线向左偏移 3 次，偏移距离均为 67，如图 8-119 所示。

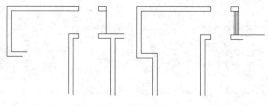

图8-118 绘制直线　　　图8-119 偏移图形

（3）重复上述方法，绘制其他的窗户，如图 8-120 所示。

（4）调用 PL"多段线"命令，捕捉合适的端点为起点，输入（@0,-1500）、A、S、（@-175.7,-424.3）、（@-424.3,-175.7），绘制多段线，如图 8-121 所示。

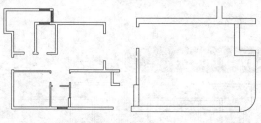

图8-120 绘制其他窗户　　图8-121 绘制多段线

（5）调用 O"偏移"命令，将新多段线向左偏移 3 次，偏移距离均为 67，如图 8-122 所示。

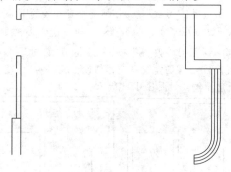

图8-122 偏移图形

（6）调用 PL"多段线"命令，捕捉右上方合适的端点为起点，输入（@1600,0）、（@0,-4400）、（@-300,0），绘制多段线，如图 8-123 所示。

（7）调用 O"偏移"命令，将多段线向内偏移 100，如图 8-124 所示。

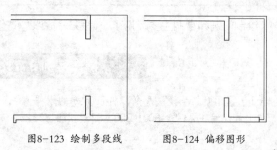

图8-123 绘制多段线　　　图8-124 偏移图形

8.4.5 ▶ 绘制门图形

绘制门图形主要运用了"插入"命令、"移动"命令、"复制"命令、"旋转"命令、"镜像"命令、"缩放"命令和"矩形"命令。

操作实例 8-16：绘制门图形

（1）调用 I"插入"命令，打开"插入"对话框，单击"浏览"按钮，打开"选择图形文件"对话框，选择"门 1"图形文件，如图 8-125 所示。

（2）单击"打开"和"确定"按钮，修改旋转角度为 90、比例为 1.12，在绘图区单击鼠标，即可插入图块；调用 M"移动"命令，移动插入的图块，如图 8-126 所示。

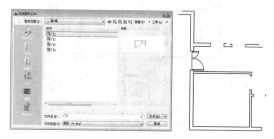

图8-125 选择图形文件　　图8-126 插入图块

（3）调用 I"插入"命令，打开"插入"对话框，单击"浏览"按钮，打开"选择图形文件"对话框，选择"门 2"图形文件，如图 8-127 所示。

（4）单击"打开"和"确定"按钮，在绘图区单击鼠标，即可插入图块；调用 M"移动"命令，移动插入的图块，如图 8-128 所示。

图8-127 选择图形文件

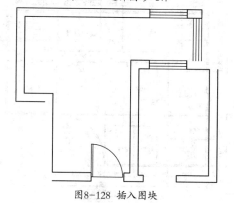

图8-128 插入图块

（5）调用 CO"复制"命令，选择图块，捕捉左下方端点为基点，依次输入（@1270,-25）、（@2395,-1775）、（@4195,-1775）和（@2570,-2900），复制图形，如图 8-129 所示。

（6）调用 RO"旋转"命令、MI"镜像"命令、M"移动"命令和 SC"缩放"命令，调整复制后的图形，效果如图 8-130 所示。

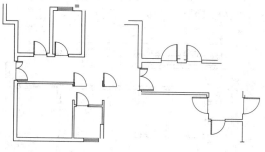

图8-129 复制图形　　图8-130 调整图形

（7）调用 REC"矩形"命令，输入 FROM"捕捉自"命令，捕捉右上方端点，输入（@-1800,-1000）、（@-50,-1167），绘制矩形，如图 8-131 所示。

（8）调用 REC"矩形"命令，输入 FROM"捕捉自"命令，捕捉矩形左上方端点为基点，输入（@50,-1067）、（@50,-1333），绘制矩形，如图 8-132 所示。

图8-131 绘制矩形

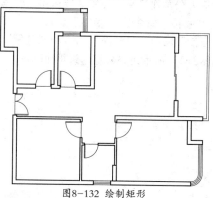

图8-132 绘制矩形

8.4.6 ▶ 完善三居室建筑平面图

完善三居室建筑平面图主要运用了"标注"命令、"多行文字"命令、"多段线"命令等。

操作实例 8-17：完善三居室建筑平面图

（1）调用 D "标注样式"命令，打开"标注样式管理器"对话框，选择"ISO-25"样式，修改各参数。

（2）将"标注"图层置为当前，调用 DIM "标注"命令，标注尺寸，如图 8-133 所示。

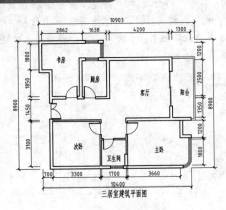

图8-134 创建文字对象

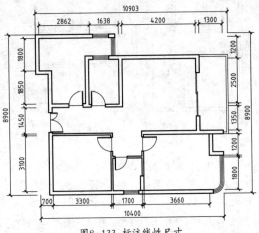

图8-133 标注线性尺寸

（3）调用 MT "多行文字"命令，修改"文字高度"为 450 和 550，创建文字对象，如图 8-134 所示。

（4）调用 L "直线"和 PL "多段线"命令，绘制一条宽为 50 的多段线和一条直线，如图 8-135 所示。

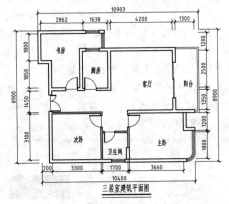

图8-135 绘制直线和多段线

8.5 绘制办公室建筑平面图

绘制办公室建筑平面图中主要运用了"直线"命令、"偏移"命令、"多线"命令、"圆"命令、"复制"命令、"矩形"命令和"分解"命令等。如图8-136所示为办公室建筑平面图。

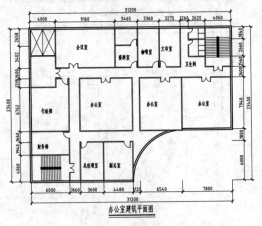

图8-136 办公室建筑平面图

8.5.1 ▶ 绘制墙体

绘制墙体主要运用了"直线"命令、"偏移"命令、"多线"命令、"修剪"命令等。

操作实例 8-18：绘制墙体

（1）将"轴线"图层置为当前，调用 L"直线"命令，绘制一条长度为 31200 的水平直线。

（2）调用 L"直线"命令，捕捉水平直线的左端点，绘制长为 23400 的垂直直线，如图 8-137 所示。

（3）调用 O"偏移"命令，将垂直直线向右依次偏移 4000、2000、1660、3600、1900、2580、885、235、3125、3275、140、1120、2620、4060，如图 8-138 所示。

图8-137 绘制直线　　　图8-138 偏移直线

（4）调用 O"偏移"命令，将水平直线向上依次偏移 4060、1940、1660、140、6622、1318、1600、1560、1842、818、1840，如图 8-139 所示。

（5）将"墙体"图层置为当前，调用 ML"多线"命令，修改比例为 240、对正为"无"，绘制多线，如图 8-140 所示。

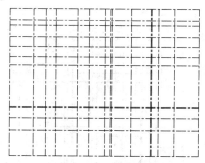

图8-139 偏移直线

图8-140 绘制多线

（6）调用 ML"多线"命令，修改比例为 120、对正为"无"，绘制多线，如图 8-141 所示。

（7）调用 X"分解"命令，分解所有的多线图形；调用 LAYOFF"关闭图层"命令，关闭"轴线"图层，如图 8-142 所示。

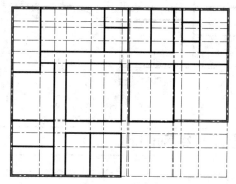

图8-141 绘制多线

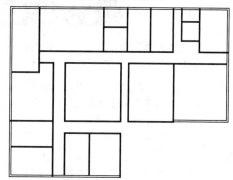

图8-142 关闭图层

（8）调用 TR"修剪"命令，修剪图形，如图 8-143 所示。

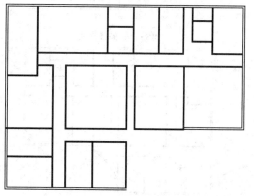

图8-143 修剪图形

（1）v

（9）调用 A "圆弧" 命令，捕捉图形的右下方端点为起点，输入（@1831.6,5099）、（@4741.8,2621），绘制圆弧，如图 8-144 所示。

（10）调用 O "偏移" 命令，将圆弧向内偏移240；调用 TR "修剪" 命令，修剪图形，如图 8-145 所示。

图8-144 绘制圆弧

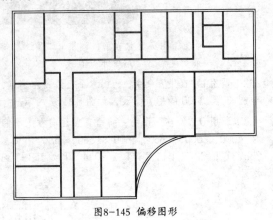

图8-145 偏移图形

8.5.2 ▶ 绘制门洞

绘制门洞主要运用了 "偏移" 命令、"修剪" 命令、"删除" 命令。

操作实例 8-19：绘制门洞

（1）调用 O "偏移" 命令，将最上方水平直线向下依次偏移 300、697、1083、697、3503、1400、8300、938、3846、1400，如图 8-146 所示。

（2）调用 TR "修剪" 命令和 E "删除" 命令，修剪并删除多余的图形，如图 8-147 所示。

（3）调用 O "偏移" 命令，将最左侧的垂直直线向右依次偏移 5060、940、183、1400、317、938、2290、1400、1994、938、225、940、2422、938、240、60、880、522、4979、1400、493、1400，效果如图 8-148 所示。

（4）调用 TR "修剪" 命令和 E "删除" 命令，修剪并删除多余的图形，如图 8-149 所示。

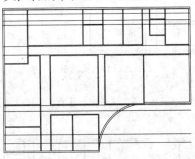

图8-146 偏移直线

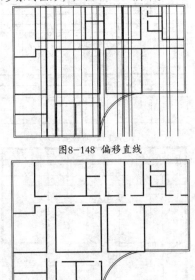

图8-148 偏移直线

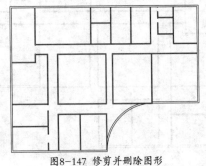

图8-147 修剪并删除图形

图8-149 修剪并删除图形

8.5.3 ▶ 绘制门图形

绘制门图形主要运用了"直线"命令、"偏移"命令、"圆"命令、"修剪"命令、"删除"命令和"复制"命令等。

操作实例 8-20：绘制门图形

（1）将"门窗"图层置为当前，调用 I "插入"命令，打开"插入"对话框，单击"浏览"按钮，打开"选择图形文件"对话框，选择"门 3"图形文件，如图 8-150 所示。

（2）单击"打开"和"确定"按钮，在绘图区单击鼠标，即可插入图块；调用 M "移动"命令，移动插入的图块，如图 8-151 所示。

图8-150 选择图形文件　　图8-151 插入图块效果

（3）调用 CO "复制"命令，选择图块为复制对象，捕捉左上方端点为基点，输入（@2063,100）、（@2000,-14483.8）、（@7008,-1500）、（@16165.7,-1500）、（@22546.9,-1500）和（@24440,100），复制图块，如图 8-152 所示。

（4）调用 RO "旋转"命令、M "移动"命令，调整复制后的图块，效果如图 8-153 所示。

图8-152 复制图形

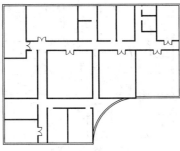

图8-153 调整图形

（5）调用 I "插入"命令，打开"插入"对话框，单击"浏览"按钮，打开"选择图形文件"对话框，选择"门 4"图形文件，如图 8-154 所示。

（6）依次单击"打开"和"确定"按钮，在绘图区单击鼠标，即可插入图块；调用 M "移动"命令，移动插入的图块，如图 8-155 所示。

图8-154 选择图形文件　　图8-155 插入图块效果

（7）调用 CO "复制"命令，选择图块为复制对象，捕捉左上方端点为基点，复制图形，如图 8-156 所示。

（8）调用 RO "旋转"命令、MI "镜像"命令、M "移动"命令和 SC "缩放"命令，调整图块，效果如图 8-157 所示。

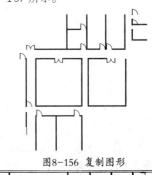

图8-156 复制图形

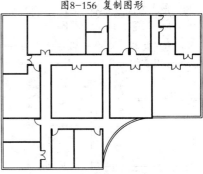

图8-157 调整图形

8.5.4 ▶ 绘制楼梯等图形

绘制楼梯等图形主要运用了"直线"命令、"偏移"命令、"矩形"命令、"修剪"命令、"删除"命令和"复制"命令等。

操作实例 8-21：绘制楼梯等图形

（1）调用 L"直线"命令，输入 FROM"捕捉自"命令，捕捉图形的左上方端点，输入（@240,-4360）、（@3820,0），绘制直线，如图 8-158 所示。

（2）调用 O"偏移"命令，将水平直线依次向上偏移 60、60，效果如图 8-159 所示。

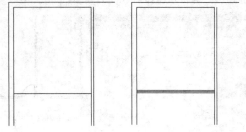

图8-158 绘制直线　　　　图8-159 偏移图形

（3）调用 L"直线"命令，捕捉偏移后最上方水平直线的中点，输入（@0,4000），绘制直线，如图 8-160 所示。

（4）调用 L"直线"命令，连接直线，如图 8-161 所示。

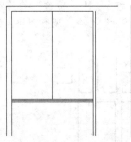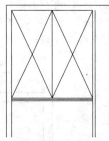

图8-160 绘制直线　　　　图8-161 连接直线

（5）调用 L"直线"命令，输入 FROM"捕捉自"命令，捕捉图形的左下方端点，输入（@1740,240）、（@0,3880），绘制直线，如图 8-162 所示。

（6）调用 O"偏移"命令，将垂直直线向右偏移 12 次，偏移距离均为 250，如图 8-163 所示。

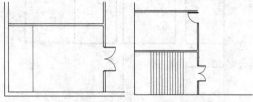

图8-162 绘制直线　　　　图8-163 偏移图形

（7）调用 REC"矩形"命令，输入 FROM"捕捉自"命令，捕捉图形的左下方端点，输入（@1620,2015）、（@3160,330），绘制矩形，如图 8-164 所示。

（8）调用 X"分解"命令，分解矩形；调用 O"偏移"命令，将矩形左侧的垂直直线向右偏移 80，如图 8-165 所示。

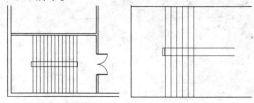

图8-164 绘制矩形　　　　图8-165 偏移图形

（9）调用 O"偏移"命令，将矩形上方的水平直线向下偏移 80、40、90、40，如图 8-166 所示。

（10）调用 TR"修剪"命令，修剪图形，如图 8-167 所示。

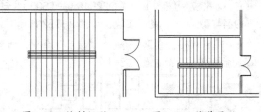

图8-166 绘制矩形　　　　图8-167 修剪图形

（11）调用 CO"复制"命令，选择楼梯图形，捕捉其左下方端点为基点，输入（@25580,21660），复制图形，如图 8-168 所示。

（12）调用 RO"旋转"命令，修改旋转角度为 -90，旋转复制后的楼梯图形，如图 8-169 所示。

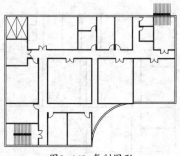

图8-168 复制图形

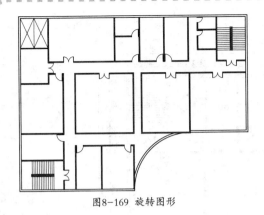

图8-169 旋转图形

命令，删除多余的图形，效果如图8-173所示。

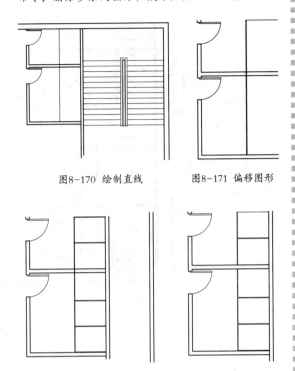

图8-170 绘制直线　　　　图8-171 偏移图形

（13）调用 L"直线"命令，输入 FROM"捕捉自"命令，捕捉图形的右上方端点，输入（@-4240,-240）、（@-1020,0）和（@0,-4320），绘制直线，如图8-170所示。

（14）调用 O"偏移"命令，将新绘制的垂直直线向右偏移20，如图8-171所示。

（15）调用 O"偏移"命令，将新绘制的水平直线向下依次偏移20、800、20、1820、20、800、20、800，如图8-172所示。

（16）调用 TR"修剪"命令，修剪图形；调用 E"删除"

图8-172 偏移图形　　　　图8-173 修剪并删除图形

8.5.5 ▶ 完善办公室建筑平面图

完善办公室建筑平面图主要运用了"标注"命令、"多行文字"命令、"多段线"命令等。

操作实例 8-22：完善办公室建筑平面图

（1）调用 D"标注样式"命令，打开"标注样式管理器"对话框，选择"ISO-25"样式，修改各参数。

（2）将"标注"图层置为当前，显示"轴线"图层，调用 DIM"标注"命令，标注尺寸，并隐藏"轴线"图层，如图8-174所示。

（3）调用 MT"多行文字"命令，修改"文字高度"为800和1200，创建文字对象，如图8-175所示。

图8-174 标注线性尺寸

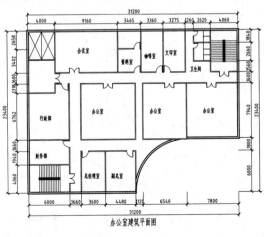

图8-175 创建多行文字

（4）调用 L "直线" 和 PL "多段线" 命令，绘制一条宽为 100 的多段线和一条直线，如图 8-176 所示。

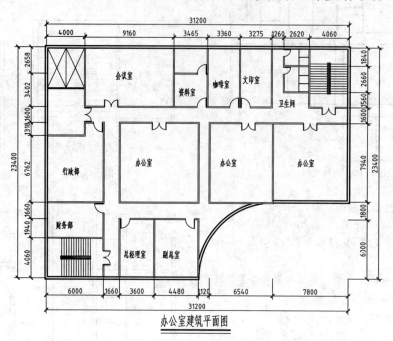

图8-176 绘制直线和多段线

第9章
平面布置图绘制

平面布置图是室内布置方案的一种简明图解形式，用以表示家具、电器、植物等的相对平面位置。绘制平面布置图常用的方法是平面模型布置法。本章将详细介绍平面布置图的基础知识和相关绘制方法。

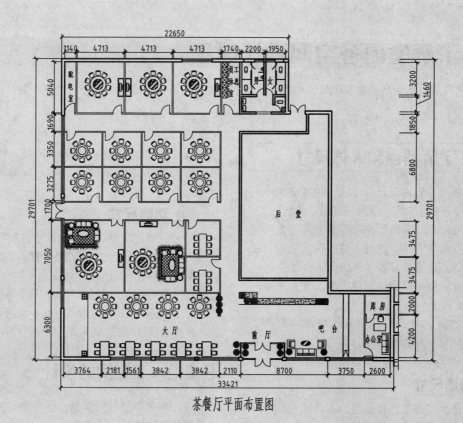

茶餐厅平面布置图

平面布置图基础认识

平面布置图是室内施工图的基础，在绘制平面布置图之前，首先需要对平面布置图有个基础的认识，如了解平面布置图的作用以及内容等。

9.1.1 ▶ 概述平面布置图

平面布置图是室内装潢施工图中至关重要的图，是在原始建筑结构的基础上，根据业主的需要，结合设计师的创意，同时遵循基本设计原则，对室内空间进行详细的功能划分和室内装饰的定位，从而绘制的图纸。

9.1.2 ▶ 了解平面布置图的作用

室内平面布置图是方案设计阶段的主要图样，它是根据室内设计原理中的使用功能、人体工程学以及用户的要求等，对室内空间进行布置的图样。由于空间的划分、功能的分区是否合理会直接影响到使用的效果、影响到精神的感受，因此，在室内设计中平面布置图通常是设计过程中首先要触及的内容。

了解平面布置图的内容

平面布置图一般需要表达的主要内容有：

◉ 建筑主体结构，如墙、柱、门窗、台阶等。

◉ 各功能空间（如客厅、餐厅、卧室等）的家具，如沙发、餐桌、餐椅、酒柜、地柜、衣柜、梳妆柜、床头柜、书柜、书桌、床等的形状、位置。

◉ 厨房、卫生间的厨柜、操作台、洗手台、浴缸、坐便器等的形状、位置。

◉ 家电，如空调机、电冰箱、洗衣机、电视机、电风扇、落地灯等的形状、位置。

◉ 隔断、绿化、装饰构件、装饰小品等的布置。

9.2 了解室内各空间设计原理

居住建筑是人类生活的重要场所，根据其功能的不同，可以将居室分为客厅、卧室、餐厅、厨房和卫生间等空间。

9.2.1 ▶ 了解要点和人体尺寸

人体工程学是室内设计不可缺少的基础之一。其主要作用在于通过对于生理和心理的正确认识，根据人的体能结构、心理形态和活动的需要等综合因素，运用科学的方法，通过合理的室内空间和设施家具的设计，使室内环境因素满足人类生活活动的需要，从而达到提高室内环境质量，使人在室内的活动高效、安全和舒适。

人体尺寸是人体工程学研究的最基本数据之一。人体尺寸可以分为构造尺寸和功能尺寸，下面将分别进行介绍。

❶ 构造尺寸

人体构造尺寸往往是指静态的人体尺寸，它是人体处于固定的标准状态下测量的，可以测量许多不同的标准状态和不同部位，如手臂长度、腿长度和坐高等。构造尺寸较为简单，它与人体直接关系密切的物体有较大的关系，如家具、服装和手动工具等。

❷ 功能尺寸

功能尺寸是指动态的人体尺寸，包括在工作状态或运动中的尺寸，它是人在进行某种功能活动时肢体所能达到的空间范围，在动态的人体状态下测得。它是由关节的活动、转动所产生的角度与肢体的长度协调产生的范围尺寸，功能尺寸比较复杂，它对于解决许多带有空间范围、位置的问题很有用。

9.2.2 ▶ 卫生间的设计

卫生间装饰要讲究实用，要考虑卫生用具和整体装饰效果的协调性。

公寓或别墅的卫生间，可安装按摩浴缸、防滑浴缸、多喷头沐浴房、自动调温喷头、大理石面板的梳妆台、电动吹风机、剃须刀、大型浴镜、热风干手器和妇女净身器等。墙面和地面可铺设瓷砖或艺术釉面砖，地上再铺地毯。此外还可安装恒温设备、通风和通信设施等。

一般的普通住宅卫生间，可安装取暖、照明、排气三合一的"浴霸"、普通的浴缸、坐便器、台式洗脸盆、冷热冲洗器、浴帘、毛巾架、浴镜等。地面、墙面贴瓷砖，顶部可采用塑料板或有机玻璃吊顶。

面积小的卫生间，应注意合理利用有限的空间，沐浴器比浴缸更显经济与方便，脸盆可采用托架式的，墙体空间可利用来做些小壁橱、镜面箱等，墙上门后可安装挂钩。

卫生间的墙面和地面一般采用白色、浅绿色、玫瑰色等色彩。有时也可以将卫生洁具作为主色调，与墙面、地面形成对比，使卫生间呈现出立体感。卫生洁具的选择应从整体上考虑，尽量与整体布置相协调。地板落水（又称地漏、扫除器）放在卫生间的地面上，用以排除地面污水或积水，并防止垃圾流入管子，堵塞管道。地板落水的表面采用花格式漏孔板与地面平齐，中间还可有一活络孔盖。如取出活络孔盖，可插入洗衣机的排水管。

9.2.3 ▶ 厨房的设计

厨房的设计应该从以下几个方面考虑合理安排。
- ✪ 应有足够的操作空间。
- ✪ 要有丰富的储存空间。一般家庭厨房都应尽量采用组合式吊柜、吊架，组合柜常用下面部分储存较重、较大的瓶、罐、米、菜等物品，操作台前可设置能伸缩的存放油、酱、糖等调味品及餐具的柜、架。煤气灶、水槽的下面都是可利用的存物空间。
- ✪ 要有充分的活动的空间。应将3项主要设备即炉灶、冰箱和洗涤池组成一个三角形。洗涤槽和炉灶间的距离调整为1.22~1.83m较为合理。
- ✪ 与厅、室相连的敞开式厨房要搞好间隔，可用吊柜、立柜做隔断，装上玻璃移动门，尽量使油烟不渗入厅、室内。
- ✪ 吊柜下和工作台上面的照明最好用日光灯。就餐照明用明亮的白炽灯。采用什么颜色在厨房里很重要，淡白或白色的贴瓷墙面仍是经常使用的，这有利于清除污垢。橱柜色彩搭配现已走向高雅、清纯。清新的果绿色、纯净的木色、精致的银灰色、高雅的紫蓝色、典雅的米白色，都是热门的选择。

9.2.4 ▶ 餐厅的设计

在设计餐厅时，首先要考虑它的使用功能，要离厨房近。大多数业主喜欢用封闭式隔断或墙体将餐厅和厨房隔开，以防油烟气的散发。但近年来受美式开放式厨房的观念的影响，也有将厨房开放或只用玻璃做隔断，这样比较适合复式或别墅式房型。因为卧室在二楼，不受油烟的影响。

在餐厅的陈设的布置上，风格样式就多了。实木餐桌椅体现自然、稳健，金属筐透明玻璃充满现代感。关键是要和整体居室风格相配。餐厅灯具是营造气氛的"造型师"，应重视，样式要区别于其他区域，要与餐桌的调子一致。

9.2.5 ▶ 卧室的设计

根据科学家研究，睡眠质量好坏与卧室带来的情绪十分有关，只有在温和、闲适、愉悦、宁静的氛围下入睡，才能保证优质的睡眠过程，因而卧室内的颜色宜"静"，如米灰、淡蓝。纯红、橘红、柠檬黄、草绿等颜色过于亮丽，属于兴奋型颜色，都不适合在卧室内运用。

卧室是居家最具私秘性的地方，窗帘应厚实，颜色略深，遮光性强。灯具以配有调光开关的最好。更时尚的趋势是，衣橱不再放卧室内，而是放在专门的衣帽间里。卧室内只放些轻便的矮橱，放些内衣裤即可。卧室内电视的尺寸要根据房子的大小配备，不能过大。

因为卧室面积一般不很大，其设计和陈设布置要围绕"精致"二字做文章，精致是高品质生活不可缺少的元素之一。

9.2.6 ▶ 客厅的设计

一般说，客厅的区域大致可分为会客和用餐两大块，会客区适当靠外一些，用餐区尽量靠近厨房。因为是重点，所以客厅的色彩、风格应有一个基调，一般以淡雅色或偏冷色为主，如果是阳光充足的明厅且面积又大，可在一面墙涂以代表业主个性的较强烈的一些的颜色，如是暗厅且面积又小，切忌用深色，应以白色或浅灰色为主。

客厅里家具和陈设品要协调统一，细节处可摆放一、二件显眼一点的小物件，大局强调统一、完整；要体现风格特点，注意传统的配传统的、时尚的配时尚的；传统和现代相结合型的，则应注重比例和轻重。

9.3 绘制三居室平面布置图

绘制三居室平面布置图时主要运用了"直线"命令、"插入"命令、"移动"命令、"缩放"命令和"矩形"命令等。如图9-1所示为三居室平面布置图。

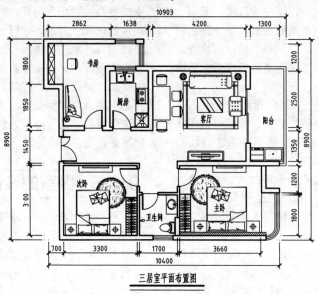

图9-1 三居室平面布置图

9.3.1 ▸ 绘制客厅平面布置图

绘制客厅平面布置图主要运用了"直线"命令、"圆角"命令、"插入"命令和"镜像"命令等。

操作实例 9-1：绘制客厅平面布置图

（1）按 Ctrl + O 快捷键，打开"第9章\9.3绘制三居室平面布置图 .dwg"图形文件，如图9-2所示。

（2）将"家具"图层置为当前，调用 REC "矩形"命令，输入 FROM "捕捉自"命令，捕捉相应墙体的交点，输入（@0,-683）、（@780,-1500），绘制矩形，如图9-3所示。

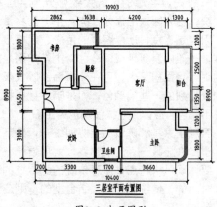

图9-2 打开图形

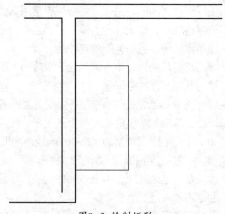

图9-3 绘制矩形

（3）调用 I "插入"命令，打开"插入"对话框，单击"浏览"按钮，如图9-4所示。

（4）打开"选择图形文件"对话框，选择"椅子"图形文件，如图9-5所示。

图9-4　单击"浏览"按钮

图9-5　选择图形文件

（5）依次单击"打开"和"确定"按钮，在绘图区单击鼠标，即可插入图块；调用 M"移动"命令，移动插入的图块，如图 9-6 所示。

（6）调用 MI"镜像"命令，镜像图块，如图9-7所示。

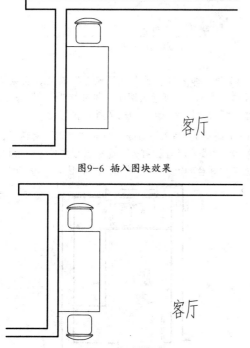

图9-6　插入图块效果

图9-7　镜像图形

（7）调用 CO"复制"命令，选择图块，捕捉下方中点为基点，输入（@458.8,-500）、（@458.8,-1187），复制图形，如图 9-8 所示。

（8）调用 RO"旋转"命令，旋转图块，如图 9-9 所示。

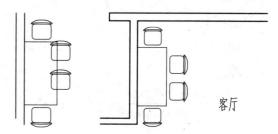

图9-8　复制图形　　　　图9-9　旋转图形

（9）调用 I"插入"命令，打开"插入"对话框，单击"浏览"按钮，打开"选择图形文件"对话框，选择"沙发"图形文件，如图 9-10 所示。

（10）依次单击"打开"和"确定"按钮，在绘图区单击鼠标，即可插入图块；调用 M"移动"命令，移动插入的图块，如图 9-11 所示。

图9-10　选择图形文件

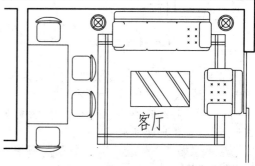

图9-11　插入图块效果

（11）调用 I"插入"命令，打开"插入"对话框，单击"浏览"按钮，打开"选择图形文件"对话框，选择"客厅电视机"图形文件，如图 9-12 所示。

（12）依次单击"打开"和"确定"按钮，在绘图区单击鼠标，即可插入图块；调用 M"移动"命令，移动插入的图块，如图 9-13 所示。

图9-12 选择图形文件

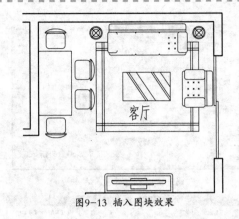

图9-13 插入图块效果

9.3.2 ▶ 绘制厨房平面布置图

绘制厨房平面布置图主要运用了"多段线"命令、"直线"命令、"插入"命令和"移动"命令等。

操作实例 9-2：绘制厨房平面布置图

（1）绘制料理台。调用 PL "多段线"命令，输入 FROM "捕捉自"命令，捕捉厨房内侧墙体的左上方端点，依次输入（@0,-550）、（@1150,0）、（@0,-1320）、（@550,0），绘制多段线；调用 M "移动"命令，移动"厨房"文字的位置，如图 9-14 所示。

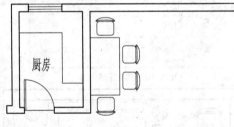

图9-14 绘制多段线

（2）调用 I "插入"命令，打开"插入"对话框，单击"浏览"按钮，如图 9-15 所示。

（3）打开"选择图形文件"对话框，选择"洗菜池"图形文件，如图 9-16 所示。

图9-16 选择图形文件

（4）依次单击"打开"和"确定"按钮，在绘图区单击鼠标，即可插入图块；调用 M "移动"命令，移动插入的图块，如图 9-17 所示。

（5）调用 I "插入"命令，打开"插入"对话框，单击"浏览"按钮，打开"选择图形文件"对话框，选择"灶台和冰箱"图形文件，如图 9-18 所示。

图9-15 单击"浏览"按钮

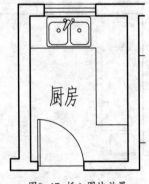

图9-17 插入图块效果

图9-18　选择图形文件

（6）依次单击"打开"和"确定"按钮，在绘图区单击鼠标，即可插入图块；调用 M"移动"命令，移动插入的图块，如图9-19所示。

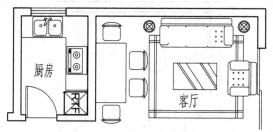

图9-19　插入图块效果

9.3.3 ▶ 绘制书房平面布置图

绘制书房平面布置图主要运用了"直线"命令、"偏移"命令、"插入"命令和"移动"命令等。

操作实例 9-3：绘制书房平面布置图

（1）调用 L"直线"命令，捕捉相应墙体的端点和垂足，绘制直线，如图 9-20 所示。

（2）调用 O"偏移"命令，将垂直直线向左偏移400，如图 9-21 所示。

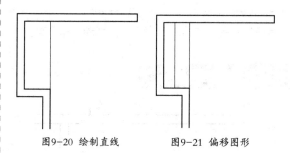

图9-20　绘制直线　　　图9-21　偏移图形

（3）调用 O"偏移"命令，依次输入 L 和 C，将最上方水平直线向下偏移 800 和 600；调用 M"移动"命令，移动"书房"文字的位置，如图 9-22 所示。

（4）调用 TR"修剪"命令，修剪图形，如图 9-23所示。

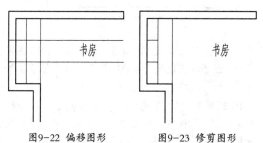

图9-22　偏移图形　　　图9-23　修剪图形

（5）调用 L"直线"命令，依次捕捉合适的端点，连接直线，如图 9-24 所示。

（6）调用 I"插入"命令，打开"插入"对话框，单击"浏览"按钮，打开"选择图形文件"对话框，选择"书桌椅"图形文件，如图 9-25 所示。

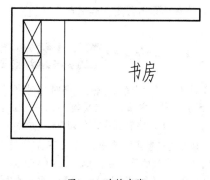

图9-24　连接直线

图9-25　选择图形文件

（7）依次单击"打开"和"确定"按钮，在绘图区单击鼠标，即可插入图块；调用 M"移动"命令，移动插入的图块，如图 9-26 所示。

图9-27 选择图形文件

图9-26 插入图块效果

（8）调用 I"插入"命令，打开"插入"对话框，单击"浏览"按钮，打开"选择图形文件"对话框，选择"躺式沙发"图形文件，如图 9-27 所示。

（9）依次单击"打开"和"确定"按钮，在绘图区单击鼠标，即可插入图块；调用 M"移动"命令，移动插入的图块，如图 9-28 所示。

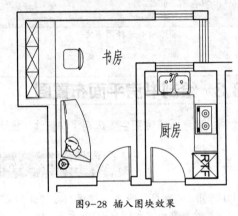

图9-28 插入图块效果

9.3.4 ▶ 绘制卧室平面布置图

绘制卧室平面布置图主要运用了"直线"命令、"偏移"命令、"插入"命令和"移动"命令等。

操作实例 9-4：绘制卧室平面布置图

（1）调用 L"直线"命令，输入 FROM"捕捉自"命令，捕捉图形的右下方端点，依次输入（@-200,2100）、（@0,-1750），绘制直线，如图 9-29 所示。

（2）调用 L"直线"命令，输入 FROM"捕捉自"命令，捕捉直线的下端点，依次输入（@200,-150）、（@0,150）、（@-3900,0），绘制直线，如图 9-30所示。

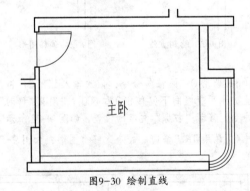

图9-30 绘制直线

（3）调用 H"图案填充"命令，选择"ANSI36"图案，修改"图案填充比例"为20，填充主卧背景墙图形，如图 9-31 所示。

（4）调用 I"插入"命令，打开"插入"对话框，单击"浏览"按钮，打开"选择图形文件"对话框，选择"主卧床"图形文件，如图 9-32 所示。

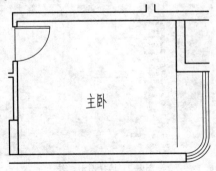

图9-29 绘制直线

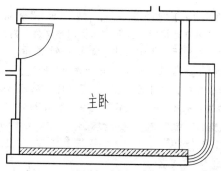

图9-31 填充图形

图9-32 选择图形文件

（5）依次单击"打开"和"确定"按钮，在绘图区单击鼠标，即可插入图块；调用 M"移动"命令，移动插入的图块，如图9-33 所示。

（6）调用 I"插入"命令，打开"插入"对话框，单击"浏览"按钮，打开"选择图形文件"对话框，选择"衣柜"图形文件，如图9-34 所示。

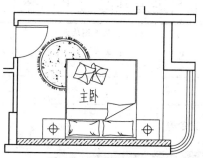

图9-33 插入图块效果

图9-34 选择图形文件

（7）依次单击"打开"和"确定"按钮，在绘图区单击鼠标，即可插入图块；调用 M"移动"命令，移动插入的图块，如图9-35 所示。

（8）调用 SC"缩放"命令，选择插入的"衣柜"图块，捕捉左下方端点为基点，修改比例为 0.9，缩放图形，如图9-36 所示。

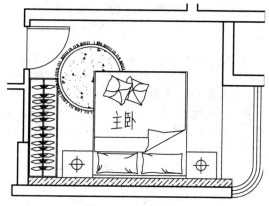

图9-35 插入图块效果

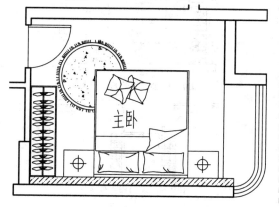

图9-36 缩放图形

（9）调用 CO"复制"命令，选择缩放后的图形，捕捉右下方端点为基点，输入（@-2395,-150），复制图形，如图9-37 所示。

（10）调用 I"插入"命令，打开"插入"对话框，单击"浏览"按钮，打开"选择图形文件"对话框，选择"电视机"图形文件，如图9-38 所示。

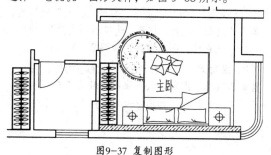

图9-37 复制图形

图9-38 选择图形文件

（11）依次单击"打开"和"确定"按钮，在绘图区单击鼠标，即可插入图块；调用 M"移动"命令，移动插入的图块，如图9-39所示。

（12）调用 CO"复制"命令，选择电视机图块，捕捉右下方端点为基点，输入（@-5995,0），复制图形，如图9-40所示。

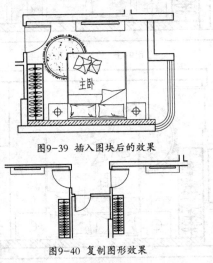

图9-39 插入图块后的效果

图9-40 复制图形效果

（13）调用 I"插入"命令，打开"插入"对话框，单击"浏览"按钮，打开"选择图形文件"对话框，选择"次卧床"图形文件，如图9-41所示。

（14）依次单击"打开"和"确定"按钮，在绘图区单击鼠标，即可插入图块；调用 M"移动"命令，移动插入的图块和"次卧"文字，如图9-42所示。

图9-41 选择图形文件

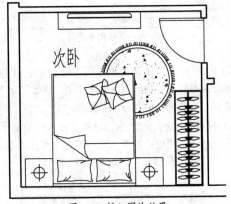

图9-42 插入图块效果

9.3.5 ▶ 绘制阳台平面布置图

绘制阳台平面布置图主要运用了"插入"命令和"移动"命令等。

操作实例 9-5：绘制阳台平面布置图

（1）调用 I"插入"命令，打开"插入"对话框，单击"浏览"按钮，打开"选择图形文件"对话框，选择"洗衣机"图形文件，如图9-43所示。

（2）依次单击"打开"和"确定"按钮，在绘图区单击鼠标，即可插入图块；调用 M"移动"命令，移动插入的图块，如图9-44所示。

图9-43 选择图形文件

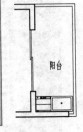

图9-44 插入图块效果

（3）重复上述方法，插入"拖把池"图块，如图9-45所示。

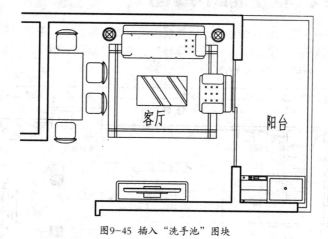

图9-45 插入"洗手池"图块

9.3.6▸ 绘制卫生间平面布置图

绘制卫生间平面布置图主要运用了"插入"命令和"移动"命令等。

操作实例 9-6：绘制卫生间平面布置图

（1）调用 I "插入"命令，打开"插入"对话框，单击"浏览"按钮，打开"选择图形文件"对话框，选择"马桶"图形文件，如图9-46所示。

图9-47 插入图块效果

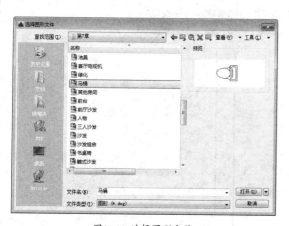

图9-46 选择图形文件

（2）依次单击"打开"和"确定"按钮，在绘图区单击鼠标，即可插入图块；调用 M "移动"命令，移动插入的图块，如图9-47所示。

（3）重复上述方法，依次插入"花洒"和"洗手盆"图块，如图9-48所示。

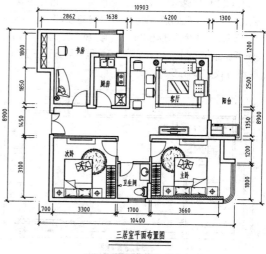

三居室平面布置图

图9-48 插入其他图块

9.4 绘制服装店平面布置图

服装店平面布置图中主要包含有收银台、服装展示柜、贵宾接待室、更衣间和库房等部分。绘制服装店平面布置图中主要运用了"直线"命令、"偏移"命令、"矩形"命令、"复制"命令和"插入"命令等。如图9-49所示为服装店平面布置图。

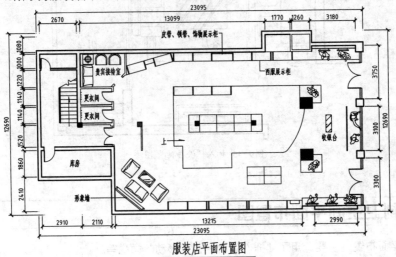

图9-49 服装店平面布置图

9.4.1 ▶ 绘制大厅平面布置图

绘制大厅平面布置图主要运用了"直线"命令、"偏移"命令、"修剪"命令和"插入"命令等来绘制。

操作实例 9-7：绘制大厅平面布置图

（1）按 Ctrl＋O 快捷键，打开"第9章\9.4 绘制服装店平面布置图 .dwg"图形文件，如图 9-50 所示。

（2）将"家具"图层置为当前，调用 L"直线"命令，输入 FROM"捕捉自"命令，捕捉左下方相应端点，依次输入（@368,1750.6）、（@63.9,77）、（@-77,63.9）、（@38.3,46.2）、（@1897.7,-1574.4）、（@-38.3,-46.2）、（@-77,63.9）和（@-63.9,-77），绘制直线，如图 9-51 所示。

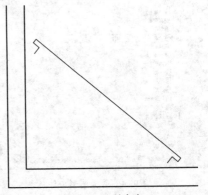

图9-51 绘制直线

（3）调用 L"直线"命令，输入 FROM"捕捉自"命令，捕捉左下方相应端点，依次输入（@240,1752.9）、（@1823.5,-1512.9），绘制直线，如图9-52 所示。

（4）调用 O"偏移"命令，将直线向上偏移80；调用 EX"延伸"命令，延伸偏移后的直线，如图9-53所示。

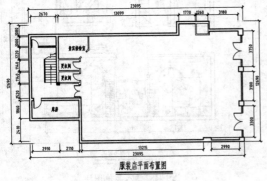

图9-50 打开图形

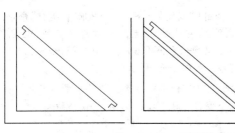

图9-52 绘制直线　　图9-53 偏移并延伸直线

（5）调用 I "插入" 命令，打开 "插入" 对话框，单击 "浏览" 按钮，打开 "选择图形文件" 对话框，选择 "沙发组合" 图形文件，如图 9-54 所示。

（6）依次单击 "打开" 和 "确定" 按钮，在绘图区单击鼠标，即可插入图块；调用 M "移动" 命令，移动插入的图块，如图 9-55 所示。

图9-54 选择图形文件

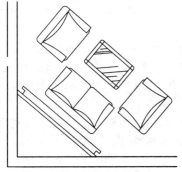

图9-55 插入图块后的效果

（7）调用 L "直线" 命令，输入 FROM "捕捉自" 命令，捕捉左下方相应端点，依次输入（@3955,240）、（@0,600）、（@9500,0），绘制直线，如图 9-56 所示。

（8）绘制展示柜。调用 O "偏移" 命令，将新绘制的垂直直线向右依次偏移 50、1300、50、1300、50、100、50、1300、50、1300、50、100、50、1300、50、1300、50、200、650、200，如图 9-57 所示。

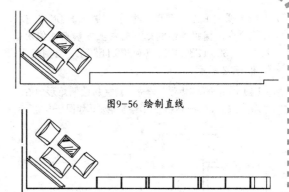

图9-56 绘制直线

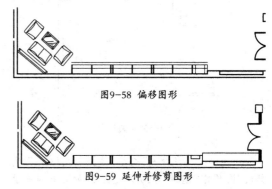

图9-57 偏移图形

（9）调用 O "偏移" 命令，将水平直线向上偏移 160，向下偏移 232，如图 9-58 所示。

（10）调用 TR "修剪" 命令，修剪图形；调用 E "删除" 命令，删除多余的图形，效果如图 9-59 所示。

图9-58 偏移图形

图9-59 延伸并修剪图形

（11）绘制服装展示区。调用 REC "矩形" 命令，输入 FROM "捕捉自" 命令，捕捉新绘制水平直线的左端点，依次输入（@5634.7,1164.6）、（@2400,1200），绘制矩形，如图 9-60 所示。

（12）调用 X "分解" 命令，分解矩形；调用 O "偏移" 命令，将矩形上方的水平直线向下偏移 600，将矩形左侧的垂直直线向右偏移 1200，效果如图 9-61 所示。

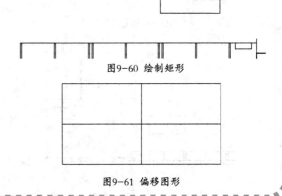

图9-60 绘制矩形

图9-61 偏移图形

（13）调用 REC"矩形"命令，输入 FROM"捕捉自"命令，捕捉新绘制矩形的左上方端点，依次输入（@-7380,1230.4）、（@-80,1670），绘制矩形，如图 9-62 所示。

（14）调用 REC"矩形"命令，捕捉新绘制矩形的右上方端点，输入（@-330,330），绘制矩形，如图 9-63 所示。

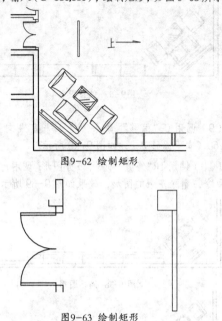

图9-62 绘制矩形

图9-63 绘制矩形

（15）调用 H"图案填充"命令，选择"ANSI31"图案，修改"图案填充比例"为20，填充图形，如图 9-64 所示。

（16）绘制收银台背景墙。调用 REC"矩形"命令，输入 FROM"捕捉自"命令，捕捉相应矩形的右上方端点，依次输入（@4653.3,1055.4）、（@50,3100），绘制矩形，如图 9-65 所示。

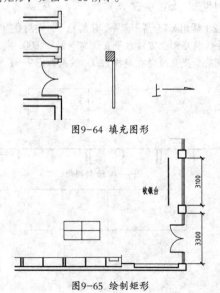

图9-64 填充图形

图9-65 绘制矩形

（17）调用 L"直线"命令，输入 FROM"捕捉自"命令，捕捉图形的左上方端点，依次输入（@6581.2,-1704）、（@-159,578.5）、（@3221.9,885.5），绘制直线，如图 9-66 所示。

（18）调用 O"偏移"命令，将绘制的最长的直线依次向下偏移300、300，如图 9-67 所示。

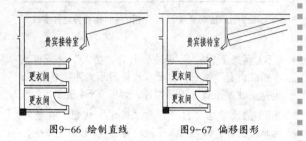

图9-66 绘制直线　　图9-67 偏移图形

（19）调用 O"偏移"命令，将绘制的最短的直线向右依次偏移50、1200、50、660、50、1200、50，如图 9-68 所示。

（20）调用 TR"修剪"命令，修剪图形，效果如图 9-69 所示。

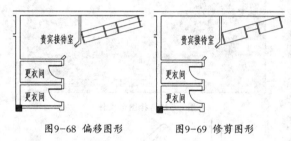

图9-68 偏移图形　　图9-69 修剪图形

（21）调用 L"直线"命令，输入 FROM"捕捉自"命令，捕捉修剪后图形的右下方端点，依次输入（@0,600）、（@0,-600）、（@13110,0），绘制直线，如图 9-70 所示。

（22）调用 O"偏移"命令，将新绘制的垂直直线向右依次偏移50、1300、50、1300、50、1440、50、1300、50、1300、50、100、50、1300、50，如图 9-71 所示。

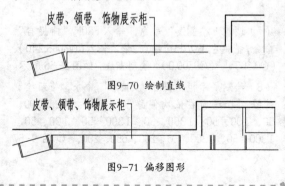

图9-70 绘制直线

图9-71 偏移图形

（23）调用 O"偏移"命令，将新绘制的水平直线向上依次偏移 507、12 和 81，其偏移效果如图 9-72 所示。

（24）调用 TR"修剪"命令，修剪图形；调用 E"删除"命令，删除多余的图形，效果如图 9-73 所示。

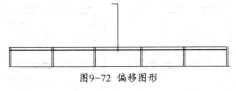

图9-72 偏移图形

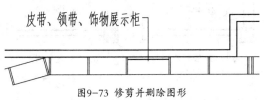

图9-73 修剪并删除图形

（25）调用 I"插入"命令，打开"插入"对话框，单击"浏览"按钮，打开"选择图形文件"对话框，选择"人物"图形文件，如图 9-74 所示。

（26）依次单击"打开"和"确定"按钮，在绘图区的任意位置，单击鼠标，即可插入图块；调用 M"移动"命令，移动插入的图块，调用 TR"修剪"命令，修剪图形，如图 9-75 所示。

图9-74 选择图形文件

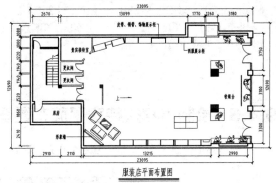

图9-75 插入图块效果

（27）重复上述方法，依次插入"展柜"和"桌子"图块，如图 9-76 所示。

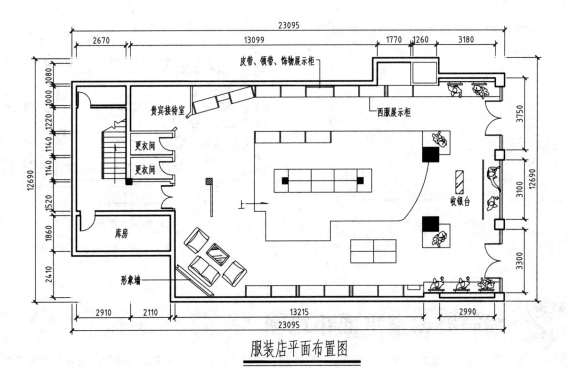

图9-76 插入其他图块

9.4.2 ▶ 绘制更衣间平面布置图

绘制更衣间平面布置图主要运用了"矩形"命令和"复制"命令。

操作实例 9-8：绘制更衣间平面布置图

（1）调用 REC "矩形"命令，输入 FROM "捕捉自"命令，捕捉图形的左上方端点，输入（@3150,-2947.6）、（@60,-7），绘制矩形，如图 9-77 所示。

（2）调用 CO "复制"命令，选择矩形为复制对象，捕捉左上方端点为基点，依次输入（@0,-174）、（@0,-322）、（@0,-475）、（@0,-1260）、（@0,-1434）、（@0,-1582）、（@0,-1735），复制图形，如图 9-78 所示。

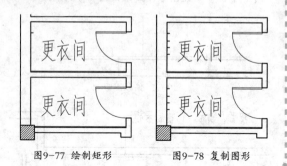

图9-77 绘制矩形　　图9-78 复制图形

9.4.3 ▶ 绘制贵宾接待室平面布置图

绘制贵宾接待室平面布置图主要运用了"矩形"命令和"复制"命令。

操作实例 9-9：绘制贵宾接待室平面布置图

（1）调用 I "插入"命令，打开"插入"对话框，单击"浏览"按钮，打开"选择图形文件"对话框，选择"接待沙发"图形文件，如图 9-79 所示。

（2）依次单击"打开"和"确定"按钮，在绘图区单击鼠标，即可插入图块；调用 M "移动"命令，移动插入的图块，如图 9-80 所示。

图9-79 绘制矩形

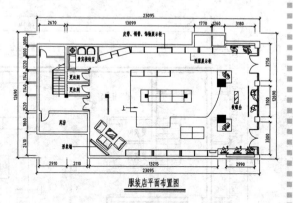

图9-80 复制图形

9.5 绘制办公室平面布置图

在办公室中主要布置总经理室、副总室、财务部、行政部、会议室等房间。绘制办公室平面布置图中主要运用了"直线"命令、"偏移"命令、"插入"命令和"移动"命令等。如图9-81所示为办公室平面布置图。

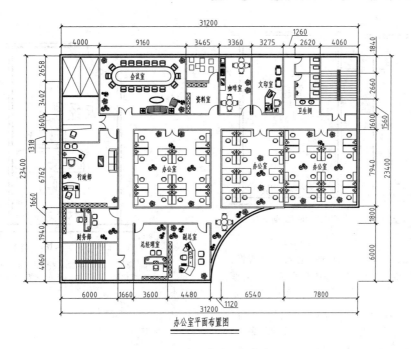

图9-81 办公室平面布置图

9.5.1▶ 绘制总经理室平面布置图

绘制总经理室平面布置图主要运用了"直线"命令、"偏移"命令和"插入"命令等。

操作实例 9-10：绘制总经理室平面布置图

（1）按 Ctrl＋O 快捷键，打开"第 9 章 \9.5 绘制办公室平面布置图 .dwg"的图形文件，如图 9-82 所示。

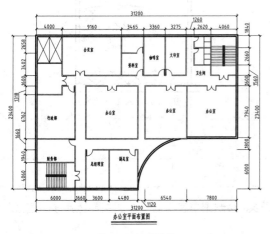

图9-82 打开图形

（2）将"家具"图层置为当前，调用 L"直线"命令，输入 FROM"捕捉自"命令，捕捉左下方端点，依次输入（@8691.2,240）、（@0,400）、（@2628.8,0），

绘制直线，如图 9-83 所示。

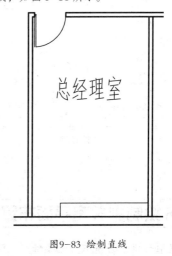

图9-83 绘制直线

（3）调用 O"偏移"命令，将垂直直线向右偏移 4 次，偏移距离均为 525.8，如图 9-84 所示。

（4）调用 L"直线"命令，绘制直线，其图形效果如图 9-85 所示。

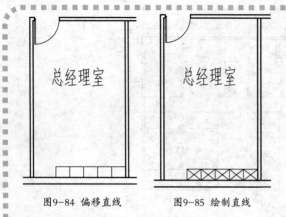

图9-84 偏移直线　　　图9-85 绘制直线

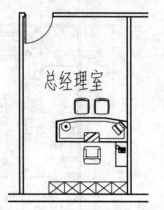

图9-87 插入图块效果

（5）调用 I"插入"命令，打开"插入"对话框，单击"浏览"按钮，打开"选择图形文件"对话框，选择"总经理办公桌椅"图形文件，如图9-86所示。

（6）依次单击"打开"和"确定"按钮，在绘图区单击鼠标，即可插入图块；调用 M"移动"命令，移动插入的图块，如图9-87所示。

（7）调用 I"插入"命令，打开"插入"对话框，单击"浏览"按钮，打开"选择图形文件"对话框，选择"植物1"图形文件，如图9-88所示。

（8）依次单击"打开"和"确定"按钮，在绘图区单击鼠标，即可插入图块；调用 M"移动"命令，移动插入的图块，如图9-89所示。

图9-88 选择图形文件

图9-86 选择图形文件

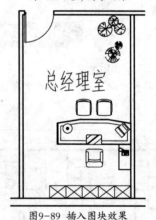

图9-89 插入图块效果

9.5.2 ▶ 绘制副总室平面布置图

　　副总室中布置了必备的办公桌椅、书架和植物等图形。绘制副总室平面布置图主要运用了"直线"命令、"偏移"命令、"插入"命令和"移动"命令。

操作实例 9-11：绘制副总室平面布置图

　　（1）调用 L"直线"命令，输入 FROM"捕捉自"命令，捕捉右下方端点，依次输入（@-4480,555.7）、（@400,0）、（@0,3680），绘制直线，如图9-90所示。

（2）调用 DIV "定数等分" 命令，修改线段数目为 7，进行定数等分操作；调用 L "直线" 命令，捕捉合适的节点和端点，绘制直线，如图 9-91 所示。

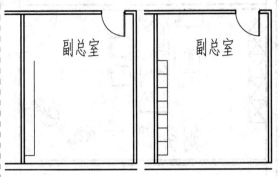

图9-90 绘制直线　　图9-91 连接直线

（3）调用 L "直线" 命令，绘制直线，如图 9-92 所示。

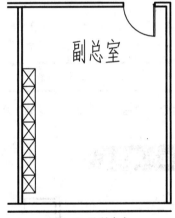

图9-92 绘制直线

（4）调用 I "插入" 命令，打开 "插入" 对话框，单击 "浏览" 按钮，打开 "选择图形文件" 对话框，选择 "副总办公桌椅" 图形文件，如图 9-93 所示。

图9-93 选择图形文件

（5）依次单击 "打开" 和 "确定" 按钮，在绘图区单击鼠标，即可插入图块；调用 M "移动" 命令，移动插入的图块，如图 9-94 所示。

（6）重复上述方法，插入 "植物2" 图块，如图 9-95 所示。

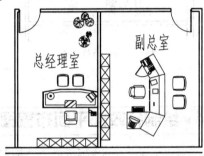

图9-94 插入办公桌椅效果

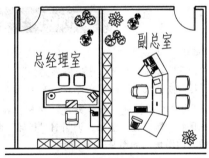

图9-95 插入植物效果

9.5.3 ▶ 绘制财务部平面布置图

绘制财务部平面布置图主要运用了 "插入" 命令和 "移动" 命令。

操作实例 9-12：绘制财务部平面布置图

（1）调用 I "插入" 命令，打开 "插入" 对话框，单击 "浏览" 按钮，打开 "选择图形文件" 对话框，选择 "财务办公桌椅" 图形文件，如图 9-96 所示。

（2）依次单击 "打开" 和 "确定" 按钮，在绘图区单击鼠标，即可插入图块；调用 M "移动" 命令，移动插入的图块，如图 9-97 所示。

图9-96 选择图形文件

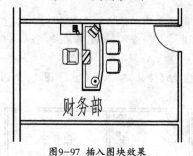

图9-97 插入图块效果

（3）重复上述方法，插入"财务书架"和"植物3"图块，如图9-98所示。

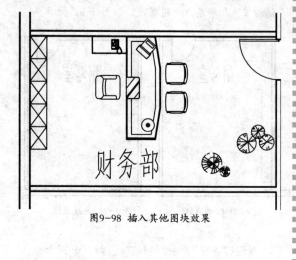

图9-98 插入其他图块效果

9.5.4 ▶ 绘制行政部平面布置图

绘制行政部平面布置图主要运用了"直线"命令、"偏移"命令、"插入"命令和"移动"命令。

操作实例 9-13：绘制行政部平面布置图

（1）调用 I "插入"命令，打开"插入"对话框，单击"浏览"按钮，打开"选择图形文件"对话框，选择"行政办公桌椅"图形文件，如图9-99所示。

（2）依次单击"打开"和"确定"按钮，在绘图区单击鼠标，即可插入图块；调用 M "移动"命令，移动插入的图块，如图9-100所示。

图9-99 选择图形文件

图9-100 插入图块效果

（3）重复上述方法，插入"行政书架"、"植物4"和"行政沙发"图块，如图9-101所示。

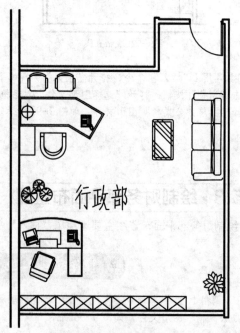

图9-101 插入其他图块效果

9.5.5 ▸ 绘制会议室平面布置图

绘制会议室平面布置图主要运用了"插入"命令和"移动"命令。

操作实例 9-14：绘制会议室平面布置图

（1）调用 I "插入"命令，打开"插入"对话框，单击"浏览"按钮，打开"选择图形文件"对话框，选择"会议桌"图形文件，如图 9-102 所示。

（2）依次单击"打开"和"确定"按钮，在绘图区单击鼠标，即可插入图块；调用 M "移动"命令，移动插入的图块和"会议室"文字，如图 9-103 所示。

（3）重复上述方法，插入"会议沙发"和"植物5"图块，如图 9-104 所示。

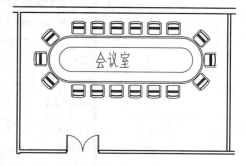

图9-103　插入图块效果

图9-102　选择图形文件

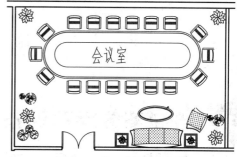

图9-104　插入其他图块效果

9.5.6 ▸ 绘制其他房间平面布置图

除了绘制上述房间的平面图外，下面将介绍办公室、资料室、咖啡室、文印室和卫生间等房间的布置。绘制其他房间平面布置图主要运用了"直线"命令、"偏移"命令、"插入"命令和"移动"命令。

操作实例 9-15：绘制其他房间平面布置图

（1）调用 I "插入"命令，打开"插入"对话框，单击"浏览"按钮，打开"选择图形文件"对话框，选择"办公室"图形文件，如图 9-105 所示。

（2）依次单击"打开"和"确定"按钮，在绘图区单击鼠标，即可插入图块；调用 M "移动"命令，移动插入的图块和"办公室"文字，如图 9-106 所示。

图9-105　选择图形文件

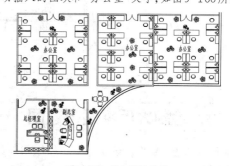

图9-106　插入图块效果

（3）重复上述方法，插入"资料室"和"其他房间"图块，如图9-107所示。

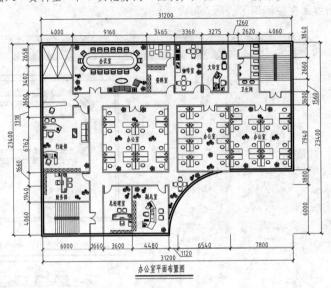

图9-107 插入其他图块效果

9.6 绘制茶餐厅平面布置图

　　绘制茶餐厅平面布置图中主要运用了"插入"命令、"移动"命令、"复制"命令和"旋转"命令等。如图9-108所示为茶餐厅平面布置图。

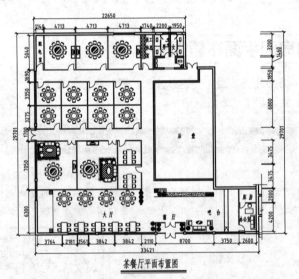

图9-108 茶餐厅平面布置图

9.6.1 ▶ 绘制大厅平面布置图

　　大厅中布置了餐桌，用以让客人吃饭，还布置了绿化植物，达到净化空气和美观大厅的效果。绘制大厅平面布置图主要运用了"插入"命令、"移动"命令和"复制"命令。

（1）按 <Ctrl ＋ O> 快捷键，打开"第 9 章 \9.6 绘制茶餐厅平面布置图 .dwg"图形文件，如图 9-109 所示。

（2）将"家具"图层置为当前，调用 I"插入"命令，打开"插入"对话框，单击"浏览"按钮，打开"选择图形文件"对话框，选择"餐桌 1"图形文件，如图 9-110 所示。

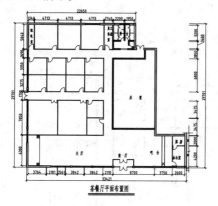

图9-109　打开图形

图9-110　选择图形文件

（3）依次单击"打开"和"确定"按钮，在绘图区单击鼠标，即可插入图块；调用 M"移动"命令，移动插入的图块，如图 9-111 所示。

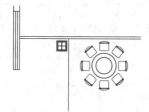

图9-111　插入图块效果

（4）调用 CO"复制"命令，选择图块，捕捉其圆心点为基点，依次输入（@3158,0）、（@6316,0）和（@9474,0），复制图形，如图 9-112 所示。

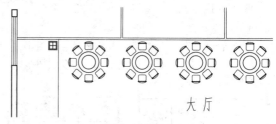

图9-112　复制图形

（5）调用 I"插入"命令，打开"插入"对话框，单击"浏览"按钮，打开"选择图形文件"对话框，选择"餐桌 4"图形文件，如图 9-113 所示。

（6）依次单击"打开"和"确定"按钮，在绘图区单击鼠标，即可插入图块；调用 M"移动"命令，移动插入的图块，如图 9-114 所示。

图9-113　选择图形文件　　　图9-114　插入图块效果

（7）调用 CO"复制"命令，选择新插入的图块，捕捉其左侧中点为基点，依次输入（@2560,0）、（@5120,0）、（@7682,0）和（@10242,0），复制图形，如图 9-115 所示。

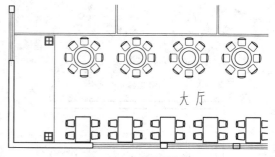

图9-115　复制图形效果

9.6.2 ▶ 绘制包厢平面布置图

绘制包厢平面布置图主要运用了"复制"命令、"插入"命令和"旋转"命令等。

操作实例 9-17：绘制包厢平面布置图

（1）调用 CO"复制"命令，选择插入的"餐桌1"图块，捕捉其圆心点为基点，依次输入（@-2376.5,12216.2）、（@1565.5,12216.2）、（@5507.6,12216.2）和（@9449.6,12216.2），复制图形，如图 9-116 所示。

（2）调用 CO"复制"命令，选择复制后的图形，捕捉圆心点为基点，输入（@0,3121），复制图形，如图 9-117 所示。

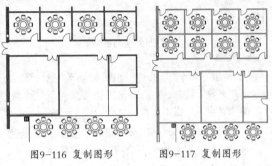

图9-116 复制图形　　　图9-117 复制图形

（3）调用 I"插入"命令，打开"插入"对话框，单击"浏览"按钮，打开"选择图形文件"对话框，选择"餐厅电视"图形文件，如图 9-118 所示。

（4）依次单击"打开"和"确定"按钮，在绘图区单击鼠标，即可插入图块；调用 M"移动"命令，移动插入的图块，如图 9-119 所示。

图9-118 选择图形文件

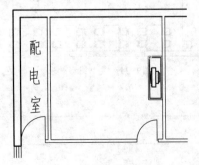

图9-119 插入图块效果

（5）调用 CO"复制"命令，选择新插入的图形，捕捉其左上方端点为基点，依次输入（@720,0）、（@9666.7,0）、（@71.7,-16852.3）和（@2189.4,-14728.7），复制图形，如图 9-120 所示。

（6）调用 RO"旋转"命令，选择复制后的图形，捕捉其左侧中点为基点，将其进行旋转操作；调用 M"移动"命令，移动选择后的图形，如图 9-121 所示。

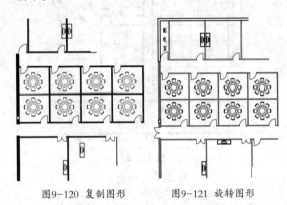

图9-120 复制图形　　　图9-121 旋转图形

（7）重复上述方法，依次插入"休闲沙发""餐桌2"和"餐桌3"图块，如图 9-122 所示。

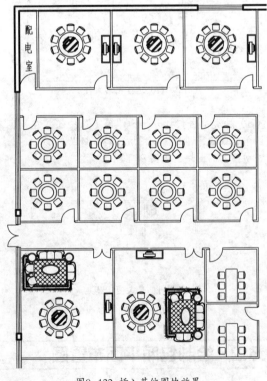

图9-122 插入其他图块效果

9.6.3 ▶ 绘制其他平面布置图

绘制其他平面布置图主要运用了"插入"命令、"移动"命令。

操作实例 9-18：绘制其他平面布置图

（1）调用 I"插入"命令，打开"插入"对话框，单击"浏览"按钮，打开"选择图形文件"对话框，选择"洁具"图形文件，如图 9-123 所示。

（2）依次单击"打开"和"确定"按钮，在绘图区单击鼠标，即可插入图块；调用 M"移动"命令，移动插入的图块，如图 9-124 所示。

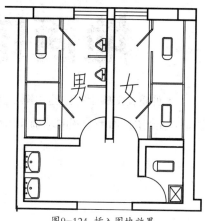

图9-124　插入图块效果

图9-123　选择图形文件

（3）重复上述方法，依次插入"储物箱""前厅沙发""三人沙发""绿化"和"办公桌"图块，如图 9-125 所示。

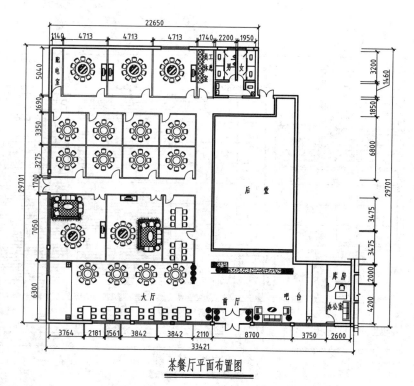

茶餐厅平面布置图

图9-125　插入其他图块效果

第 **10** 章
地面铺装图绘制

地面铺装图属于室内施工图，其主要作用是用来展示室内设计中的地面材质铺设。本章将详细介绍地面铺装图的基础知识和相关绘制方法。

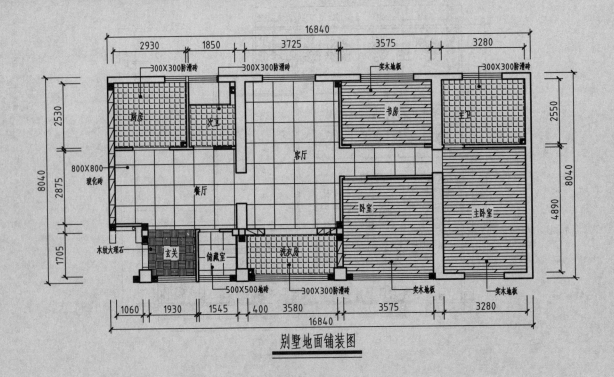

别墅地面铺装图

10.1 地面铺装图基础认识

地面铺装图是用来表示地面铺设材料的图样，包括用材和形式。地面铺装图的绘制方法与平面布置图相同，只是地面铺装图不需要绘制室内家具，只需要绘制地面所使用的材料和固定于地面的设备与设施图形。当地面做法非常简单时，可以不画地面铺装平面图，只在建筑室内设计平面布置图上标注地面做法就行，如标注"满铺中灰防静电化纤地毯"。如果地面做法较复杂，既有多种材料，又有多变的图案和颜色，就要专门画出地面铺装平面图。

10.2 绘制两居室地面铺装图

绘制两居室地面铺装图中主要运用了"图案填充"命令、"多重引线"命令等。如图10-1所示为两居室地面铺装图。

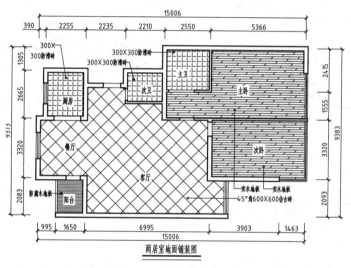

图10-1　两居室地面铺装图

10.2.1 绘制客厅地面铺装图

客厅的地面铺装图中用了600×600的仿古砖材料，是通过填充命令进行铺装的。在进行地面铺装之前，首先需要将两居室的建筑平面图复制到相应的文件夹中。

操作实例 10-1：绘制客厅地面铺装图

（1）按 Ctrl＋O 快捷键，打开"第 10 章 \10.2 绘制两居室地面铺装图 .dwg"图形文件，如图 10-2 所示。

（2）调用 E "删除"命令，删除与地面铺装图无关的图形，选择相应的文字对象，将其进行修改，如图 10-3 所示。

图10-2　打开图形

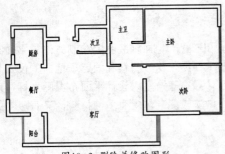

图10-3 删除并修改图形

图10-5 单击"双"按钮

（3）将"地面"图层置为当前图层，调用 L"直线"命令，在门洞位置绘制门槛线，如图 10-4 所示。

（4）调用 H"图案填充"命令，打开"图案填充创建"选项卡，在"特性"面板中，单击"图案"按钮，展开列表框，选择"用户定义"选项，并单击"双"按钮 📐双，如图 10-5 所示。

（5）修改"图案填充间距"为600、"图案填充角度"为45，拾取"客厅"和"餐厅"区域，填充图形，如图 10-6 所示。

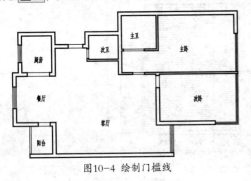

图10-4 绘制门槛线

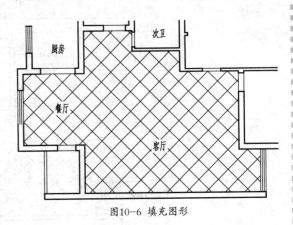

图10-6 填充图形

10.2.2 ▶ 绘制其他房间地面铺装图

绘制其他房间地面铺装图也运用了"图案填充"命令，唯一的差别在于选择的图案不一样。

操作实例 10-2：绘制其他房间地面铺装图

（1）铺装防滑砖。调用 H"图案填充"命令，选择"ANGLE"图案，修改"图案填充比例"为40，拾取"厨房""主卫"和"次卫"区域，填充图形，如图 10-7 所示。

（2）铺装实木地板。调用 H"图案填充"命令，选择"DOLMIT"图案，修改"图案填充比例"为20，拾取"主卧"和"次卧"区域，填充图形，如图 10-8 所示。

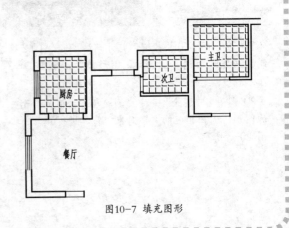

图10-7 填充图形

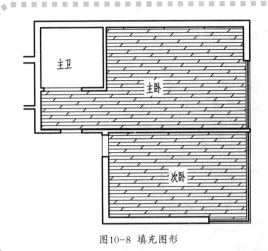

图10-8　填充图形

（3）铺装防腐木地板。调用 H "图案填充"命令，选择"LINE"图案，修改"图案填充比例"为30，拾取"阳台"区域，填充图形，如图10-9所示。

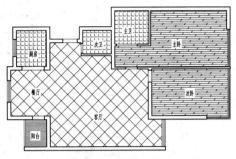

图10-9　填充图形

10.2.3 ▶ 完善两居室地面铺装图

完善两居室地面铺装图主要运用了"多重引线"命令。

操作实例 10-3：完善两居室地面铺装图

（1）调用 MLEADERSTYLE "多重引线样式"命令，打开"多重引线样式管理器"对话框，选择"Standard"样式，单击"修改"按钮，如图10-10所示。

（2）打开"修改多重引线样式：Standard"对话框，在"内容"选项卡中，修改"文字高度"为200，如图10-11所示。

（3）单击"引线格式"选项卡，修改"符号"为"点"、"大小"为50，如图10-12所示，单击"确定"和"关闭"按钮，修改多重引线样式。

（4）将"标注"置为当前图层，调用 MLEA "多重引线"命令，添加多重引线标注，如图10-13所示。

图10-10　单击"修改"按钮

图10-12　修改参数

图10-11　修改参数

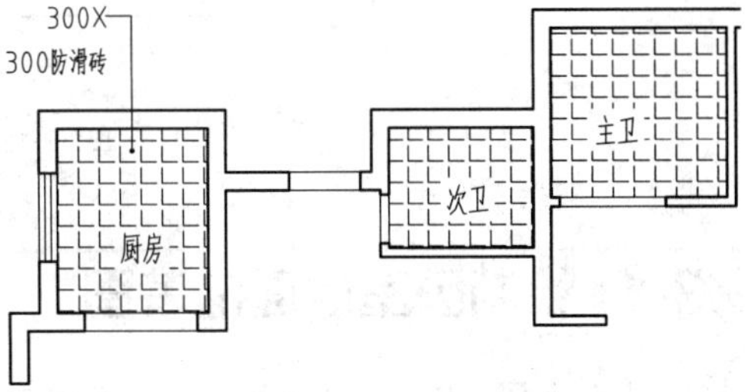

图10-13　添加多重引线标注

（5）重复上述方法，依次添加其他的多重引线标注，其图形效果如图10-14所示。

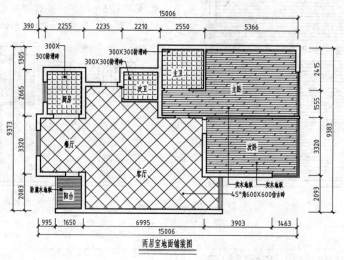

图10-14 添加其他多重引线标注

10.3 绘制三居室地面铺装图

绘制三居室地面铺装图中主要运用了"图案填充"命令、"多重引线样式"命令和"多重引线"命令。如图10-15所示为三居室地面铺装图。

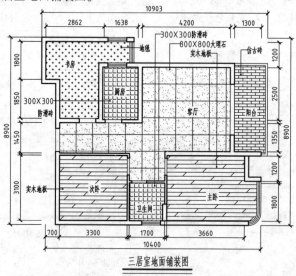

图10-15 三居室地面铺装图

10.3.1 ▶ 绘制卧室地面铺装图

绘制卧室地面铺装图主要运用了"图案填充"命令中的"DOLMIT"图案。在进行地面铺装之前，

首先需要将三居室的建筑平面图复制到相应的文件夹中，并删除建筑平面图中多余的图形，使用"直线"命令封闭门洞，才能得到三居室地面铺装图效果。

（1）按 Ctrl＋O 快捷键，打开"第 10 章\10.3 绘制三居室地面铺装图.dwg"图形文件，如图 10-16 所示。

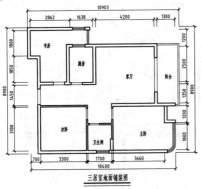

图10-16 打开图形

（2）将"地面"图层置为当前图层，调用 H"图案填充"命令，选择"DOLMIT"图案，修改"图案填充比例"为 20，拾取"主卧"和"次卧"区域，填充图形，如图 10-17 所示。

图10-17 填充图形

10.3.2 绘制其他房间地面铺装图

绘制其他房间地面铺装图中主要运用了"图案填充"命令中的"CROSS"图案、"ANGLE"图案和"用户定义"图案等。

（1）调用 H"图案填充"命令，输入 T"设置"选项，打开"图案填充和渐变色"对话框，选择"CROSS"图案，修改"比例"为 25，如图 10-18 所示。

图10-18 设置参数

（2）在绘图区中，拾取"书房"区域，填充图形，如图 10-19 所示。

（3）调用 H"图案填充"命令，选择"AR-BRSTD"图案，修改"图案填充比例"为 2，拾取"阳台"区域，填充图形，如图 10-20 所示。

（4）调用 H"图案填充"命令，选择"ANGLE"图案，修改"图案填充比例"为 30，拾取"厨房"和"卫生间"区域，填充图形，如图 10-21 所示。

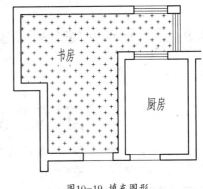

图10-19 填充图形

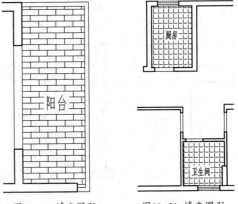

图10-20 填充图形　　图10-21 填充图形

（5）调用 H "图案填充" 命令，输入 T "设置" 选项，打开 "图案填充和渐变色" 对话框，在 "类型" 列表框中，选择 "用户定义" 选项，勾选 "双向" 复选框，修改 "间距" 为 800，在 "图案原点填充" 选项组中，点选 "指定的原点" 单选钮，勾选 "默认为边界范围" 复选框，在下方的列表框中，选择 "左上" 选项，如图 10-22 所示。

（6）单击 "确定" 按钮，拾取绘图区中的 "客厅" 区域，填充图形，如图 10-23 所示。

（7）调用 H "图案填充" 命令，选择 "AR-SAND" 图案，修改 "图案填充比例" 为 7，拾取 "客厅" 区域，填充图形，如图 10-24 所示。

图10-22 修改参数

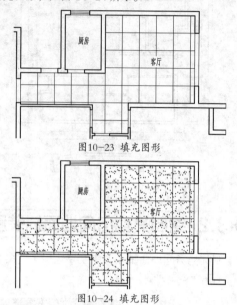

图10-23 填充图形

图10-24 填充图形

10.3.3 ▶完善三居室地面铺装图

完善三居室地面铺装图主要运用了 "多重引线样式" 命令和 "多重引线" 命令。

操作实例 10-6：完善三居室地面铺装图

（1）将 "标注" 置为当前图层，调用 MLEA "多重引线" 命令，添加多重引线标注，如图 10-25 所示。

（2）重复上述方法，依次添加其他的多重引线标注，其图形效果如图 10-26 所示。

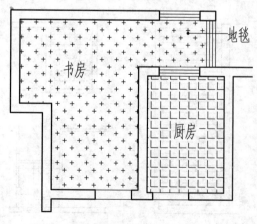

图10-25 标注多重引线

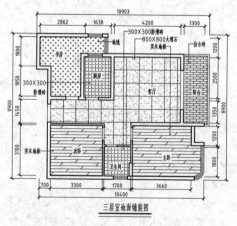

三居室地面铺装图

图10-26 标注其他多重引线

10.4 绘制别墅地面铺装图

绘制别墅地面铺装图中主要运用了"图案填充"命令、"多重引线样式"命令和"多重引线"命令。如图10-27所示为别墅地面铺装图。

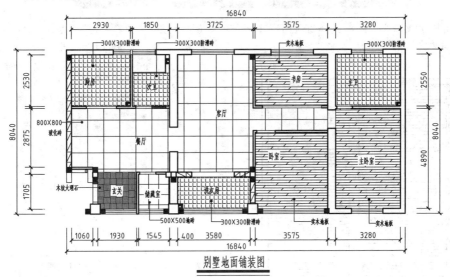

图10-27　别墅地面铺装图

10.4.1 ▶ 绘制玄关地面铺装图

绘制玄关地面铺装图主要运用了"图案填充"命令中的"AR-BRSTD"图案。别墅地面铺装图是通过复制别墅建筑平面图，并删除建筑平面图中多余的图形，使用"直线"命令封闭门洞得到的效果。

操作实例 10-7：绘制玄关地面铺装图

（1）按 Ctrl + O 快捷键，打开"第 10 章\10.4 绘制别墅地面铺装图 .dwg"图形文件，如图10-28 所示。

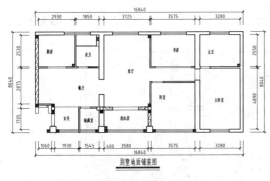

图10-28　打开图形

（2）将"地面"图层置为当前图层，调用 H "图案填充"命令，选择"AR-PARQ1"图案，在"原点"

面板中，单击"左上"按钮，拾取"玄关"区域，填充图形，如图10-29所示。

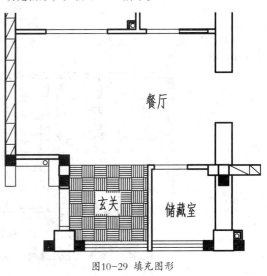

图10-29　填充图形

10.4.2 ▶ 绘制其他房间地面铺装图

绘制其他房间地面铺装图主要运用了"图案填充"命令中的"ANSI37"图案和"ANGLE"图案等。

操作实例 10-8：绘制其他房间地面铺装图

（1）调用H"图案填充"命令，选择"DOLMIT"图案，修改"图案填充比例"为20，拾取"主卧室"、"次卧室"和"书房"区域，填充图形，如图10-30所示。

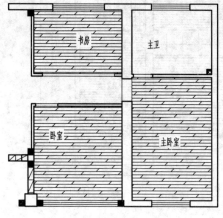

图10-30 填充图形

（2）调用H"图案填充"命令，输入T"设置"选项，打开"图案填充和渐变色"对话框，在"类型"列表框中，选择"用户定义"选项，勾选"双向"复选框，修改"间距"为500，如图10-31所示，拾取"储藏室"，填充图形，如图10-32所示。

（3）调用H"图案填充"命令，在"特性"面板中，单击"图案"按钮，展开列表框，选择"用户定义"选项，并单击"双"按钮 双，修改"图案填充间距"为800，如图10-33所示。

图10-31 填充图形

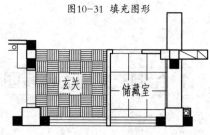

图10-32 填充图形

图10-33 修改参数

（4）在"原点"面板中，单击"左上"按钮，在绘图区中，拾取"餐厅"和"客厅"区域，填充图形，如图10-34所示。

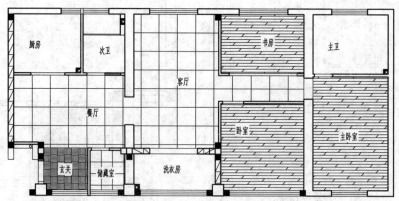

图10-34 填充图形

（5）调用 H "图案填充" 命令，选择 "ANGLE" 图案，修改 "图案填充比例" 为 30，拾取 "厨房"、"次卫"、"洗衣房" 和 "主卫" 区域，填充图形，如图 10-35 所示。

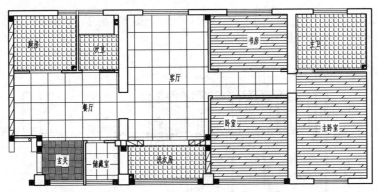

图10-35　填充图形

10.4.3 ▶ 完善别墅地面铺装图

完善别墅地面铺装图主要运用了 "多重引线样式" 命令等。

操作实例 10-9：完善别墅地面铺装图

（1）将 "标注" 图层置为当前图层，调用 MLEA "多重引线" 命令，添加多重引线标注，如图 10-36 所示。

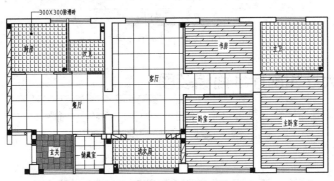

图10-36　添加多重引线尺寸

（2）重复上述方法，依次添加其他的多重引线标注，其图形效果如图 10-37 所示。

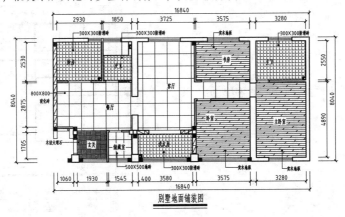

图10-37　添加其他多重引线尺寸

10.5 绘制茶餐厅地面铺装图

绘制茶餐厅地面铺装图中主要运用了"矩形"命令、"偏移"命令、"修剪"命令和"图案填充"命令等。如图10-38所示为茶餐厅地面铺装图。

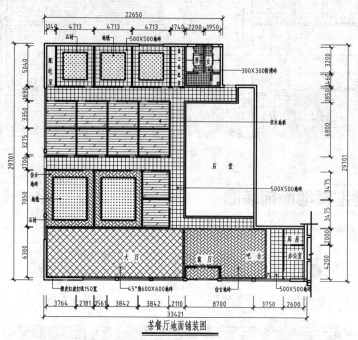

图10-38 茶餐厅地面铺装图

10.5.1 ▶ 绘制大厅和前厅地面铺装图

绘制大厅和前厅地面铺装图主要运用了"矩形"命令、"偏移"命令、"修剪"命令和"图案填充"命令等。茶餐厅地面铺装图是通过复制茶餐厅建筑平面图,并删除建筑平面图中多余的图形,使用"直线"命令封闭门洞得到的效果。

操作实例 10-10:绘制大厅和前厅地面铺装图

(1)按 Ctrl + O 快捷键,打开"第 10 章 \10.5 绘制茶餐厅地面铺装图 .dwg"图形文件,如图 10-39所示。

(2)将"地面"图层置为当前图层,调用 REC"矩形"命令,捕捉图形的左下方相应端点,输入(@17500,6300),绘制矩形,如图 10-40 所示。

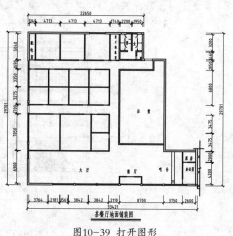

图10-39 打开图形

图10-40 绘制矩形

（3）调用 O "偏移" 命令，将新绘制的矩形向内偏移 150，如图 10-41 所示。

（4）调用 REC "矩形" 命令，捕捉新绘制矩形的右上方端点，输入（@10450,-6300），绘制矩形，如图 10-42 所示。

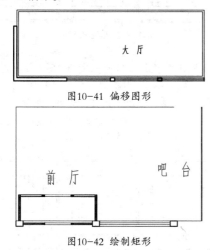

图10-41 偏移图形

图10-42 绘制矩形

（5）调用 X "分解" 命令，分解矩形；调用 O "偏移" 命令，将矩形的上方水平直线向下依次偏移 150、4558、1442，如图 10-43 所示。

（6）调用 O "偏移" 命令，将矩形左侧垂直直线向右依次偏移 150、4600 和 5550，如图 10-44 所示。

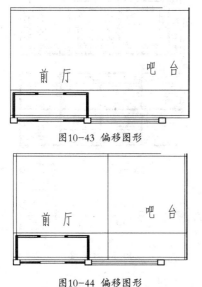

图10-43 偏移图形

图10-44 偏移图形

（7）调用 TR "修剪" 命令，修图形；调用 E "删除" 命令，删除多余的图形，效果如图 10-45 所示。

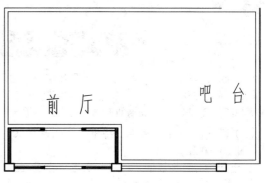

图10-45 修剪并删除图形

（8）调用 H "图案填充" 命令，打开 "图案填充创建" 选项卡，在 "特性" 面板中，单击 "图案" 按钮，展开列表框，选择 "用户定义" 选项，并单击 "双" 按钮，修改 "图案填充间距" 为 600、"图案填充角度" 为 45，拾取 "大厅" 区域，填充图形，如图 10-46 所示。

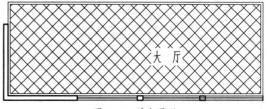

图10-46 填充图形

（9）调用 H "图案填充" 命令，选择 "AR-HBONE" 图案，修改 "图案填充比例" 为 3，填充图形，如图 10-47 所示。

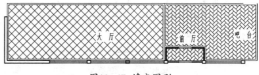

图10-47 填充图形

（10）调用 H "图案填充" 命令，选择 "AR-CONC" 图案，修改 "图案填充比例" 为 1，填充图形，如图 10-48 所示。

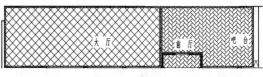

图10-48 填充图形

10.5.2 ▶ 绘制包厢地面铺装图

绘制包厢地面铺装图主要运用了"矩形"命令、"捕捉自"命令、"偏移"命令、"复制"命令和"图案填充"命令等。

操作实例 10-11：绘制包厢地面铺装图

（1）调用 REC "矩形"命令，输入 FROM "捕捉自"命令，捕捉图形的左上方端点，输入（@2360,-1100）和（@3113,-3440），绘制矩形，如图 10-49 所示。

（2）调用 O "偏移"命令，将矩形向内偏移 50，如图 10-50 所示。

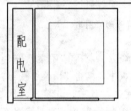 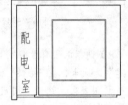

图10-49 绘制矩形　　　　图10-50 偏移图形

（3）调用 CO "复制"命令，选择新绘制的两个矩形为复制对象，捕捉左上方端点为基点，输入（@4833,0）和（@9667,0），复制图形，如图 10-51 所示。

（4）调用 H "图案填充"命令，选择"CROSS"图案，修改"图案填充比例"为 40，拾取合适的区域，填充图形，如图 10-52 所示。

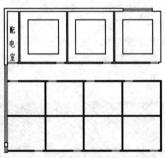

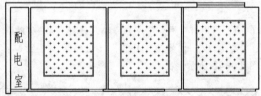

图10-51 复制图形

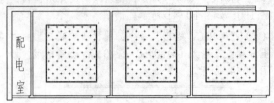

图10-53 填充图形

（6）调用 H "图案填充"命令，打开"图案填充创建"选项卡，在"特性"面板中，单击"图案"按钮，展开列表框，选择"用户定义"选项，并单击"双"按钮 图 双，修改"图案填充间距"为 500，拾取合适的区域，填充图形，如图 10-54 所示。

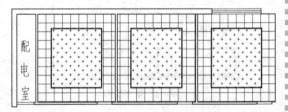

图10-54 填充图形

（7）调用 H "图案填充"命令，选择"DOLMIT"图案，修改"图案填充比例"为 50，拾取合适的区域，填充图形，如图 10-55 所示。

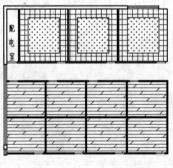

图10-52 填充图形

（5）调用 H "图案填充"命令，选择"AR-SAND"图案，修改"图案填充比例"为 1，拾取合适的区域，填充图形，效果如图 10-53 所示。

图10-55 填充图形

（8）调用 REC "矩形"命令，输入 FROM "捕捉

自"命令，捕捉图形的左上方相应端点，输入
（@1100,-1000）和（@4445,-5450），绘制矩形，
如图 10-56 所示。

（9）调用 O "偏移" 命令，将新绘制的矩形向内偏
移 100，如图 10-57 所示。

（12）调用 H "图案填充" 命令，依次选择 "CROSS"
图案和选择 "AR-SAND" 图案，分别修改 "图案填
充比例" 为 40 和 1，拾取合适的区域，填充图形，
如图 10-60 所示。

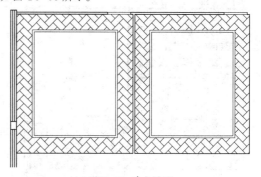

图10-59　填充图形

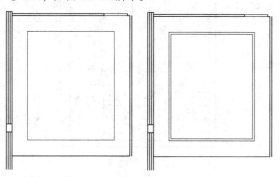

图10-56　绘制矩形　　　　图10-57　偏移图形

（10）调用 CO "复制" 命令，选择新绘制的两个
矩形为复制对象，捕捉左上方端点为基点，输入
（@6145,0），复制图形，如图 10-58 所示。

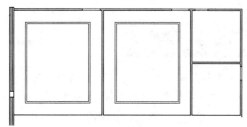

图10-58　复制图形

（11）调用 H "图案填充" 命令，选择 "AR-HBONE"
图案，修改 "图案填充比例" 为 3，拾取合适的区域，
填充图形，如图 10-59 所示。

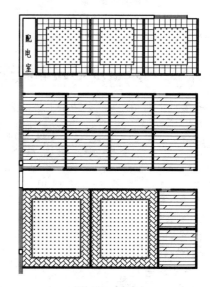

图10-60　填充图形

10.5.3 ▶ 绘制其他房间地面铺装图

绘制其他房间地面铺装图主要运用了 "图案填充" 命令中的 "用户定义" 图案。

操作实例 10-12：绘制其他房间地面铺装图

（1）调用 H "图案填充" 命令，打开 "图案填充创建" 选项卡，在 "特性" 面板中，单击 "图案" 按钮，展
开列表框，选择 "用户定义" 选项，并单击 "双" 按钮 ▦ 双，改 "图案填充间距" 为 500，如图 10-61 所示。

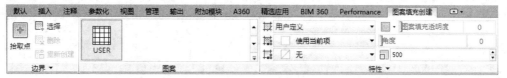

图10-61　修改参数

（2）依次拾取绘图区中的相应区域，填充图形，如图 10-62 所示。

图10-62 填充图形

（3）调用 H"图案填充"命令，选择"ANGLE"图案，修改"图案填充比例"为 30，拾取合适的区域，填充图形，如图 10-63 所示。

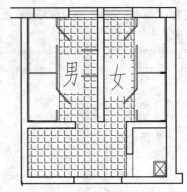

图10-63 填充图形

10.5.4 ▶ 完善茶餐厅地面铺装图

完善茶餐厅地面铺装图主要运用了"多重引线样式"命令等。

操作实例 10-13：完善茶餐厅地面铺装图

（1）将"标注"图层置为当前，调用 MLEA"多重引线"命令，添加多重引线标注，如图 10-64 所示。

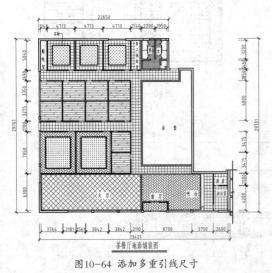

图10-64 添加多重引线尺寸

（2）重复上述方法，在绘图区中的相应位置，依次添加其他的多重引线标注，效果如图 10-65 所示。

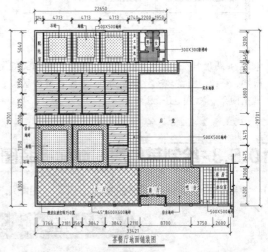

图10-65 添加其他多重引线尺寸

第 11 章
顶棚平面图绘制

顶棚平面图主要是用来表示顶棚的造型和灯具的布置，同时也反映了室内空间组合的标高关系和尺寸等。其内容主要包括各种装饰图形、灯具、尺寸、标高和文字说明等。有时为了更详细地表示某处的构造和做法，还需要绘制该处的剖面详图。本章将详细介绍顶棚平面图的基础知识和相关绘制方法。

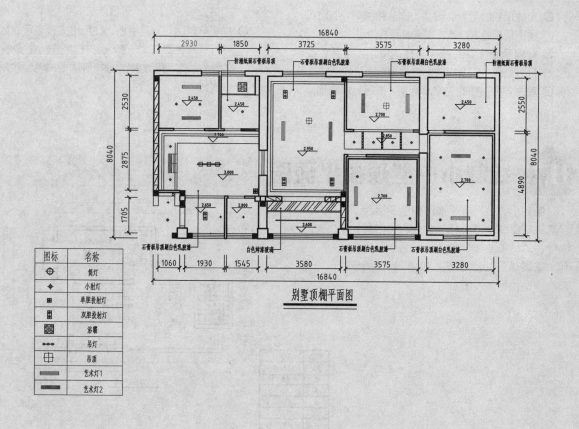

别墅顶棚平面图

图标	名称
⊕	筒灯
✦	小射灯
▣	单脚投射灯
▦	双脚投射灯
▨	浴霸
••••	吊灯
⊞	吊顶
▭	艺术灯1
▬	艺术灯2

11.1 顶棚平面图基础认识

与平面布置图一样，顶棚平面图也是室内装潢设计图中重要的图纸，在绘制顶棚平面图之前，首先需要对顶棚平面图有个基础的认识，如了解顶棚平面图的形成以及画法等。

11.1.1 ▶ 了解顶棚平面图形成及表达

顶棚平面图是以镜像投影法画出的反映顶棚平面形状、灯具位置、材料选用、尺寸标高及构造做法等内容的水平镜像投影图，是装饰施工图的主要图样之一。它是假想以一个剖切平面沿顶棚下方窗洞口位置进行剖切，移去下面部分后对上面的墙体、顶棚所作的镜像投影图。注意：在顶棚平面图中剖切到的墙柱用粗实线、未剖切到但能看到的顶棚、灯具、风口等用细实线表示。

11.1.2 ▶ 了解顶棚平面图图示内容

顶棚平面图的图示内容主要包含以下几个方面。

⊕ 建筑平面及门窗洞口，门画出门洞边线即可，不画门扇及开启线。

⊕ 室内顶棚的造型、尺寸、作法和说明，有时可画出顶棚的重合断面图并标示标高。

⊕ 室内顶棚灯具的符号及具体位置（灯具的规格、型号、安装方法由电器施工图反映）。

⊕ 室内各种顶棚的完成面标高（按每一层楼地面为±0.000标注顶棚装饰面标高，这是施工图中常常用到的方法）。

⊕ 与顶棚相接的家具、设备的位置及尺寸。

⊕ 窗帘及窗帘盒，空调送风口的位置，消防自动报警系统及与吊顶有关的音视频设备的平面布置形式及安装位置。

⊕ 图外标注开间、进深、总长、总宽等尺寸，以及索引符号、文字说明、图名及比例等。

11.1.3 ▶ 了解顶棚平面图的画法

顶棚平面图的画法主要包含以下几个步骤。

⊕ 选比例、定图幅。

⊕ 画出建筑主体结构的平面图。

⊕ 画出顶棚的造型轮廓线、灯饰及各种设施。

⊕ 标注尺寸、剖面符号、详图索引符号、文字说明等。

⊕ 描粗整理图线。其中墙、柱用粗实线表示；顶棚灯饰等主要造型轮廓线用中实线表示；顶棚的装饰线、面板的拼装分格等次要的轮廓线用细实线表示。

11.2 绘制小户型顶棚平面图

绘制小户型顶棚平面图中主要运用了"直线"命令、"偏移"命令、"修剪"命令、"样条曲线"命令、"插入"命令和"图案填充"命令等。如图11-1所示为小户型顶棚平面图。

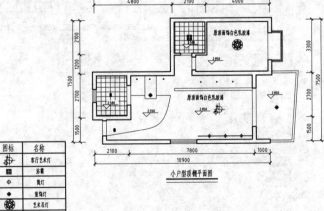

图标	名称
⊕	客厅艺术灯
▦	浴霸
⊕	筒灯
◆	象牙灯
◉	艺术吊灯
▦	双筒灯
◆	射灯

图11-1 小户型顶棚平面图

11.2.1 ▶ 绘制小户型顶棚平面图造型

绘制小户型顶棚平面图造型主要运用了"直线"命令、"偏移"命令和"样条曲线"命令等。

操作实例 11-1：绘制小户型顶棚平面图造型

（1）按 Ctrl + O 快捷键，打开 9 第 11 章 \11.2 绘制小户型顶棚平面图 .dwg"图形文件，如图 11-2 所示。

（2）将"吊顶"图层置为当前图层，调用 O"偏移"命令，依次输入 L 和 C，将合适的墙体，依次向下偏移 1219 和 200，如图 11-3 所示。

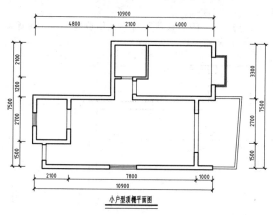

图11-2 打开图形

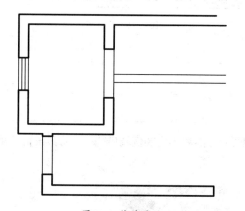

图11-3 偏移图形

（3）小户型顶棚平面图是使用"复制"命令，从"效果 \ 第 6 章 \6.1 绘制小户型建筑平面图 .dwg"图形文件中复制出来，并删除了与顶棚平面图无关的图形，然后通过"直线"命令绘制墙体线，以得到顶棚平面图效果。

（4）调用 O"偏移"命令，将左侧相应的墙体向右偏移 882 和 700，如图 11-4 所示。

（5）调用 EX"延伸"命令，将垂直直线进行延伸操作，如图 11-5 所示。

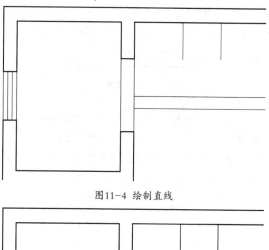

图11-4 绘制直线

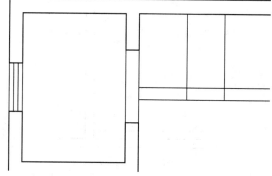

图11-5 偏移图形

（6）绘制客厅顶棚造型。调用 TR"修剪"命令，修剪图形，如图 11-6 所示。

（7）调用 SPL"样条曲线"命令，捕捉修剪后图形的右端点为起点，绘制样条曲线，如图 11-7 所示。

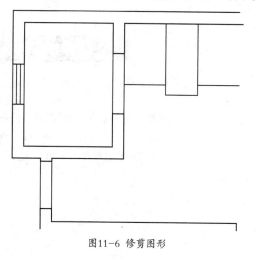

图11-6 修剪图形

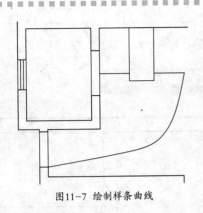

图11-7 绘制样条曲线

（8）调用 O "偏移" 命令，将右侧合适的墙体向下偏移 789、150、2794、20，如图 11-8 所示。

（9）调用 O "偏移" 命令，将右侧合适的垂直墙体向左偏移 3407 和 1450，如图 11-9 所示。

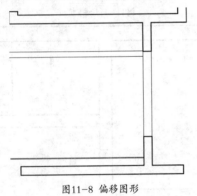

图11-8 偏移图形

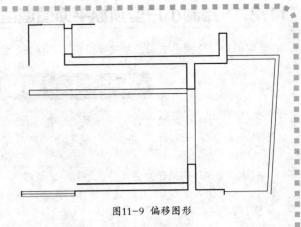

图11-9 偏移图形

（10）调用 TR "修剪" 命令，修剪图形，效果如图 11-10 所示。

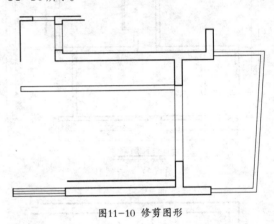

图11-10 修剪图形

11.2.2 ▶布置灯具对象

在布置灯具之前，首先需要将图例表文件复制到顶棚图中，然后再将图例表中的各个灯具进行 "复制" 和 "移动" 等操作。

操作实例 11-2：布置灯具对象

（1）按 Ctrl + O 快捷键，打开 "第 9 章 \ 图例表 1.dwg" 的图形文件，如图 11-11 所示，并将其复制到 "9.2 绘制小户型顶棚平面图 .dwg" 图形文件中。

（2）调用 CO "复制" 命令，选择图例表中的 "客厅艺术灯" 图形，将其复制到顶棚图中的合适位置，如图 11-12 所示，

图标	名称
	客厅艺术灯
	浴霸
	筒灯
	装饰灯
	艺术吊灯
	双筒灯
	射灯

图11-11 打开图形

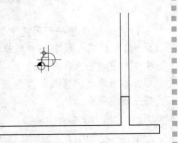

图11-12 复制图形

（3）重复上述方法，依次复制其他的灯具图形至合适的位置，如图11-13所示。

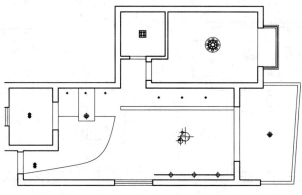

图11-13 布置其他灯具图形

11.2.3 ▶ 完善小户型顶棚平面图

完善小户型顶棚平面图主要运用了"插入"命令和"复制"命令等。

操作实例 11-3：完善小户型顶棚平面图

（1）将"标注"图层置为当前，调用 I "插入"命令，打开"插入"对话框，单击"浏览"按钮，如图11-14所示。

（2）打开"选择图形文件"对话框，选择"标高"图形文件，如图11-15所示。

（3）单击"打开"和"确定"按钮，修改比例为6，在绘图区中任意位置，单击鼠标，打开"编辑属性"对话框，输入 2.850，如图11-16所示。

（4）单击"确定"按钮，即可插入标高图块；调用 M "移动"命令，将插入的图块移至合适的位置，如图11-17所示。

图11-14 单击"浏览"按钮

图11-15 选择图形文件

图11-96 "编辑属性"对话框

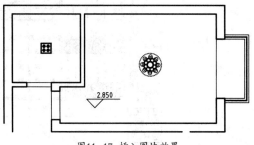

图11-17 插入图块效果

（5）调用 CO "复制" 命令，复制图块，效果如图 11-18 所示。

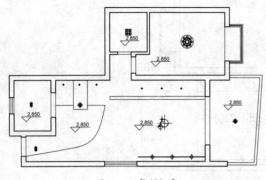

图11-18 复制标高

（6）双击相应的标高图块，修改文字，效果如图 11-19 所示。

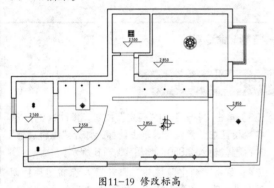

图11-19 修改标高

（7）调用 MT "多行文字" 命令，修改 "文字高度" 为 350，在图形中的相应位置，创建多行文字，如图 11-20 所示。

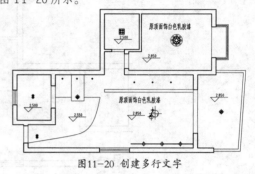

图11-20 创建多行文字

（8）将 "地面" 图层置为当前，调用 H "图案填充" 命令，选择 "NET" 图案，修改 "图案填充比例" 为 90，填充图形，如图 11-21 所示。

图11-21 填充图形

11.3 绘制图书馆顶棚平面图

绘制图书馆顶棚平面图中主要运用了 "直线" 命令、"偏移" 命令、"矩形" 命令、"复制" 命令、"修剪" 命令和 "图案填充" 命令等。如图11-22所示为图书馆顶棚平面图。

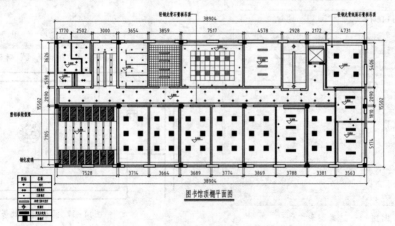

图11-22 图书馆顶棚平面图

11.3.1 ▶ 绘制顶棚平面图造型

绘制顶棚平面图造型主要运用了"直线"命令、"偏移"命令和"矩形"命令等。

操作实例 11-4：绘制顶棚平面图造型

（1）按 Ctrl + O 快捷键，打开 9 第 11 章 \11.3 绘制图书馆顶棚平面图 .dwg"图形文件，并删除与顶棚平面图无关的图形，如图 11-23 所示。

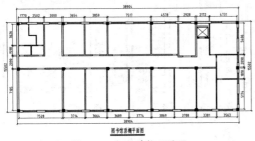

图 11-23　打开并整理图形

（2）将"门窗"图层置为当前图层，调用 L"直线"命令，在门洞处绘制门槛线，效果如图 11-24 所示。

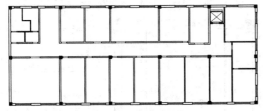

图 11-24　修改图形

（3）绘制卫生间顶棚造型。将"吊顶"图层置为当前，调用 L"直线"命令，输入 FROM"捕捉自"命令，捕捉左上方端点，输入（@452.9,-300）和（@0,-3626.3），绘制直线，如图 11-25 所示。

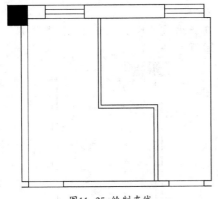

图 11-25　绘制直线

（4）调用 O"偏移"命令，将新绘制直线向左偏

移 61，向右偏移 3951 和 80，并修剪图形，如图 11-26 所示。

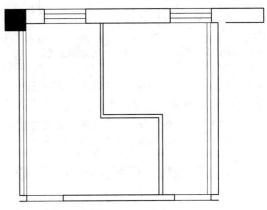

图 11-26　偏移图形

（5）调用 O"偏移"命令，依次输入 L 和 C，将下方相应的墙体，向左依次偏移 200 和 80，如图 11-27 所示。

（6）调用 O"偏移"命令，将偏移后的最左侧垂直直线向右依次偏移 600 和 80，如图 11-28 所示。

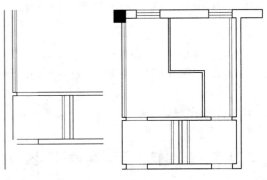

图 11-27　偏移图形　　　图 11-28　偏移图形

（7）绘制楼梯顶棚造型。调用 L"直线"命令，输入 FROM"捕捉自"命令，捕捉偏移后垂直直线的下端点，输入（@1987.9,3992.4）和（@3000,0），绘制直线，如图 11-29 所示。

（8）调用 L"直线"命令，输入 FROM"捕捉自"命令，捕捉新绘制水平直线的左端点，输入（@504,0）和（@0,-3920），绘制直线，如图 11-30 所示。

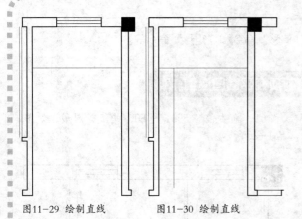

图11-29 绘制直线　　　　图11-30 绘制直线

（9）调用 O "偏移"命令，将新绘制的水平直线向下偏移3920，如图 11-31 所示。

（10）调用 O "偏移"命令，将新绘制垂直直线右依次偏移 250、1400、250，如图 11-32 所示。

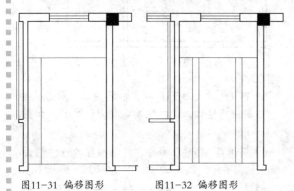

图11-31 偏移图形　　　　图11-32 偏移图形

（11）调用 REC "矩形"命令，输入 FROM "捕捉自"命令，捕捉新绘制水平直线的左端点，输入（@1350,255）和（@300,-4292），绘制矩形，如图 11-33 所示。

（12）调用 O "偏移"命令，将新绘制的矩形向内偏移50，如图 11-34 所示。

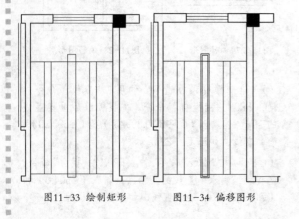

图11-33 绘制矩形　　　　图11-34 偏移图形

（13）调用 TR "修剪"命令，修剪图形，如图 11-35 所示。

（14）调用 L "直线"命令，输入 FROM "捕捉自"命令，捕捉新绘制水平直线的右端点，依次输入（@1148.1,1353.9）、（@0,-5346.3）和（@2745.5,0），绘制直线，如图 11-36 所示。

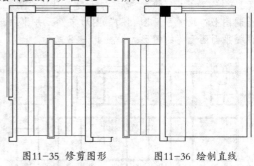

图11-35 修剪图形　　　　图11-36 绘制直线

（15）调用 O "偏移"命令，将新绘制的垂直直线向右偏移50，如图 11-37 所示。

（16）调用 O "偏移"命令，将新绘制的水平直线向上依次偏移 469、800、68、50、419、800、68、50、419、800、68、50、419、800，如图 11-38 所示。

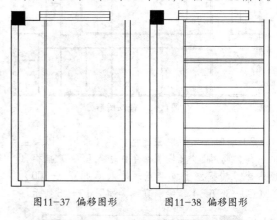

图11-37 偏移图形　　　　图11-38 偏移图形

（17）调用 TR "修剪"命令，修剪图形，如图 11-39 所示。

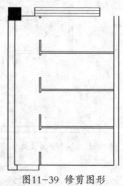

图11-39 修剪图形

（18）绘制厨房和餐厅顶棚造型。调用 L "直线"命令，输入 FROM "捕捉自"命令，捕捉修剪后相应图形的右上方端点，依次输入（@180,986.6）、（@11556.4,0），绘制直线，如图 11-40 所示。

图11-40 绘制直线

（19）调用 TR "修剪"命令，修剪图形，如图 11-41 所示。

（20）调用 REC "矩形"命令，输入 FROM "捕捉自"命令，捕捉修剪后直线的右端点，依次输入（@-1019.5,-722.9）、（@-5400,-3600），绘制矩形，如图 11-42 所示。

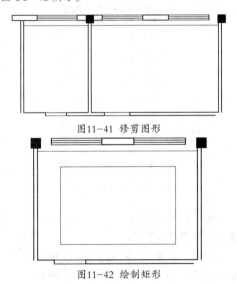

图11-41 修剪图形

图11-42 绘制矩形

（21）调用 X "分解"命令，分解矩形；调用 O "偏移"命令，将矩形左侧的垂直直线向右偏移 8 次，偏移距离均为 600，如图 11-43 所示。

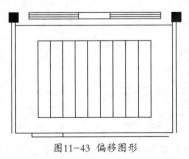

图11-43 偏移图形

（22）调用 O "偏移"命令，将矩形上方的水平直线向下偏移 5 次，偏移距离均为 600，如图 11-44 所示。

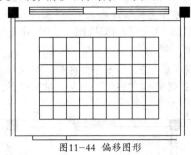

图11-44 偏移图形

（23）绘制楼梯顶棚造型。调用 L "直线"命令，输入 FROM "捕捉自"命令，捕捉新绘制矩形的右上方端点，依次输入（@5969.5,-330.9）、（@2927.9,0），绘制直线，如图 11-45 所示。

（24）调用 O "偏移"命令，将新绘制的直线向下偏移 3517，如图 11-46 所示。

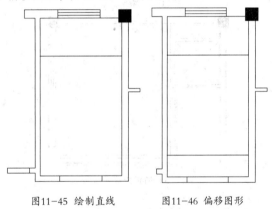

图11-45 绘制直线　　图11-46 偏移图形

（25）调用 REC "矩形"命令，输入 FROM "捕捉自"命令，捕捉新绘制直线的左端点，依次输入（@1234.4,255.3）、（@300,-3889.3），绘制矩形，如图 11-47 所示。

（26）调用 O "偏移"命令，将矩形向内偏移 50；调用 TR "修剪"命令，修剪图形，如图 11-48 所示。

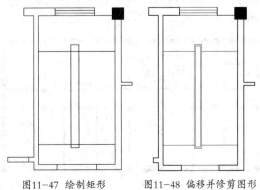

图11-47 绘制矩形　　图11-48 偏移并修剪图形

（27）绘制打字复印室顶棚造型。调用 L "直线"命令，输入 FROM "捕捉自"命令，捕捉偏移后水平直线的右端点，依次输入（@2132.1,2234.4）、（@0,-3169.6）和（@4831.1,0），绘制直线，效果如图 11-49 所示。

（28）调用 O "偏移"命令，将新绘制的直线向内偏移 81；调用 TR "修剪"命令，修剪图形，如图 11-50 所示。

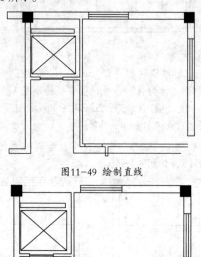

图11-49 绘制直线

图11-50 偏移并修剪图形

（29）调用 L "直线"命令，输入 FROM "捕捉自"命令，捕捉新绘制直线的上端点，依次输入（@400,2336.7）、（@4431.1,0）、（@0,-14300）和（@-30231.1,0），绘制直线；调用 TR "修剪"命令，修剪图形，如图 11-51 所示。

（30）调用 L "直线"命令，输入 FROM "捕捉自"命令，捕捉图形的左上方端点，依次输入（@501.3,-5826.3）、（@0,-1890）、（@34418.2,0），绘制直线，如图 11-52 所示。

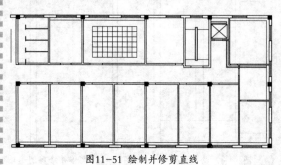

图11-51 绘制并修剪直线

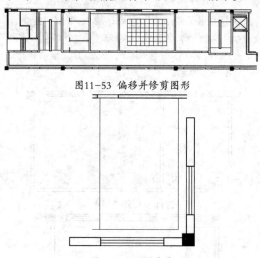

图11-52 绘制直线

（31）调用 O "偏移"命令，将新绘制的直线向右和向上均偏移 80；调用 TR "修剪"命令，修剪图形，如图 11-53 所示。

（32）调用 L "直线"命令，输入 FROM "捕捉自"命令，捕捉图形的右下方端点，依次输入（@-3582.9,600）、（@0,4873.5），绘制直线，如图 11-54 所示。

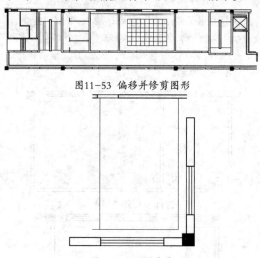

图11-53 偏移并修剪图形

图11-54 绘制直线

（33）调用 O "偏移"命令，将新绘制的直线向左偏移 80，如图 11-55 所示。

（34）调用 L "直线"命令，输入 FROM "捕捉自"命令，捕捉偏移后直线的下端点，依次输入（@-4101.2,0）、（@0,6523.8）、（@-2607.8,0）和（@0,280），绘制直线，如图 11-56 所示。

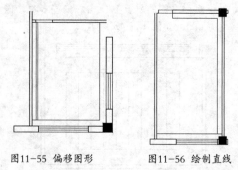

图11-55 偏移图形　　　　图11-56 绘制直线

（35）调用 O "偏移"命令，将新绘制的直线向内偏移 80，调用 F "圆角" 命令，设置圆角半径为 0，进行圆角操作，如图 11-57 所示。

（36）调用 L "直线" 命令，输入 FROM "捕捉自" 命令，捕捉新绘制直线的下端点，依次输入（@-15581.3,0）、（@0,6803.8），绘制直线，如图 11-58 所示。

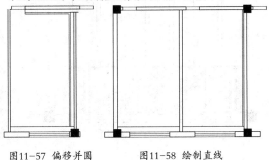

图11-57 偏移并圆 角图形　　图11-58 绘制直线

（37）绘制会议室吊顶造型。调用 L "直线" 命令，输入 FROM "捕捉自" 命令，捕捉新绘制直线的上端点，依次输入（@-15086.2,0）、（@0,-7105），绘制直线，如图 11-59 所示。

（38）调用 L "直线" 命令，输入 FROM "捕捉自" 命令，捕捉新绘制直线的上端点，依次输入（@0,-1815）、（@7360.6,0），绘制直线，如图 11-60 所示。

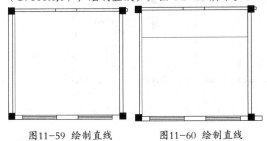

图11-59 绘制直线　　图11-60 绘制直线

（39）调用 O "偏移" 命令，将新绘制的水平直线向下偏移 3490，如图 11-61 所示。

（40）调用 O "偏移" 命令，将新绘制的垂直直线向右偏移 358、150、358、150、321、150、321、150、321、150、321、150、321、150、321、150、321、150、321、150、321、150、321、150、321、150、358，如图 11-62 所示。

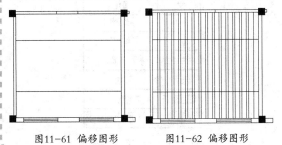

图11-61 偏移图形　　图11-62 偏移图形

（41）调用 TR "修剪" 命令，修剪图形，如图 11-63 所示。

（42）调用 REC "矩形" 命令，输入 FROM "捕捉自" 命令，捕捉新绘制直线的上端点，依次输入（@50,-65）、（@258,-1700），绘制矩形，如图 11-64 所示。

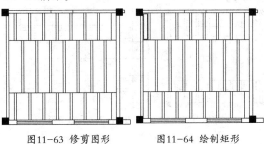

图11-63 修剪图形　　图11-64 绘制矩形

（43）调用 REC "矩形" 命令，输入 FROM "捕捉自" 命令，捕捉新绘制矩形的右上方端点，依次输入（@250,0）、（@728,-1700），绘制矩形，如图 11-65 所示。

（44）调用 L "直线" 命令，输入 FROM "捕捉自" 命令，捕捉左侧新绘制矩形的左上方端点，依次输入（@0,-1000）、（@1236,0），绘制直线，如图 11-66 所示。

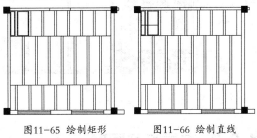

图11-65 绘制矩形　　图11-66 绘制直线

（45）调用 TR "修剪" 命令，修剪图形，如图 11-67 所示。

（46）调用 CO "复制" 命令，选择修剪后的相应矩形和直线为复制对象，捕捉左下方端点为基点，输入（@961,0）、（@1903,0）、（@2844,0）、（@3786,0）、（@4728,0）和（@5688.5,0），复制图形，如图 11-68 所示。

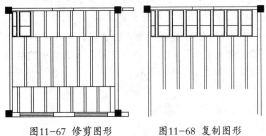

图11-67 修剪图形　　图11-68 复制图形

（47）调用 MI"镜像"命令，镜像图形，如图 11-69 所示。

（48）填充格栅灯。将"填充"图层置为当前图层，调用 H"图案填充"命令，选择"LINE"图案，修改"图案填充比例"为 30，拾取合适的区域，填充图形，如图 11-70 所示。

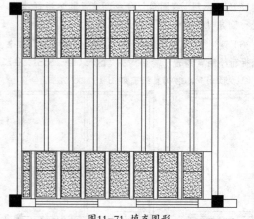

图11-71 填充图形

图11-69 镜像图形   图11-70 填充图形

（49）填充塑铝板。调用 H"图案填充"命令，选择"AR SAND"图案，修改"图案填充比例"为 2，拾取合适的区域，填充图形，如图 11-71 所示。

（50）调用 H"图案填充"命令，选择"AR-RROOF"图案，修改"图案填充角度"为 45、"图案填充比例"为 20，拾取合适的区域，填充图形，如图 11-72 所示。

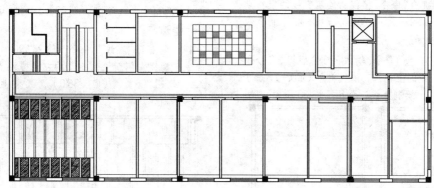

图11-72 填充图形

11.3.2 ▶布置灯具图形

图书馆顶棚平面图中布置了筒灯、明装筒灯、三防筒灯和吸顶灯等图形，布置灯具图形主要运用了"复制"命令等。

操作实例 11-5：布置灯具图形

（1）按 Ctrl ＋ O 快捷键，打开"第 9 章＼图例表 2.dwg"图形文件，如图 11-73 所示，并将其复制到"9.3 绘制图书馆顶棚平面图 .dwg"图形文件中。

（2）调用 CO"复制"命令，选择图例表中的"单管三防日光灯"图形，将其复制到顶棚图中的合适位置，如图 11-74 所示。

图标	名称
✛	筒灯
✛✛	明装筒灯
✦	三防筒灯
▭	单管三防日光灯
⊕	吸顶灯
▨	亚克力发光
▤	格栅灯

图11-73 单击"浏览"按钮

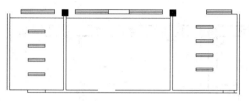

图11-74　复制图形

（3）重复上述方法，依次复制其他的灯具图形至合适的位置，如图11-75所示。

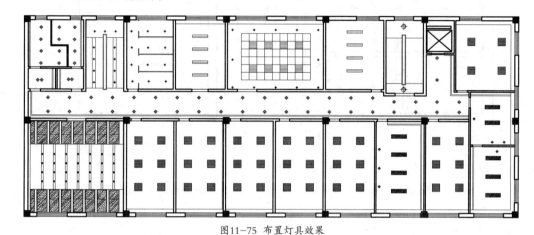

图11-75　布置灯具效果

11.3.3 ▶ 完善图书馆顶棚平面图

完善图书馆顶棚平面图主要运用了"插入"命令、"多行文字"命令和"多重引线"命令等。

操作实例 11-6：完善图书馆顶棚平面图

（1）将"标注"图层置为当前图层，调用 I "插入"命令，打开"插入"对话框，单击"浏览"按钮，打开"选择图形文件"对话框，选择"标高"图形文件，如图11-76所示。

图11-76　选择图形文件

（2）单击"打开"和"确定"按钮，修改比例为8.5，

在绘图区中任意位置，单击鼠标，打开"编辑属性"对话框，输入 3.000，如图11-77所示。

图11-77　"编辑属性"对话框

（3）单击"确定"按钮，即可插入标高图块；调用 M "移动"命令，调整图块位置，如图11-78所示。

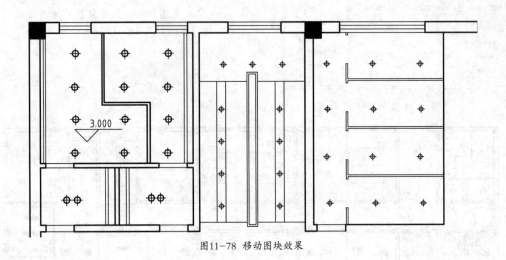

图11-78 移动图块效果

（4）调用 CO "复制" 命令，复制标高图块，如图 11-79 所示。

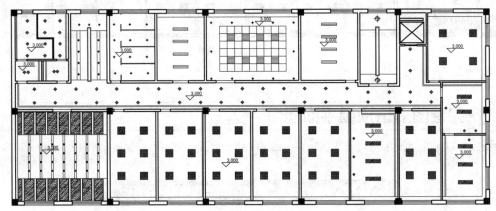

图11-79 复制图形

（5）双击相应的标高图块，修改文字，效果如图 11-80 所示。

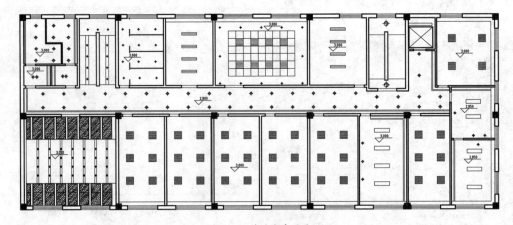

图11-80 修改文字效果

（6）将"地面"图层置为当前图层，调用 H "图案填充" 命令，选择"ANSI37"图案，修改"图案填充比例"
为 90、"图案填充角度"为 45，拾取合适的区域，填充图形，如图 11-81 所示。

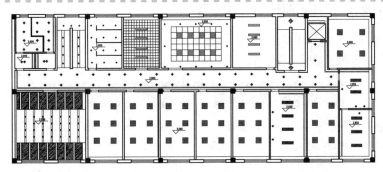

图11-81 填充图形

（7）将"标注"图层置为当前，调用 MLEA"多重引线"命令，在图形中的相应位置，标注多重引线，如图11-82所示。

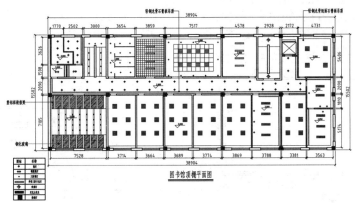

图11-82 标注多重引线

11.4 绘制服装店顶棚平面图

绘制服装店顶棚平面图中主要运用了"多段线"命令、"矩形"命令、"偏移"命令、"直线"命令、"插入"命令和"多重引线"命令等。如图11-83所示为服装店顶棚平面图。

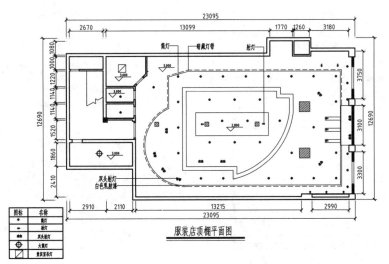

图11-83 服装店顶棚平面图

11.4.1 ▶绘制服装店顶棚平面图造型

服装店顶棚平面图中主要通过一些顶棚造型体现出来。绘制服装店顶棚平面图造型主要运用了"多段线"命令、"偏移"命令和"矩形"命令等。

操作实例 11-7：绘制服装店顶棚平面图造型

（1）按 Ctrl ＋ O 快捷键，打开"第 11 章 \11.4 绘制服装店顶棚平面图 .dwg"图形文件，如图 11-84 所示。

（2）将"吊顶"置为当前图层，调用 PL"多段线"命令，输入 FROM"捕捉自"命令，捕捉图形右下方端点，依次输入（@-1110,1040）、（@0,9140）、（@-12233,0）、（@-1677,-460.9）、（@0,-2498.8）、A、S、（@-1803.6,-3772.9）、（@3130,-2421.7）、L 和（@12307,0），绘制多段线，如图 11-85 所示。

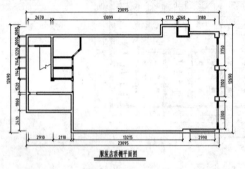

图11-84 打开图形

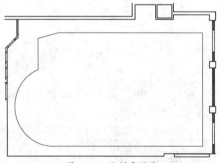

图11-85 绘制多段线

（3）调用 O"偏移"命令，将多段线向内偏移 100，如图 11-86 所示。

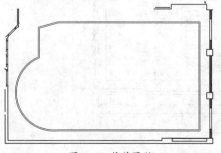

图11-86 偏移图形

（4）调用 O"偏移"命令，依次输入 L 和 C，将最下方的水平直线向上偏移 4260；调用 TR"修剪"命令，修剪图形，如图 11-87 所示。

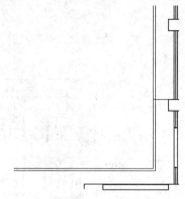

图11-87 偏移并修剪图形

（5）调用 O"偏移"命令，将修剪后的直线向上偏移 3100，如图 11-88 所示。

（6）调用 X"分解"命令，分解所有多段线；调用 O"偏移"命令，将分解后内侧多段线的右侧垂直直线向右偏移 50，如图 11-89 所示。

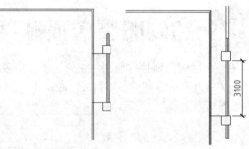

图11-88 偏移图形　　　图11-89 偏移图形

（7）调用 TR"修剪"命令，修剪图形，如图 11-90 所示。

（8）调用 PL"多段线"命令，输入 FROM"捕捉自"命令，捕捉相应图形的右上方端点，依次输入（@-3822.3,-3256.3）、（@0,1443.8）、（@-990,0）、（@0,540）、（@-7800,0）、（@0,-6511.6）、（@4039,0）、（@0,-688）、A、S、（@3197.5,1859）和（@1553,3356.8），绘制多段线，如图 11-91 所示。

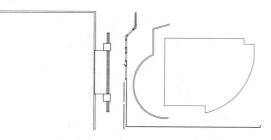

图11-90 修剪图形　　　图11-91 绘制多段线

（9）调用 O "偏移" 命令，将多段线向内偏移 300，如图 11-92 所示。

（10）调用 REC "矩形" 命令，输入 FROM "捕捉自" 命令，捕捉偏移后多段线的左上方端点，输入（@750,-1680）、（@5800,-1800），绘制矩形，如图 11-93 所示。

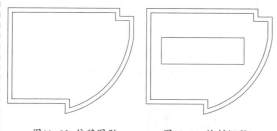

图11-92 偏移图形　　　图11-93 绘制矩形

（11）调用 REC "矩形" 命令，输入 FROM "捕捉自" 命令，捕捉新绘制矩形的左上方端点，输入（@735,-735）、（@330,-330），绘制矩形，如图 11-94 所示。

（12）调用 CO "复制" 命令，选择矩形为复制对象，捕捉左上方端点为基点，输入（@4000,0）、（@-4020,0），复制图形，如图 11-95 所示。

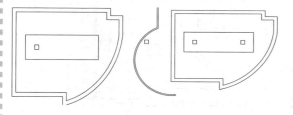

图11-94 绘制矩形　　　图11-95 复制图形

（13）调用 REC "矩形" 命令，输入 FROM "捕捉自" 命令，捕捉大矩形的右上方端点，输入（@2420,840）、（@890,-780），绘制矩形，如图 11-96 所示。

（14）调用 CO "复制" 命令，选择新绘制的矩形

为复制对象，捕捉左上方端点为基点，输入（@0,-3620），复制图形，如图 11-97 所示。

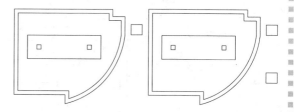

图11-96 绘制矩形　　　图11-97 复制图形

（15）将 "地面" 置为当前图层，调用 H "图案填充" 命令，选择 "ANSI31" 图案，修改 "图案填充比例" 为 30，拾取合适的区域，填充图形，如图 11-98 所示。

（16）将 "顶棚" 图层置为当前，调用 REC "矩形" 命令，输入 FROM "捕捉自" 命令，捕捉新绘制矩形的右下方端点，输入（@1223.8,-419.8）、（@1228.5,-245），绘制矩形，如图 11-99 所示。

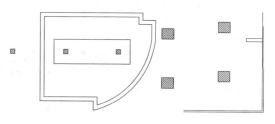

图11-98 填充图形　　　图11-99 绘制矩形

（17）调用 CO "复制" 命令，选择新绘制的矩形为复制对象，捕捉左上方端点为复制基点，输入（@0,-878）和（@0,-1755），复制图形，如图 11-100 所示。

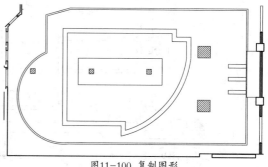

图11-100 复制图形

（18）在绘图区中，选择最外侧的多段线对象，更改其线型为 "DASHED"，其图形效果如图 11-101 所示。

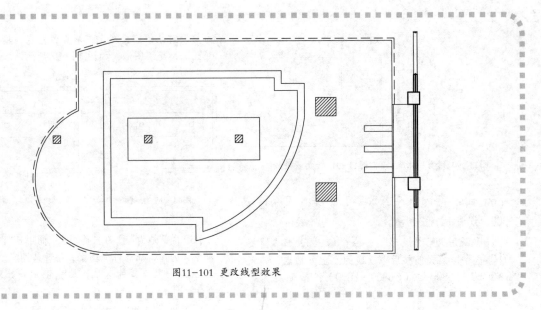

图11-101 更改线型效果

11.4.2 ▶ 布置灯具对象

　　服装店顶棚平面图中的灯具对象主要有筒灯、射灯和双头射灯等图形。布置灯具对象主要运用了"插入"命令、"移动"命令。

操作实例 11-8：布置灯具对象

　　（1）按 Ctrl＋O 快捷键，打开"第 9 章 \ 图例表 3.dwg"图形文件，并将其复制到"9.4 绘制服装店顶棚平面图 .dwg"图形文件中，如图 11-102 所示。

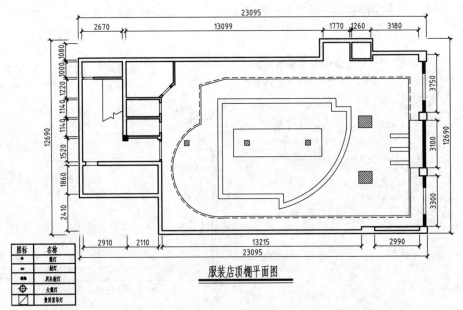

服装店顶棚平面图

图11-102 复制图形

　　（2）调用 CO"复制"命令，将图例表中的灯具图形复制到图纸的相应位置，效果如图 11-103 所示。

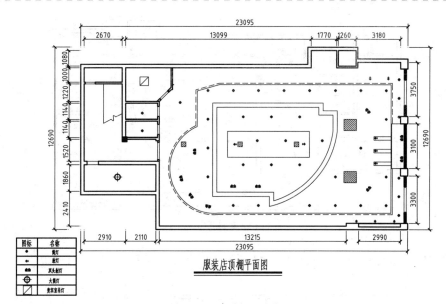

图 11-103　布置灯具效果

11.4.3 ▶ 完善服装店顶棚平面图

完善服装店顶棚平面图主要运用了"插入"命令、"复制"命令和"多重引线"命令。

操作实例 11-9：完善服装店顶棚平面图

（1）将"标注"图层置为当前图层，调用 I "插入"命令，打开"插入"对话框，单击"浏览"按钮，打开"选择图形文件"对话框，选择"标高"图形文件，单击"打开"和"确定"按钮，修改比例为 8，在绘图区中任意位置，单击鼠标，打开"编辑属性"对话框，输入 3.000，如图 11-104 所示。

（2）单击"确定"按钮，即可插入标高图块；调用 M "移动"命令，将插入的图块移至合适的位置，如图 11-105 所示。

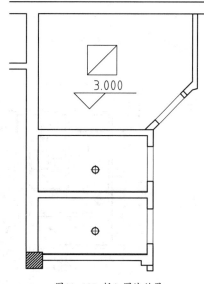

图 11-105　插入图块效果

图 11-104　"编辑属性"对话框

（3）调用 CO "复制"命令，选择标高图块，将其进行复制操作，双击复制后的标高图块，修改文字对象，如图 11-106 所示。

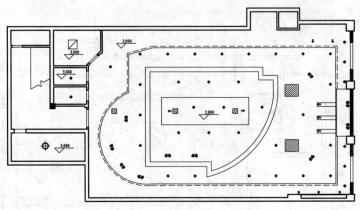

图11-106 复制并修改图形

（4）调用 MLEA "多重引线" 命令，在绘图区中相应的位置，标注多重引线，如图11-107所示。

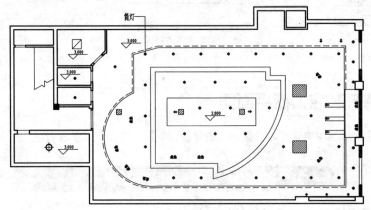

图11-107 标注多重引线

（5）重复上述方法，标注其他的多重引线，如图11-108所示。

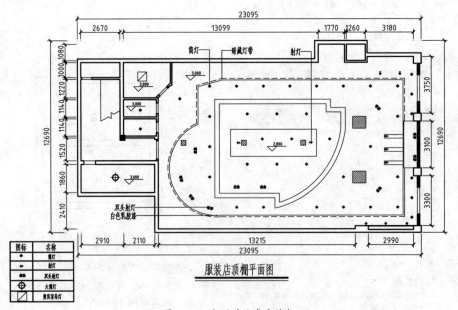

服装店顶棚平面图

图11-108 标注其他多重引线

11.5 绘制办公室顶棚平面图

绘制办公室顶棚平面图中主要运用了"直线"命令、"偏移"命令、"修剪"命令、"镜像"命令、"复制"命令和"旋转"命令等。如图11-109所示为办公室顶棚平面图。

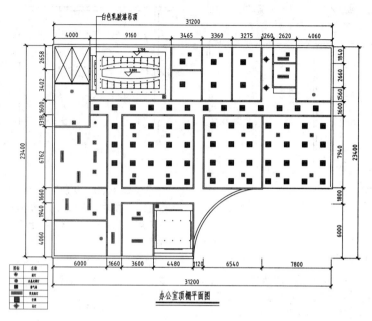

图11-109 办公室顶棚平面图

11.5.1 ▶ 绘制办公室顶棚平面图造型

绘制办公室顶棚平面图造型主要运用了"直线"命令、"偏移"命令和"修剪"命令等。

操作实例 11-10：绘制办公室顶棚平面图造型

（1）按 Ctrl + O 快捷键，打开"第 11 章\11.5 绘制办公室顶棚平面图 .dwg"图形文件，如图 11-110 所示。

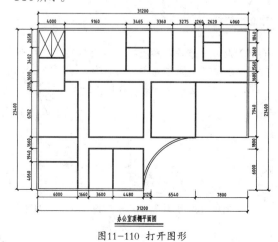

图11-110 打开图形

（2）绘制副总办公室顶棚造型。将"吊顶"图层置为当前图层，调用 L"直线"命令，输入 FROM"捕捉自"命令，捕捉图形右下方端点，依次输入（@-120,590.5）、（@-4360,0），绘制直线，如图 11-111 所示。

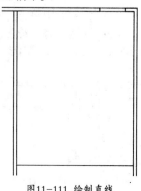

图11-111 绘制直线

（3）调用 O "偏移" 命令，将新绘制的水平直线向上偏移 500、4220，如图 11-112 所示。

（4）调用 L "直线" 命令，输入 FROM "捕捉自" 命令，捕捉偏移后第 2 条水平直线的左端点，依次输入（@250,0）、（@0,4220），绘制直线，如图 11-113 所示。

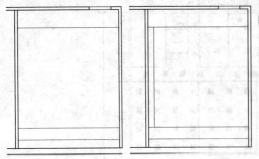

图11-112 偏移图形　　　　图11-113 绘制直线

（5）调用 O "偏移" 命令，将垂直直线向右偏移 3860，如图 11-114 所示。

（6）调用 L "直线" 命令，输入 FROM "捕捉自" 命令，捕捉偏移后第 3 条水平直线的左端点，依次输入（@1172,0）、（@0,100）、（@2018,0）和（@0,-100），绘制直线，如图 11-115 所示。

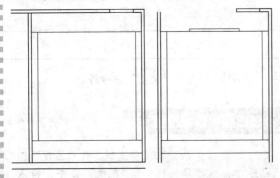

图11-114 偏移图形　　　　图11-115 绘制直线

（7）调用 O "偏移" 命令，将新绘制的水平直线向下偏移 23 和 54，如图 11-116 所示。

（8）调用 O "偏移" 命令，将新绘制的左侧垂直直线向右偏移 21.5、965、21.5、21.5、965，如图 11-117 所示。

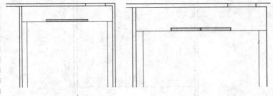

图11-116 偏移图形　　　　图11-117 偏移图形

（9）调用 TR "修剪" 命令，修剪图形，如图 11-118 所示。

（10）调用 MI "镜像" 命令，镜像图形，如图 11-119 所示。

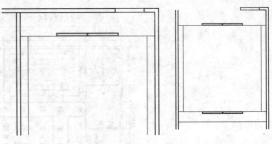

图11-118 修剪图形　　　　图11-119 镜像图形

（11）调用 CO "复制" 命令，选择新绘制的图形，捕捉左上方端点为基点，输入（@-882.3,-1202.3）和（@2797.7,-1202.3），复制图形，如图 11-120 所示。

（12）调用 RO "旋转" 命令和 M "移动" 命令，调整复制后的图形，如图 11-121 所示。

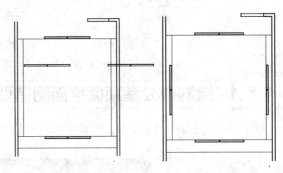

图11-120 复制图形　　　　图11-121 调整图形

（13）绘制会议室顶棚造型。调用 L "直线" 命令，输入 FROM "捕捉自" 命令，捕捉图形的左上方端点，依次输入（@4180,-1251.1）、（@658,0），绘制直线，如图 11-122 所示。

（14）调用 L "直线" 命令，输入 FROM "捕捉自" 命令，捕捉新绘制直线的左端点，依次输入（@215,0）、（@0,-3814），绘制直线，如图 11-123 所示。

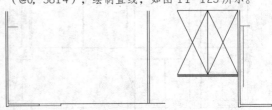

图11-122 绘制直线　　　　图11-123 绘制直线

（15）调用 O "偏移" 命令，将新绘制的垂直直线向右偏移 280，如图 11-124 所示。

（16）调用 O "偏移" 命令，将新绘制的水平直线向下依次偏移 545、423、1878、423、545，如图 11-125 所示。

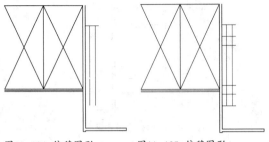

图11-124 偏移图形　　图11-125 偏移图形

（17）调用 TR "修剪" 命令，修剪图形，如图 11-126 所示。

（18）调用 REC "矩形" 命令，输入 FROM "捕捉自" 命令，捕捉新绘制水平直线的右端点，依次输入（@0,425.6）、（@7795.4,-4664.4），绘制矩形，如图 11-127 所示。

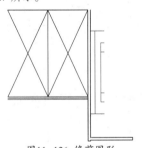

图11-126 修剪图形

图11-127 绘制矩形

（19）调用 X "分解" 命令，分解矩形；调用 O "偏移" 命令，将矩形上方的水平直线向下偏移 622 和 3420，如图 11-128 所示。

（20）调用 O "偏移" 命令，将矩形左侧的垂直直线向右依次偏移 672、591、20、729、20、748、20、706、20、742、20、706、20、748、20、729、20、591，如图 11-129 所示。

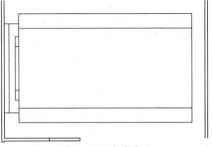

图11-128 偏移图形

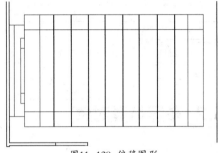

图11-129 偏移图形

（21）调用 EL "椭圆" 命令，输入 FROM "捕捉自" 命令，捕捉矩形的右上方端点，输入（@-3897.7,-2395.1），确定圆心，设置短轴半径为 1155、长轴半径为 4115，绘制椭圆，如图 11-130 所示。

（22）调用 EL "椭圆" 命令，输入 FROM "捕捉自" 命令，捕捉新绘制椭圆的圆心点，绘制一个短轴半径为 615、长轴半径为 4115 的椭圆，如图 11-131 所示。

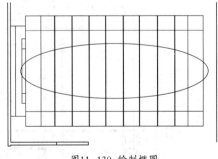

图11-130 绘制椭圆

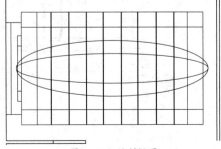

图11-131 绘制椭圆

（23）调用 TR"修剪"命令，修剪图形；调用 E"删除"命令，删除多余的图形，效果如图 11-132 所示。

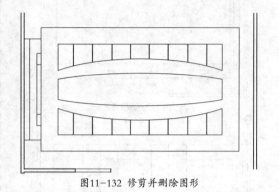

图11-132 修剪并删除图形

（24）绘制卫生间吊顶造型。调用 L "直线"命令，输入 FROM"捕捉自"命令，捕捉图形的右上方端点，输入（@-6740,-4680）、（@0,-600）和（@2500,0），绘制直线，如图 11-133 所示。

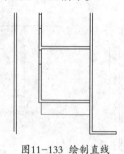

图11-133 绘制直线

11.5.2 ▸ 布置灯具对象

布置灯具对象主要运用了"插入"命令、"移动"命令和"复制"命令。

操作实例 11-11：布置灯具对象

（1）按 Ctrl + O 快捷键，打开"第 9 章 \ 图例表 4.dwg"图形文件，并将其复制到"9.5 绘制办公室顶棚平面图 .dwg"图形文件中，如图 11-134 所示。

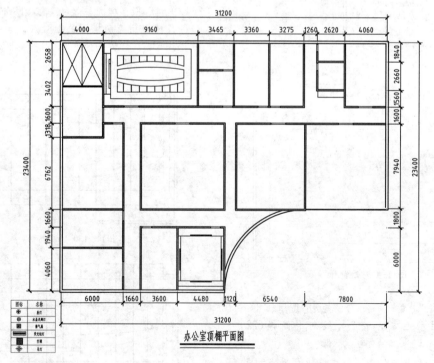

图11-134 复制图形

（2）调用 CO "复制"命令，将图例表中的灯具图形复制到图纸的相应位置，效果如图 11-135 所示。

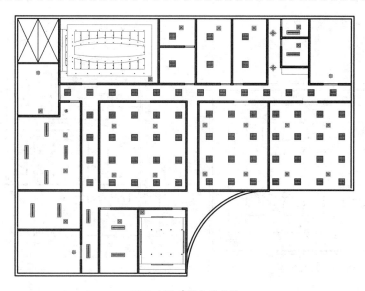

图11-135　布置灯具效果

11.5.3 ▶ 完善办公室顶棚平面图

完善办公室顶棚平面图主要运用了"插入"命令、"移动"命令、"复制"命令以及"多重引线"命令等。

操作实例 11-12：完善办公室顶棚平面图

（1）将"标注"图层置为当前图层，调用 I"插入"命令，打开"插入"对话框，单击"浏览"按钮，打开"选择图形文件"对话框，选择"标高"图形文件，单击"打开"和"确定"按钮，修改比例为11，在绘图区中任意位置，单击鼠标，打开"编辑属性"对话框，输入 2.700，如图 11-136 所示。

（2）单击"确定"按钮，即可插入标高图块；调用 M"移动"命令，调整标高位置，如图 11-137 所示。

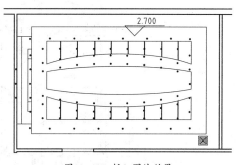

图11-137　插入图块效果

（3）调用 CO"复制"命令，复制标高，如图 11-138 所示。

图11-136　"编辑属性"对话框

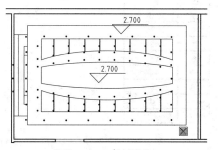

图11-138　复制图块

（4）双击复制后的标高图块，修改文字为 3.000，如图 11-139 所示。

（5）调用 MLEA"多重引线"命令，在绘图区中相应的位置，标注多重引线，如图 11-140 所示。

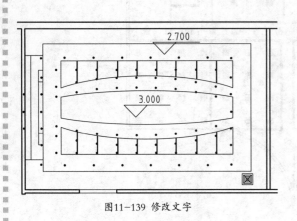

图 11-139 修改文字

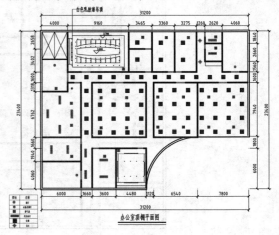

图 11-140 标注多重引线

11.6 绘制别墅顶棚平面图

绘制别墅顶棚平面图中主要运用了"直线"命令、"矩形"命令、"偏移"命令、"修剪"命令、"插入"命令和"图案填充"命令等。如图 11-141 所示为别墅顶棚平面图。

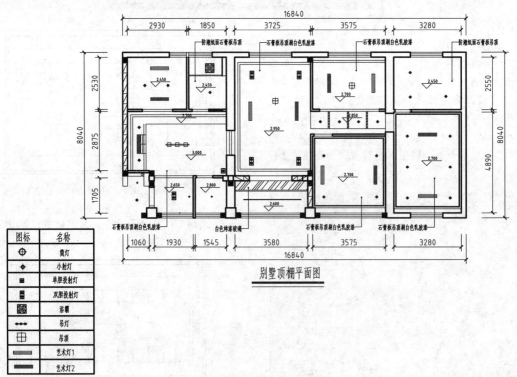

图 11-141 别墅顶棚平面图

11.6.1 ▶ 绘制别墅顶棚平面图造型

绘制别墅顶棚平面图造型主要运用了"直线"命令、"偏移"命令和"矩形"命令等。

操作实例 11-13：绘制别墅顶棚平面图造型

（1）按 Ctrl＋O 快捷键，打开"第 11 章\11.6 绘制别墅顶棚平面图.dwg"图形文件，如图 11-142 所示。

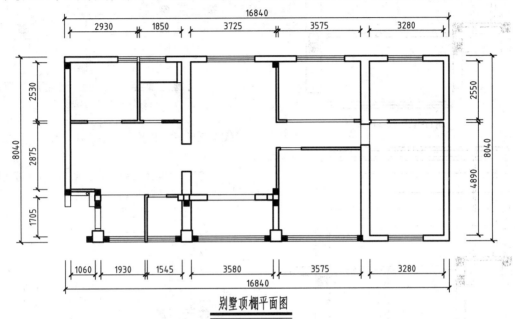

别墅顶棚平面图

图 11-142 打开图形

（2）绘制玄关顶棚造型。将"顶棚"图层置为当前，调用 L"直线"命令，输入 FROM"捕捉自"命令，捕捉图形左下方端点，依次输入（@620,1945）、（@1930,0），绘制直线，如图 11-143 所示。

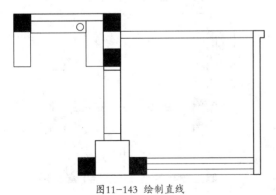

图 11-143 绘制直线

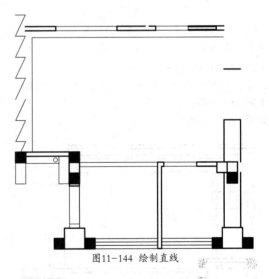

图 11-144 绘制直线

（3）绘制餐厅顶棚造型。调用 L"直线"命令，输入 FROM"捕捉自"命令，捕捉新绘制直线的左端点，依次输入（@-1145,350）、（@0,2714）和（@4710,0），绘制直线，如图 11-144 所示。

（4）调用 O"偏移"命令，将新绘制的垂直直线向右偏移 100、490、60 和 100，如图 11-145 所示。

（5）调用 O"偏移"命令，将新绘制的水平直线向下偏移 100、349、521、450 和 450，效果如图 11-146 所示。

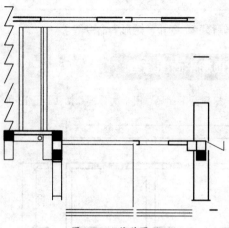

图11-145 偏移图形

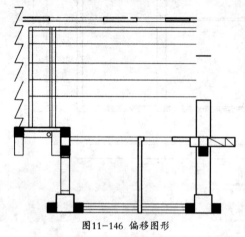

图11-146 偏移图形

（6）调用 TR"修剪"命令，修剪图形；调用 E"删除"命令，删除多余的图形，效果如图 11-147 所示。

（7）调用 REC"矩形"命令，输入 FROM"捕捉自"命令，捕捉新绘制直线的左上方端点，依次输入（@316.6,-964.5）、（@177.8,-910），绘制矩形，如图 11-148 所示。

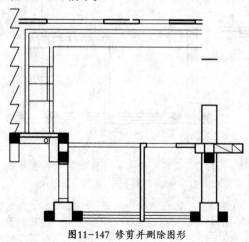

图11-147 修剪并删除图形

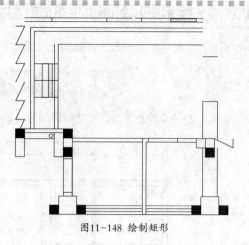

图11-148 绘制矩形

（8）调用 TR"修剪"命令，修剪图形，效果如图 11-149 所示。

（9）调用 L"直线"命令，依次捕捉右侧合适的端点，连接直线，如图 11-150 所示。

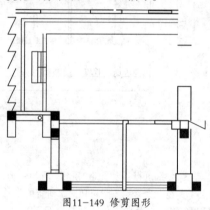

图11-149 修剪图形

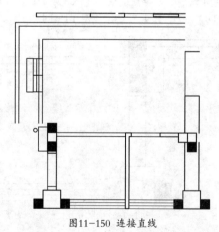

图11-150 连接直线

（10）调用 O"偏移"命令，将新绘制的垂直直线向右偏移 144、97、159，如图 11-151 所示。

（11）绘制客厅顶棚造型。调用 L"直线"命令，输入 FROM"捕捉自"命令，捕捉偏移后垂直直线下端点，依次输入（@3575,-780）、（@-3425,0）、（@0,5285）和（@3575,0），绘制直线，如图11-152所示。

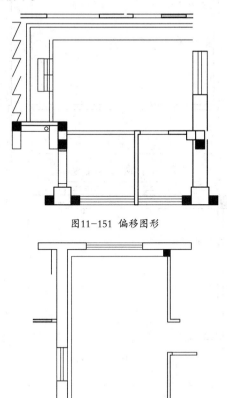

图11-151　偏移图形

图11-152　绘制直线

（12）调用 O"偏移"命令，将新绘制的水平直线向下偏移100和5085，如图11-153所示。

（13）调用 O"偏移"命令，将新绘制的垂直直线向右偏移100；调用 TR"修剪"命令，修剪图形，如图11-154所示。

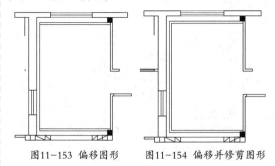

图11-153　偏移图形　　　图11-154　偏移并修剪图形

（14）绘制洗衣房顶棚造型。调用 L"直线"命令，输入 FROM"捕捉自"命令，捕捉新绘制直线的左下方端点，依次输入（@-150,-915）、（@3575,0），

绘制直线，如图11-155所示。

（15）调用 O"偏移"命令，将新绘制的直线向下偏移50，如图11-156所示。

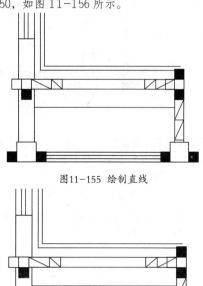

图11-155　绘制直线

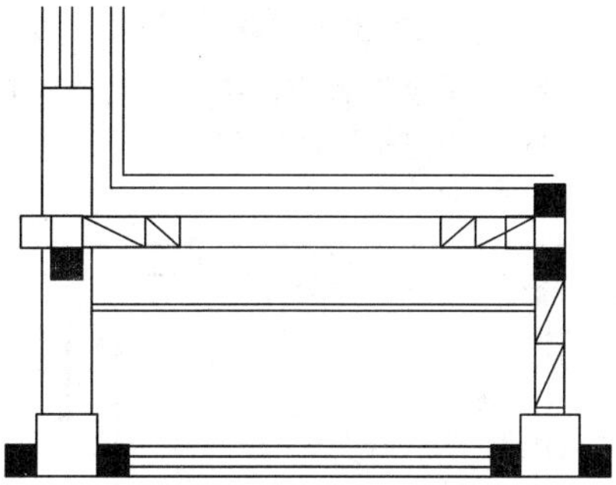

图11-156　偏移图形

（16）调用 REC"矩形"命令，输入 FROM"捕捉自"命令，捕捉偏移后直线的左端点，依次输入（@414.4,-398.3）、（@2832.5,-23.4），绘制矩形，如图11-157所示。

（17）绘制卧室顶棚造型。调用 REC"矩形"命令，输入 FROM"捕捉自"命令，捕捉新绘制矩形的右下方端点，依次输入（@653.1,-308.3）、（@3420,3320），绘制矩形，如图11-158所示。

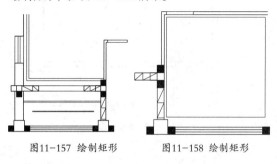

图11-157　绘制矩形　　　图11-158　绘制矩形

（18）调用 O"偏移"命令，将新绘制的矩形向内偏移30和10，如图11-159所示。

（19）调用 L"直线"命令，输入 FROM"捕捉自"命令，捕捉新绘制矩形的左下方端点，依次输入（@45,-80）、（@3455,0），绘制直线，如图11-160所示。

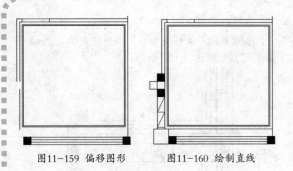

图11-159 偏移图形   图11-160 绘制直线

（20）绘制客厅走廊顶棚造型。调用 L "直线" 命令，输入 FROM "捕捉自" 命令，捕捉新绘制矩形的左上方端点，依次输入（@-175,1280）、（@0,-840）和（@3675,0），绘制直线，如图11-161所示。

（21）调用 O "偏移" 命令，将新绘制的垂直直线向右偏移 800、70、800、70、800 和 70，如图11-162所示。

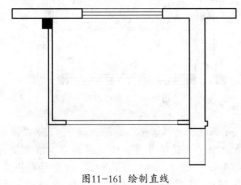

图11-161 绘制直线

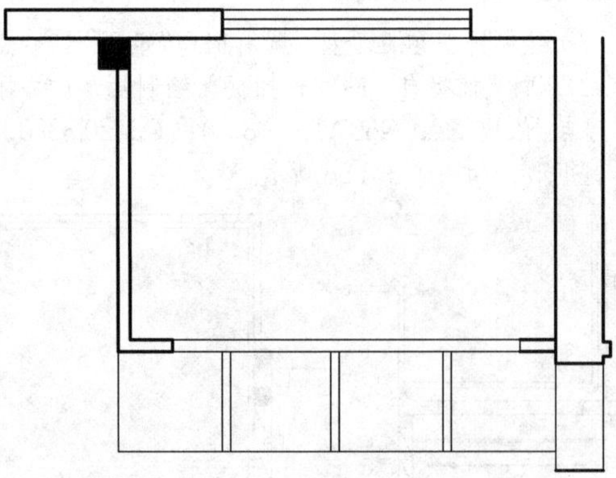

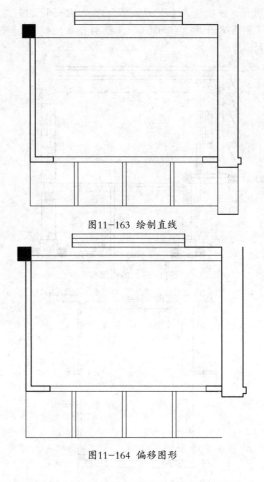

图11-163 绘制直线

图11-164 偏移图形

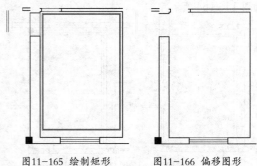

图11-165 绘制矩形   图11-166 偏移图形

图11-162 偏移图形

（22）绘制书房吊顶造型。调用 L "直线" 命令，输入 FROM "捕捉自" 命令，捕捉新绘制直线的左上方端点，依次输入（@100,2379.3）、（@3575,0），绘制直线，如图11-163所示。

（23）调用 O "偏移" 命令，将新绘制的水平直线向上偏移 100，如图11-164所示。

（24）绘制主卧室顶棚造型。调用 REC "矩形" 命令，输入 FROM "捕捉自" 命令，捕捉新绘制直线的右端点，依次输入（@480,-2499）、（@3120,-4530），绘制矩形，如图11-165所示。

（25）调用 O "偏移" 命令，将矩形向内依次偏移 30 和 10，如图11-166所示。

（26）调用 L "直线" 命令，输入 FROM "捕捉自" 命令，捕捉新绘制矩形的右下方端点，依次输入（@80,-80）、（@-3280,0），绘制直线，如图11-167所示。

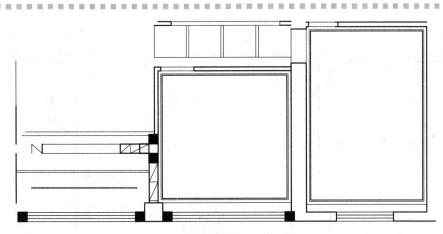

图11-167　绘制直线

11.6.2 ▶ 布置灯具对象

布置灯具对象主要运用了"插入"命令、"移动"命令和"复制"命令。

操作实例 11-14：布置灯具对象

（1）按 Ctrl＋O 快捷键，打开"第 9 章 \ 图例表 5.dwg"图形文件，并将其复制到"9.6 绘制别墅顶棚平面图 .dwg"图形文件中，如图 11-168 所示。

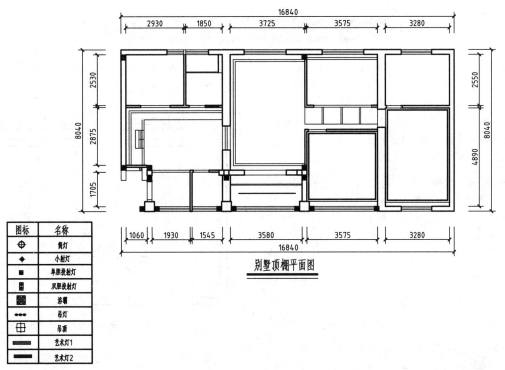

图标	名称
⊕	筒灯
◆	小射灯
■	单脚投射灯
▦	双脚投射灯
▦	浴霸
••••	吊灯
⊞	吊顶
▬	艺术灯1
▬	艺术灯2

别墅顶棚平面图

图11-168　复制图形

（2）调用 CO "复制" 命令，依次将图例表中的灯具图形复制到相应的位置，效果如图 11-169 所示。

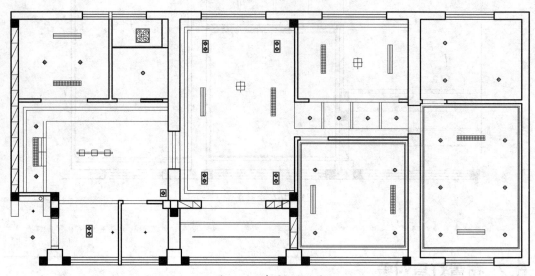

图11-169 布置灯具效果

11.6.3 ▸ 完善别墅顶棚平面图

完善别墅顶棚平面图主要运用了 "插入" 命令、"复制" 命令和 "多重引线" 命令等。

操作实例 11-15：完善别墅顶棚平面图

（1）将 "标注" 图层置为当前图层，调用 I "插入" 命令，打开 "插入" 对话框，单击 "浏览" 按钮，打开 "选择图形文件" 对话框，选择 "标高" 图形文件，单击 "打开" 和 "确定" 按钮，修改比例为6，在绘图区中任意位置，单击鼠标，打开 "编辑属性" 对话框，输入 2.700，如图 11-170 所示。

图11-170 "编辑属性" 对话框

（2）单击 "确定" 按钮插入标高图块；调用 M "移动" 命令，调整标高的位置，如图 11-171 所示。

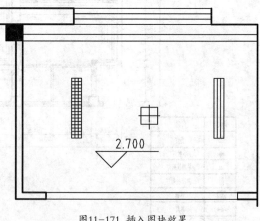

图11-171 插入图块效果

（3）调用 CO "复制" 命令，选择标高图块，将其进行复制操作，如图 11-172 所示。

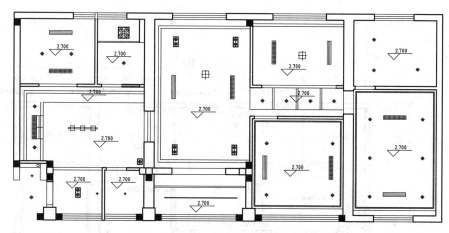

图11-172　复制图块

（4）双击复制后的标高图块，修改文字，如图11-173所示。

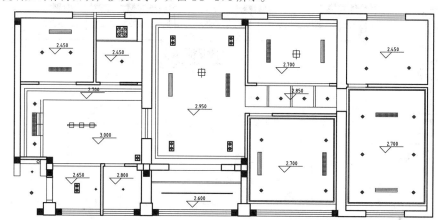

图11-173　修改文字

（5）将"地面"图层置为当前图层，调用H"图案填充"命令，选择"AR-RROF"图案，修改"图案填充角度"为50、"图案填充比例"为20，拾取合适的区域，填充图形，如图11-174所示。

案，修改"图案填充比例"为30，拾取合适的区域，填充图形，如图11-175所示。

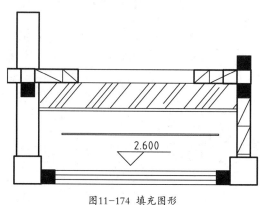

图11-174　填充图形

（6）调用H"图案填充"命令，选择"STEEL"图

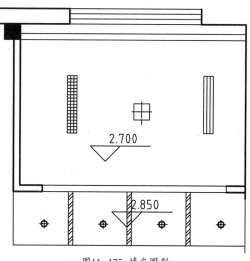

图11-175　填充图形

（7）将"标注"图层置为当前，调用 MLEA "多重引线"命令，在绘图区中相应的位置，标注多重引线，如图 11-176 所示。

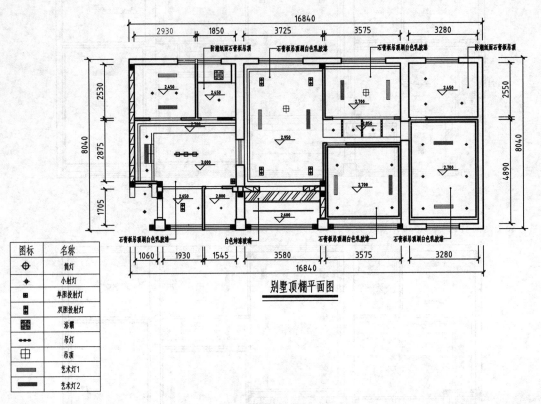

图 11-176 标注多重引线

第12章
室内立面图绘制

　　室内立面图是施工图设计中重要的一环，它可以反映出客厅、卧室、厨房和卫生间等空间的各个面的详细部分。本章将详细介绍室内立面图的基础知识和相关绘制方法。

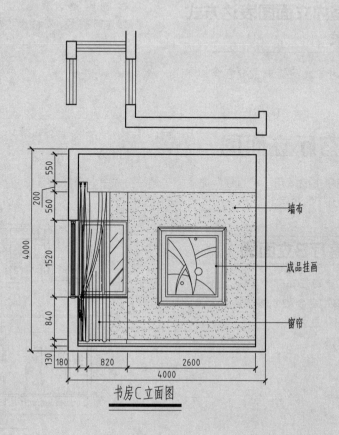

书房C立面图

12.1 室内立面图基础认识

立面图是装饰细节的体现，是施工的重要依据，在绘制室内立面图之前，首先需要对室内立面图有个基础的认识，如了解室内立面图的形成以及画法等。

12.1.1 ▶ 概述室内立面图

在绘制室内装潢设计图时，室内立面图是室内墙面与装饰物的正投影图，它标明了墙面装饰的式样、位置尺寸以材料，同时标明了墙面与门窗、隔断等的高度尺寸，以及墙与顶面、地面的衔接方式。

12.1.2 ▶ 了解室内立面图的内容

室内立面图的图示内容主要包括以下几个方面：
- ⊕ 反映投影方向可见的室内轮廓线和装修构造及墙面做法的工艺要求等。
- ⊕ 反映固定家具，灯具等的形状及位置。
- ⊕ 反映室内需要表达的装饰物的形状及位置。
- ⊕ 标注全各种必要的尺寸和标高。

12.1.3 ▶ 了解室内立面图表达方式及要求

室内立面图的表达方式及要求主要包含以下

几点：
- ⊕ 室内立面图应按比例绘制。
- ⊕ 室内立面图的顶棚轮廓线，可根据具体情况只表达吊平顶。
- ⊕ 平面形状曲折的墙面可绘制展开室内立面图。
- ⊕ 室内立面图的名称，应根据平面图中内视符号的编号确定。
- ⊕ 室内立面图应画出门窗形状。
- ⊕ 室内立面图应画出立面造型及需要表达的家具等形状。

12.1.4 ▶ 了解室内立面图的画法

绘制室内立面图的具体步骤如下：
- ⊕ 选定图幅，确定比例。
- ⊕ 画出立面轮廓线及主要分隔线。
- ⊕ 画出门窗，家具及立面造型线。
- ⊕ 加深图线，标注尺寸等。

12.2 绘制客厅立面图

绘制客厅立面图中主要运用了"直线"命令、"偏移"命令、"矩形"命令、"复制"命令、"修剪"命令和"图案填充"命令等。

12.2.1 ▶ 绘制客厅B立面图

绘制客厅B立面图主要运用了"矩形"命令、"分解"命令、"偏移"命令和"修剪"命令等。如图12-1所示为客厅B立面图。

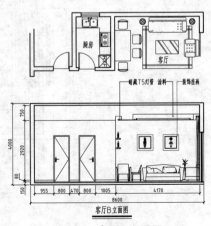

图12-1 客厅B立面图

操作实例 12-1：绘制客厅 B 立面图

（1）按 Ctrl＋O 快捷键，打开"第 12 章\12.2.1 绘制客厅 B 立面图 .dwg"图形文件，如图 12-2 所示。

图12-2 打开图形

专家提醒

本章中与立面图所对应的平面图图形均是使用"复制"命令，从"效果\第9章\9.3绘制三居室平面布置图.dwg"图形文件中复制出来，如图12-3所示。

（2）调用 O "偏移"命令，将左侧的垂直直线向右偏移 200、4030、120、20、150、560、150、20、20、2630、20、20、150、130、180，如图 12-4 所示。

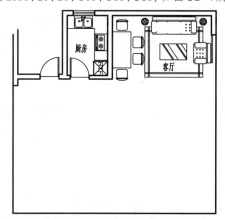

图12-3 绘制墙体投影线和地面轮廓线

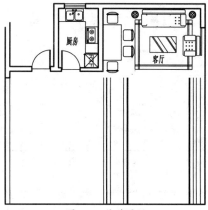

图12-4 偏移图形

（3）调用 O "偏移"命令，将水平直线向上偏移 100、50、80、2320、600、20、40、20、120、100、450、100，如图 12-5 所示。

（4）调用 TR "修剪"命令，修剪图形；调用 E "删除"命令，删除多余的图形；将"门窗"图层置为当前；调用 L "直线"命令，依次捕捉合适的端点，连接直线，效果如图 12-6 所示。

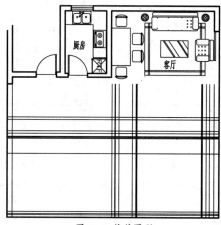

图12-5 偏移图形

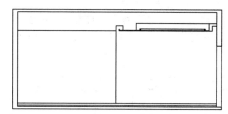

图12-6 修改图形

（5）调用 L "直线"命令，输入 FROM "捕捉自"命令，捕捉图形的左下方端点，依次输入（@1155,150）、（@0,2260）、（@800,0）和（@0,-2260），绘制直线，如图 12-7 所示。

（6）调用 O "偏移"命令，将新绘制的所有直线均向内偏移 40；调用 TR "修剪"命令，修剪图形，如图 12-8 所示。

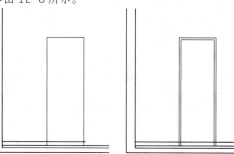

图12-7 绘制直线　　　　图12-8 偏移并修剪图形

（7）调用CO"复制"命令，选择修剪后的图形为复制对象，捕捉左下方端点为基点，输入(@1270,0)，复制图形，如图12-9所示。

（8）调用L"直线"命令，依次捕捉合适的端点和中点，连接直线；调用TR"修剪"命令，修剪图形，如图12-10所示。

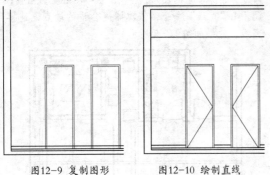

图12-9 复制图形　　　图12-10 绘制直线

（9）将"家具"图层置为当前图层；调用L"直线"命令，输入FROM"捕捉自"命令，捕捉复制后图形的右上方端点，输入(@1005,-140)、(@250,0)、(@0,-60)和(@-250,0)，绘制直线，如图12-11所示。

（10）调用O"偏移"命令，将新绘制的右侧垂直直线向左偏移14、11、200和11，如图12-12所示。

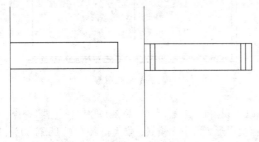

图12-11 绘制直线　　　图12-12 偏移图形

（11）调用O"偏移"命令，将新绘制的上方水平直线向下偏移5和44，如图12-13所示。

（12）调用TR"修剪"命令，修剪图形，如图12-14所示。

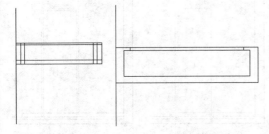

图12-13 偏移图形　　　图12-14 修剪图形

（13）调用CO"复制"命令，选择修剪后的图形为复制对象，捕捉左上方端点为基点，输入(@0,-460)，复制图形，如图12-15所示。

（14）调用REC"矩形"命令，输入FROM"捕捉自"命令，捕捉修剪后图形的右上方端点，依次输入(@805,170)、(@780,-780)，绘制矩形，如图12-16所示。

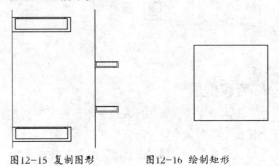

图12-15 复制图形　　　图12-16 绘制矩形

（15）调用CO"复制"命令，选择矩形为复制对象，捕捉左上方端点为基点，输入(@1280,0)，复制图形，如图12-17所示。

（16）调用I"插入"命令，打开"插入"对话框，单击"浏览"按钮，打开"选择图形文件"对话框，选择"暗藏T5灯管"图形文件，如图12-18所示。

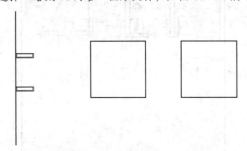

图12-17 复制图形

图12-18 选择图形文件

（17）依次单击"打开"和"确定"按钮，在绘图区的任意位置，单击鼠标，即可插入图块；调用

M"移动"命令，移动插入的图块，如图12-19所示。

（18）调用 CO"复制"命令，选择图块为复制对象，捕捉下方中点为基点，输入（@718,0）、（@-128,-949）、（@-31.7,-949）、（@-128,-1409）和（@-31.7,-1409），复制图形，如图12-20所示。

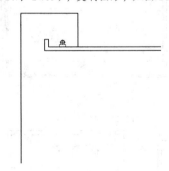

图12-19　插入图块效果

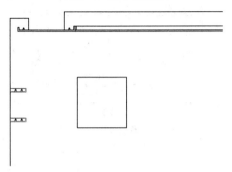

图12-20　复制图形

（19）调用 I"插入"命令，打开"插入"对话框，单击"浏览"按钮，打开"选择图形文件"对话框，选择"家具组合1"图形文件，如图12-21所示。

（20）依次单击"打开"和"确定"按钮，在绘图区的任意位置，单击鼠标，即可插入图块；调用 M"移动"命令，移动插入的图块；调用 TR"修剪"命令，修剪图形，如图12-22所示。

图12-21　选择图形文件

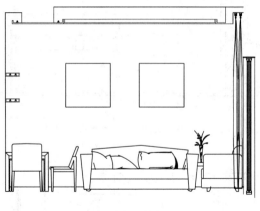

图12-22　插入图块效果

（21）调用 I"插入"命令，打开"插入"对话框，单击"浏览"按钮，打开"选择图形文件"对话框，选择"装饰品1"图形文件，如图12-23所示。

（22）依次单击"打开"和"确定"按钮，在绘图区的任意位置，单击鼠标，即可插入图块；调用 M"移动"命令，移动插入的图块，如图12-24所示。

图12-23　选择图形文件

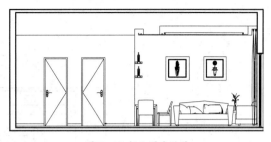

图12-24　插入图块效果

（23）将"标注"图层置为当前图层，调用 DIM"标注"命令，标注图中尺寸，效果如图12-25所示。

（24）调用 MLEA"多重引线"命令，添加多重引线标注，效果如图12-26所示。

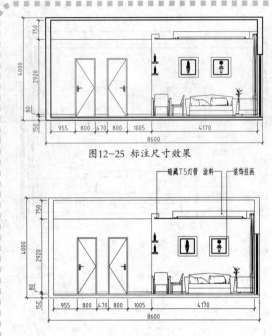

图12-25 标注尺寸效果

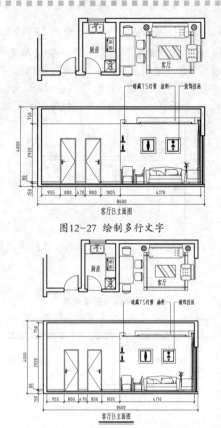

图12-27 绘制多行文字

图12-26 添加多重引线标注

（25）调用MT"多行文字"命令，修改"文字高度"为380，绘制多行文字，如图12-27所示。

（26）调用L"直线"和PL"多段线"命令，绘制直线和多段线，效果如图12-28所示。

图12-28 绘制直线和多段线

12.2.2 ▶ 绘制客厅C立面图

绘制客厅C立面图主要运用了"矩形"命令、"修剪"命令、"多段线"命令和"插入"命令等。如图12-29所示为客厅C立面图。

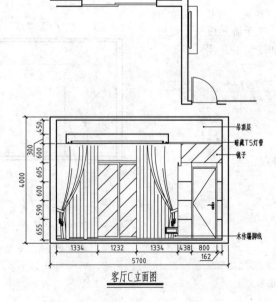

客厅C立面图

图12-29 客厅C立面图

操作实例 12-2：绘制客厅 C 立面图

（1）按 Ctrl＋O 快捷键，打开"第 12 章\12.2.2 绘制客厅 C 立面图.dwg"图文件，如图 12-30 所示。

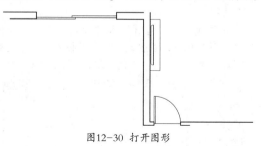

图12-30　打开图形

（2）将"墙体"置为当前图层，调用 REC"矩形"命令，任意捕捉一点为矩形的起点，输入（@5700,-4000），绘制矩形，如图 12-31 所示。

（3）调用 X"分解"命令，分解矩形；调用 O"偏移"命令，将矩形上方直线向下依次偏移 100、450、220、60、20、600、100、495、10、590、10、590、10、515、80、50，如图 12-32 所示。

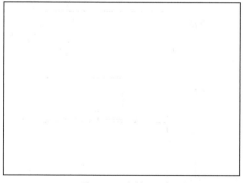

图12-31　绘制矩形

图12-32　偏移图形

（4）调用 O"偏移"命令将矩形左侧垂直直线向右偏移 200、310、150、20、20、2900、20、20、150、310、20、80、1300，如图 12-33 所示。

（5）调用 TR"修剪"命令，修剪图形；调用 E"删除"命令，删除多余的图形，效果如图 12-34 所示。

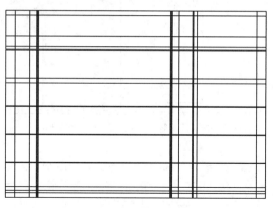

图12-33　偏移图形

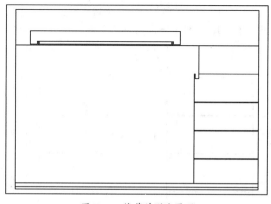

图12-34　修剪并删除图形

（6）将"门窗"图层置为当前，调用 REC"矩形"命令，输入 FROM"捕捉自"命令，捕捉图形的左上方端点，输入（@1543,-1390）、（@1232,-2460），绘制矩形，如图 12-35 所示。

（7）调用 X"分解"命令，分解新绘制的矩形；调用 O"偏移"命令，将矩形左侧的垂直直线向右偏移 636 和 60，如图 12-36 所示。

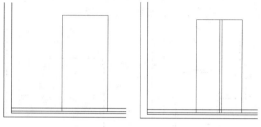

图12-35　绘制矩形　　　　图12-36　偏移图形

（8）调用 O"偏移"命令，将矩形上方的水平直线向下偏移 60、60、2279，如图 12-37 所示。

（9）调用 TR"修剪"命令，修剪图形；调用 E"删除"命令，删除多余的图形，效果如图 12-38 所示。

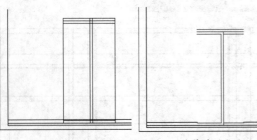

图12-37 偏移图形　　　图12-38 修剪并删除图形

（10）调用 PL"多段线"命令，输入 FROM"捕捉自"命令，捕捉图形的右下方端点，依次输入（@-362,150）、（@0,2260）、（@-800,0）和（@0,-2260），绘制多段线，如图 12-39 所示。

（11）调用 O"偏移"命令，将新绘制的多段线向内偏移 40，如图 12-40 所示。

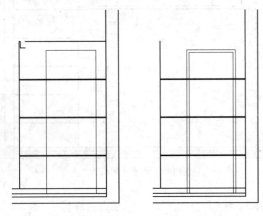

图12-39 绘制多段线　　　图12-40 偏移图形

（12）调用 TR"修剪"命令，修剪图形；调用 E"删除"命令，删除多余的图形，效果如图 12-41 所示。

（13）调用 L"直线"命令，依次捕捉合适的端点和中点，连接直线，并将新绘制的两条垂直直线修改至"墙体"图层，如图 12-42 所示。

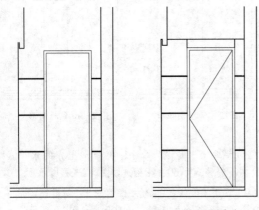

图12-41 修剪图形　　　图12-42 绘制直线

（14）将"家具"图层置为当前；调用 I"插入"命令，打开"插入"对话框，单击"浏览"按钮，打开"选择图形文件"对话框，选择"暗藏T5灯管"图形文件，如图 12-43 所示。

（15）依次单击"打开"和"确定"按钮，在绘图区的任意位置，单击鼠标，即可插入图块；调用 M"移动"命令，移动插入的图块，如图 12-44 所示。

图12-43 选择图形文件

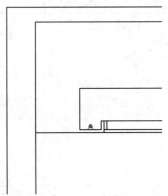

图12-44 插入图块效果

（16）调用 MI"镜像"命令，镜像图块，如图 12-45 所示。

（17）调用 I"插入"命令，打开"插入"对话框，单击"浏览"按钮，打开"选择图形文件"对话框，选择"家具组合2"图形文件，如图 12-46 所示。

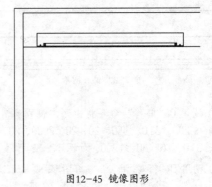

图12-45 镜像图形

图12-46 选择图形文件

（18）依次单击"打开"和"确定"按钮，在绘图区的任意位置，单击鼠标，即可插入图块；调用M"移动"命令，移动插入的图块；调用TR"修剪"命令，修剪图形，如图12-47所示。

（19）将"地面"图层置为当前；调用H"图案填充"命令，选择"JIS_LC_20"图案，修改"图案填充比例"为15，拾取合适的区域，填充图形，如图12-48所示。

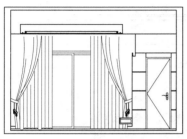

图12-47 插入图块效果

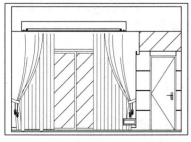

图12-48 填充图形

（20）将"标注"图层置为当前图层，调用DIM"标注"命令，标注图中尺寸，如图12-49所示。

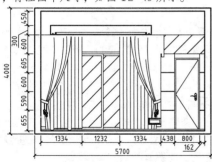

图12-49 标注尺寸效果

（21）调用 MLEA"多重引线"命令，添加多重引线标注，效果如图12-50所示。

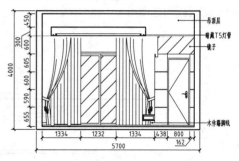

图12-50 添加多重引线

（22）调用 MT"多行文字"命令，修改"文字高度"为350，绘制多行文字，如图12-51所示。

（23）调用 L"直线"和 PL"多段线"命令，绘制直线和多段线，效果如图12-52所示。

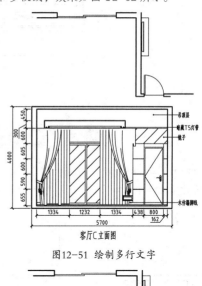

客厅C立面图

图12-51 绘制多行文字

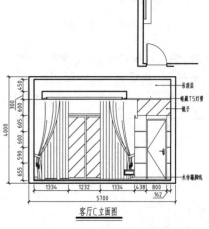

客厅C立面图

图12-52 绘制直线和多段线

12.2.3 ▶ 绘制客厅D立面图

绘制客厅D立面图主要运用了"直线"命令、"偏移"命令、"修剪"命令和"多段线"命令等。如图12-53所示为客厅D立面图。

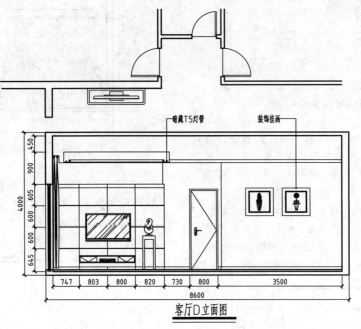

图12-53 客厅D立面图

操作实例 12-3：绘制客厅 D 立面图

（1）按 Ctrl＋O 快捷键，打开"第 12 章 \12.2.3 绘制客厅 D 立面图 .dwg"图形文件，如图 12-54 所示。

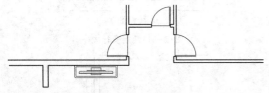

图12-54 打开图形

（2）将"墙体"图层置为当前图层，调用 REC"矩形"命令，任意捕捉一点为矩形的起点，输入（@8600,-4000），绘制矩形，如图 12-55 所示。

图12-55 绘制矩形

（3）调用 X"分解"命令，分解矩形；调用 O"偏移"命令，将矩形左侧的垂直直线向右偏移200、180、130、150、20、20、247、803、800、780、20、20、150、1465、15、3400，效果如图 12-56 所示。

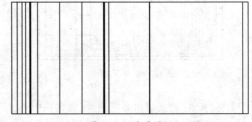

图12-56 偏移图形

（4）调用 O"偏移"命令，将矩形上方的水平直线向下偏移100、450、100、120、60、20、600、100、495、10、590、10、590、10、515、80、50，如图 12-57 所示。

（5）调用 TR"修剪"命令，修剪图形；调用 E"删除"命令，删除多余的图形；将"门窗"图层置为当前图层；调用 L"直线"命令，依次捕捉合适的端点，连接直线，效果如图 12-58 所示。

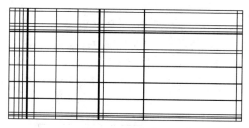

图12-57　偏移图形

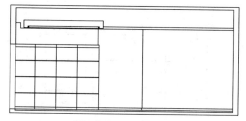

图12-58　修改图形

（6）调用 PL "多段线" 命令，输入 FROM "捕捉自" 命令，捕捉图形的右下方端点，依次输入（@-3700,150）、（@0,2260）、（@-800,0）和（@0,-2260），绘制多段线，如图 12-59 所示。

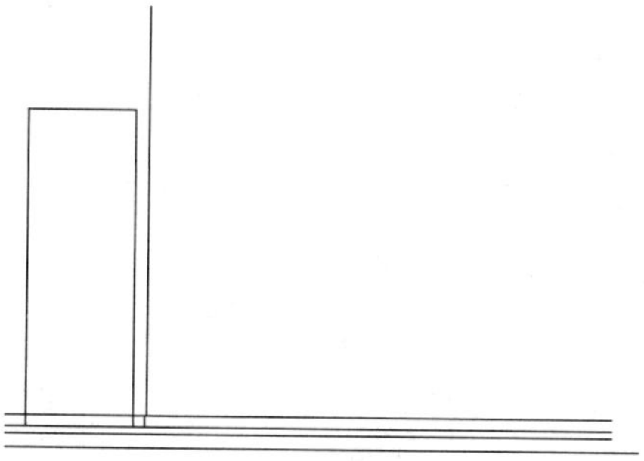

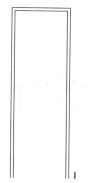

图12-59　绘制多段线

（7）调用 O "偏移" 命令，将新绘制的多段线向内偏移 40，如图 12-60 所示。

（8）调用 L "直线" 命令，依次捕捉合适的端点和中点，连接直线，如图 12-61 所示。

图12-60　偏移图形 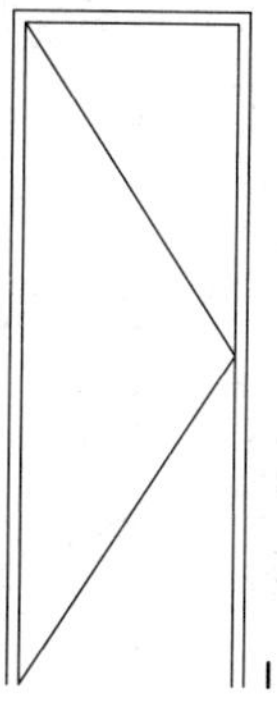　　　图12-61　连接直线

（9）调用 TR "修剪" 命令，修剪图形，如图 12-62 所示。

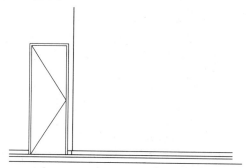

图12-62　修剪图形

（10）将 "家具" 图层置为当前图层，调用 REC "矩形" 命令，输入 FROM "捕捉自" 命令，捕捉新绘制门图形的右上方端点，输入（@790,30）、（@780,-780），绘制矩形，如图 12-63 所示。

（11）调用 CO "复制" 命令，选择新绘制的矩形为复制对象，捕捉左上方端点为基点，输入（@1030,0），复制图形，如图 12-64 所示。

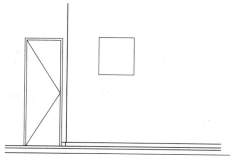

图12-63　绘制矩形

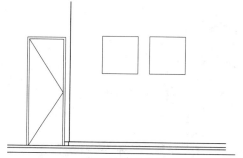

图12-64　复制图形

（12）调用 I "插入" 命令，打开 "插入" 对话框，单击 "浏览" 按钮，打开 "选择图形文件" 对话框，选择 "暗藏 T5 灯管" 图形文件，依次单击 "打开" 和 "确定" 按钮，在绘图区的任意位置，单击鼠标，即可插入图块；调用 M "移动" 命令，移动插入的图块，如图 12-65 所示。

（13）调用 MI"镜像"命令，镜像图块，如图 12-66 所示。

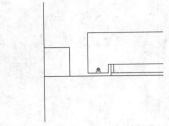

图12-65 插入图块效果

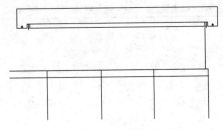

图12-66 镜像图形

（14）调用 I"插入"命令，打开"插入"对话框，单击"浏览"按钮，打开"选择图形文件"对话框，选择"家具组合3"图形文件，如图 12-67 所示。

（15）依次单击"打开"和"确定"按钮，在绘图区的任意位置，单击鼠标，即可插入图块；调用 M"移动"命令，移动插入的图块，如图 12-68 所示。

图12-67 选择图形文件

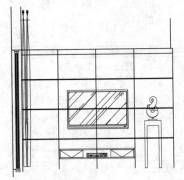

图12-68 插入图块效果

（16）调用 TR"修剪"命令，修剪图形；调用 E"删除"命令，删除多余的图形，效果如图 12-69 所示。

（17）调用 I"插入"命令，打开"插入"对话框，单击"浏览"按钮，打开"选择图形文件"对话框，选择"装饰品2"图形文件，如图 12-70 所示。

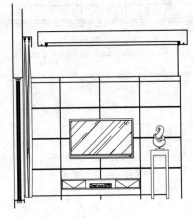

图12-69 修剪并删除图形

图12-70 选择图形文件

（18）依次单击"打开"和"确定"按钮，在绘图区的任意位置，单击鼠标，即可插入图块；调用 M"移动"命令，移动插入的图块，如图 12-71 所示。

（19）将"标注"图层置为当前图层，调用 DIM"标注"命令，标注图中尺寸，如图 12-72 所示。

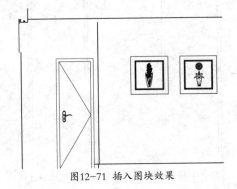

图12-71 插入图块效果

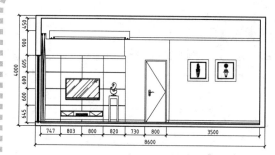

图12-72 标注尺寸

（20）调用 MLEA "多重引线" 命令，添加多重引线
标注，效果如图 12-73 所示。

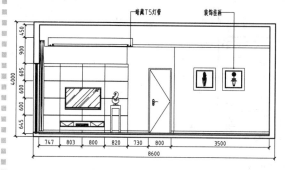

图12-73 添加多重引线标注

（21）调用 MT "多行文字" 命令，修改 "文字高度"
为 350，绘制多行文字，如图 12-74 所示。

（22）调用 L "直线" 和 PL "多段线" 命令，绘制
直线和多段线，效果如图 12-75 所示。

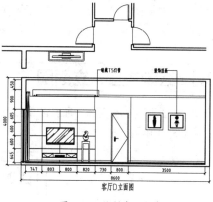

图12-74 绘制多行文字

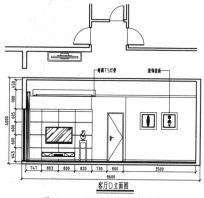

图12-75 绘制直线和多段线

12.2.4 ▶ 绘制客厅A立面图

运用上述方法完成客厅A立面图的绘制，如图12-76所示为客厅A立面图。

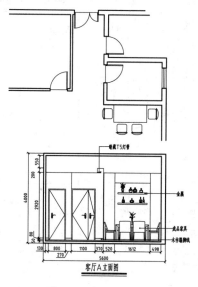

图12-76 客厅A立面图

12.3 绘制主卧立面图

绘制主卧立面图中主要运用了"矩形"命令、"分解"命令、"偏移"命令、"修剪"命令、"删除"命令和"插入"命令等。

12.3.1 ▸ 绘制主卧A立面图

主卧A立面图表达了衣柜和门所在的位置。绘制主卧A立面图主要运用了"矩形"命令、"分解"命令、"偏移"命令和"修剪"命令等。如图12-77所示为主卧A立面图。

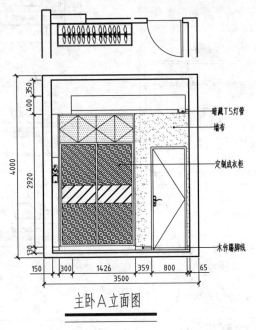

图12-77 主卧A立面图

操作实例 12-4：绘制主卧 A 立面图

（1）按 Ctrl + O 快捷键，打开"第 12 章\12.3.1 绘制主卧A立面图.dwg"图形文件，如图12-78所示。

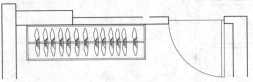

图12-78 打开图形

（2）将"墙体"图层置为当前图层，调用 REC"矩形"命令，任意捕捉一点为矩形的起点，输入（@3500,-4000），绘制矩形，如图12-79所示。

（3）调用 X"分解"命令，分解矩形；调用 O"偏移"命令，将矩形左侧的垂直直线向右偏移 200、450、2400、20、150、80，如图12-80所示。

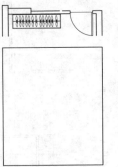

图12-79 绘制矩形

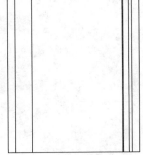

图12-80 偏移图形

（4）调用 O"偏移"命令，将矩形上方的水平直线向下依次偏移 100、350、320、60、20、2920、80、50，如图12-81 所示。

（5）调用 TR"修剪"命令，修剪图形；调用 E"删除"命令，删除多余的图形，效果如图 12-82 所示。

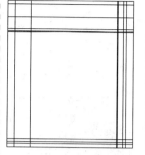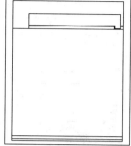

图12-81 偏移图形　　　图12-82 修剪并删除图形

（6）将"门窗"图层置为当前图层；调用 PL"多段线"命令，输入 FROM"捕捉自"命令，捕捉图形的右下方端点，依次输入（@-265,150）、（@0,2260）、（@-800,0）和（@0,-2260），绘制多段线，如图 12-83 所示。

（7）调用 O"偏移"命令，将新绘制的多段线向内偏移 40，如图 12-84 所示。

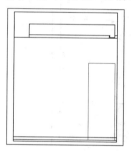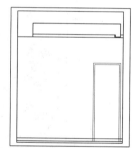

图12-83 绘制多段线　　　图12-84 偏移图形

（8）调用 TR"修剪"命令，修剪图形，如图 12-85 所示。

（9）调用 L"直线"命令，捕捉合适的端点和中点，连接直线，如图 12-86 所示。

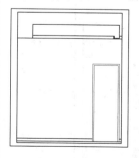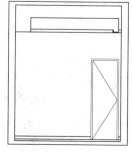

图12-85 修剪图形　　　图12-86 连接直线

（10）将"家具"图层置为当前图层，调用 L"直

线"命令，输入 FROM"捕捉自"命令，捕捉图形的左上方端点，输入（@350,-850）和（@0,-3000），绘制直线，如图 12-87 所示。

（11）调用 L"直线"命令，输入 FROM"捕捉自"命令，捕捉新绘制直线的上端点，输入（@-150,-30）和（@1876,0），绘制直线，如图 12-88 所示。

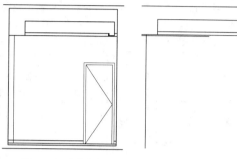
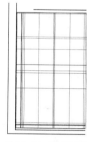

图12-87 绘制直线　　　图12-88 绘制直线

（12）调用 O"偏移"命令，将新绘制的垂直直线向左偏移 10、10、110、10、4；向右偏移 30、40、376.5、396.5、20、20、396.5、376.5、40、30，如图 12-89 所示。

（13）调用 O"偏移"命令，将新绘制的水平直线向下依次偏移 600、40、280、400、5、150、60、400、895、40，如图 12-90 所示。

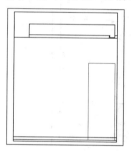

图12-89 偏移图形　　　图12-90 偏移图形

（14）调用 TR"修剪"命令，修剪图形；调用 E"删除"命令，删除多余图形，如图 12-91 所示。

（15）调用 L"直线"命令，捕捉合适的端点和中点，连接直线，如图 12-92 所示。

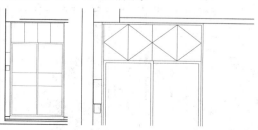

图12-91 修剪并　　　图12-92 连接直线
删除图形

（16）调用 I"插入"命令，打开"插入"对话框，单击"浏览"按钮，打开"选择图形文件"对话框，选择"暗藏 T5 灯管"图形文件，依次单击"打开"和"确定"按钮，在绘图区的任意位置，单击鼠标，即可插入图块；调用 M"移动"命令，移动插入的图块，如图 12-93 所示。

（17）调用 CO"复制"命令，选择新插入的图块为复制对象，捕捉下方中点为基点，输入（@-2862,-1525），复制图形，如图 12-94 所示。

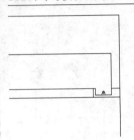 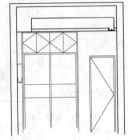

图12-93 插入图块效果　　　　图12-94 复制图形

（18）调用 I"插入"命令，打开"插入"对话框，单击"浏览"按钮，打开"选择图形文件"对话框，选择"装饰品 3"图形文件，如图 12-95 所示。

（19）依次单击"打开"和"确定"按钮，在绘图区的任意位置，单击鼠标，即可插入图块；调用 M"移动"命令，移动插入的图块，如图 12-96 所示。

图12-95 选择图形文件　　　　图12-96 插入图块效果

（20）将"地面"图层置为当前，调用 H"图案填充"命令，选择"AR-SAND"图案，修改"图案填充比例"为 3，填充图形，如图 12-97 所示。

（21）调用 H"图案填充"命令，选择"BOX"图案，修改"图案填充比例"为 5，"图案填充角度"为 45，填充图形，如图 12-98 所示。

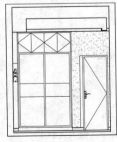  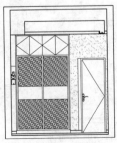

图12-97 填充图形　　　　图12-98 填充图形

（22）调用 H"图案填充"命令，选择"JIS_LC_10"图案，修改"图案填充比例"为 15，填充图形，如图 12-99 所示。

（23）调用 H"图案填充"命令，选择"DOTS"图案，修改"图案填充比例"为 30，填充图形，如图 12-100 所示。

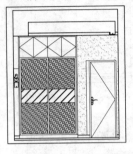 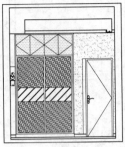

图12-99 填充图形　　　　图12-100 填充图形

（24）将"标注"图层置为当前图层，调用 DIM"标注"命令，标注图中尺寸，如图 12-101 所示。

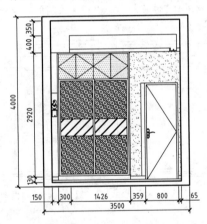

图12-101 标注尺寸效果

（25）调用 MLEA"多重引线"命令，添加多重引线标注，效果如图 12-102 所示。

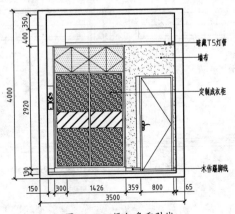

图12-102 添加多重引线

（26）调用 MT "多行文字" 命令，修改 "文字高度" 为 320，绘制多行文字，如图 12-103 所示。

（27）调用 L "直线" 和 PL "多段线" 命令，绘制直线和多段线，效果如图 12-104 所示。

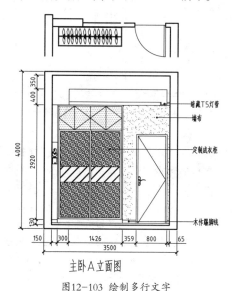

图12-103 绘制多行文字

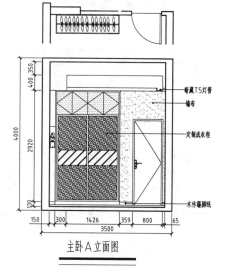

图12-104 绘制直线和多段线

12.3.2 ▶ 绘制主卧D立面图

主卧D立面图表达了床和衣柜位置。绘制主卧D立面图主要运用了 "矩形" 命令、"偏移" 命令、"复制" 命令和 "直线" 命令等。如图12-105所示为主卧D立面图。

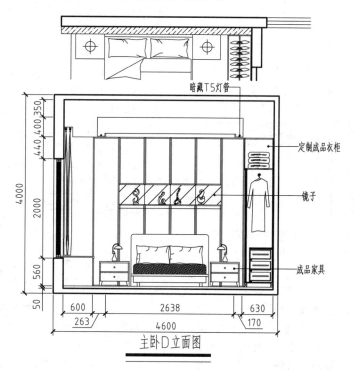

图12-105 主卧D立面图

操作实例 12-5：绘制主卧 D 立面图

（1）按 Ctrl + O 快捷键，打开"第 12 章\12.3.2 绘制主卧 D 立面图 .dwg"图形文件，如图 12-106 所示。

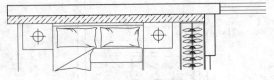

图12-106 打开图形

（2）将"墙体"图层置为当前图层，调用 REC"矩形"命令，任意捕捉点为矩形的起点，输入（@4600,-4000），绘制矩形，如图 12-107 所示。

（3）调用 X"分解"命令，分解矩形；调用 O"偏移"命令，将矩形左侧的垂直直线向右偏移 200、180、420、80、150、20、2650、20、150、30、576、9、15，如图 12-108 所示。

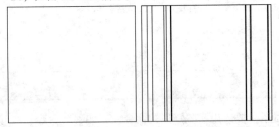

图12-107 绘制矩形　　　图12-108 偏移图形

（4）调用 O"偏移"命令，将矩形上方的水平直线向下偏移 100、350、200、120、60、20、440、2000、560、50，如图 12-109 所示。

（5）调用 TR"修剪"命令，修剪图形；调用 E"删除"命令，删除多余图形，如图 12-110 所示。

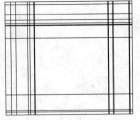
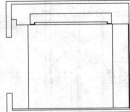

图12-109 偏移图形　　图12-110 修剪并删除图形

（6）将"门窗"图层置为当前图层，调用 L"直线"命令，捕捉左侧端点，连接直线，如图 12-111 所示。

（7）将"家具"图层置为当前图层，调用 REC"矩形"命令，输入 FROM"捕捉自"命令，捕捉图形的左上方端点，输入（@820,-870）和（@485,-2960），绘制矩形，如图 12-112 所示。

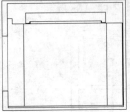
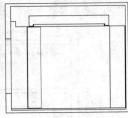

图12-111 连接直线　　　图12-112 绘制矩形

（8）调用 L"直线"命令，输入 FROM"捕捉自"命令，新绘制矩形的右上方端点，输入（@20,20）和（@0,-3000），绘制直线，如图 12-113 所示。

（9）调用 O"偏移"命令，将新绘制的直线向右偏移 525、525、525、525，如图 12-114 所示。

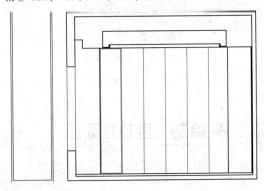

图12-113　　　　　图12-114 偏移图形
绘制直线

（10）调用 REC"矩形"命令，输入 FROM"捕捉自"命令，捕捉新绘制垂直直线的上端点，输入（@20,-20）和（@485,-910），绘制矩形，如图 12-115 所示。

（11）调用 CO"复制"命令，选择新绘制的矩形为复制对象，捕捉左上方端点为基点，依次输入（@525,0）、（@1050,0）、（@1575,0），复制图形，如图 12-116 所示。

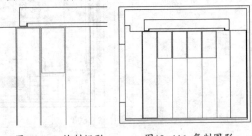

图12-115 绘制矩形　　　图12-116 复制图形

（12）调用 REC"矩形"命令，输入 FROM"捕捉自"命令，捕捉复制后图形的右上方端点，输入（@40,0）

和（@435,-2960），绘制矩形，如图 12-117 所示。

（13）调用 L"直线"命令，输入 FROM"捕捉自"命令，捕捉新绘矩形的左上方端点，输入（@-20,-930）和（@-2100,0），绘制直线，如图 12-118 所示。

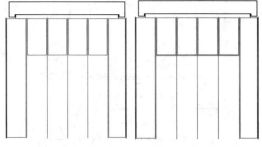

图12-117 绘制矩形　　　图12-118 绘制直线

（14）调用 O"偏移"命令，将新绘制的水平直线向下偏移 400 和 80，如图 12-119 所示。

（15）调用 L"直线"命令，依次捕捉合适的端点，连接直线，如图 12-120 所示。

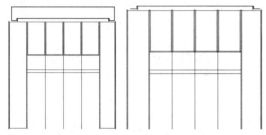

图12-119 偏移图形　　　图12-120 连接直线

（16）调用 REC"矩形"命令，输入 FROM"捕捉自"命令，捕捉偏移后第 2 条水平直线的左端点，输入（@20,-20）和（@485,-1611），绘制矩形，如图 12-121 所示。

（17）调用 CO"复制"命令，选择新绘制的矩形为复制对象，捕捉左上方端点为基点，依次输入（@525,0）、（@1050,0）、（@1575,0），复制图形，如图 12-122 所示。

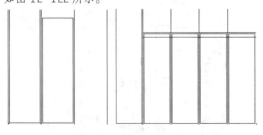

图12-121 绘制矩形　　　图12-122 复制图形

（18）调用 L"直线"命令，依次捕捉合适的端点，连接直线，如图 12-123 所示。

（19）调用 I"插入"命令，打开"插入"对话框，单击"浏览"按钮，打开"选择图形文件"对话框，选择"暗藏 T5 灯管"图形文件，依次单击"打开"和"确定"按钮，在绘图区的任意位置，单击鼠标，即可插入图块；调用 M"移动"命令，移动插入的图块，如图 12-124 所示。

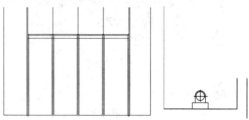

图12-123 连接直线　　　图12-124 插入图块效果

（20）调用 MI"镜像"命令，镜像图块，如图 12-125 所示。

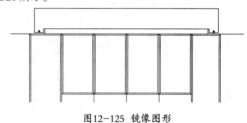

图12-125 镜像图形

（21）调用 I"插入"命令，打开"插入"对话框，单击"浏览"按钮，打开"选择图形文件"对话框，选择"家具组合 4"图形文件，如图 12-126 所示。

（22）依次单击"打开"和"确定"按钮，在绘图区的任意位置，单击鼠标，即可插入图块；调用 M"移动"命令，移动插入的图块，如图 12-127 所示。

图12-126 选择图形文件

图12-127 插入图块效果

（23）调用 TR"修剪"命令，修剪图形；调用 E"删除"命令，删除多余的图形，如图12-128 所示。

（24）调用 I"插入"命令，打开"插入"对话框，单击"浏览"按钮，打开"选择图形文件"对话框，选择"装饰品 4"图形文件，如图12-129 所示。

图12-128 修剪并删除图形

图12-129 选择图形文件

（25）依次单击"打开"和"确定"按钮，在绘图区的任意位置，单击鼠标，即可插入图块；调用 M"移动"命令，移动插入的图块，如图12-130 所示。

（26）将"地面"图层置为当前图层，调用 H"图案填充"命令，选择"JIS_LC_20"图案，修改"图案填充比例"为10，抬取合适的区域，填充图形，如图12-131 所示。

图12-130 插入图块效果

图12-131 填充图形

（27）将"标注"图层置为当前图层，调用 DIM"标注"命令，标注图中尺寸，如图12-132 所示。

（28）调用 MLEA"多重引线"命令，依次添加多重引线标注，效果如图12-133 所示。

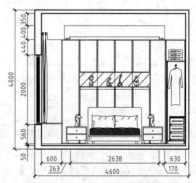

图12-132 标注尺寸效果

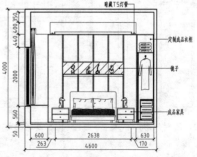

图12-133 添加多重引线

（29）调用 MT "多行文字"命令，修改 "文字高度"为 300，绘制多行文字，如图 12-134 所示。

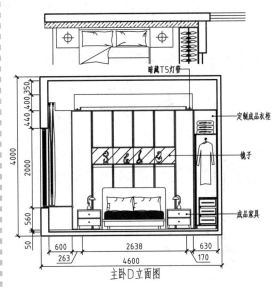

图 12-134 绘制多行文字

（30）调用 L "直线"和 PL "多段线"命令，绘制直线和多段线，效果如图 12-135 所示。

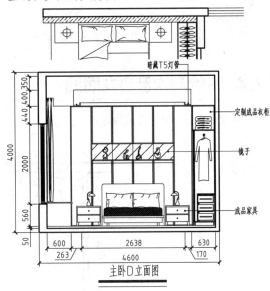

图 12-135 绘制直线和多段线

12.3.3 ▶ 绘制主卧B立面图

运用上述方法完成主卧B立面图的绘制，卧室B立面图表达了卧室电视机所在的位置。如图12-136所示为主卧B立面图。

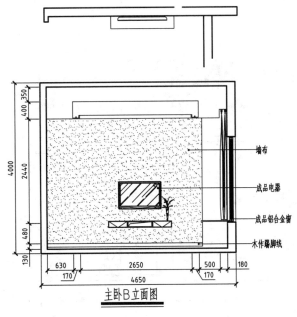

图12-136 主卧B立面图

12.3.4 ▶ 绘制主卧C立面图

运用上述方法完成主卧C立面图的绘制，如图12-137所示为主卧C立面图。

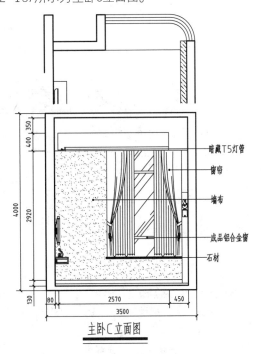

图12-137 主卧C立面图

12.4 绘制次卧立面图

绘制次卧立面图中主要运用了"矩形"命令、"分解"命令、"偏移"命令、"修剪"命令、"删除"命令、"插入"命令和"图案填充"命令等。

12.4.1 ▸绘制次卧D立面图

绘制次卧D立面图主要运用了"矩形"命令、"分解"命令、"偏移"命令和"删除"命令等。如图12-138所示为次卧D立面图。

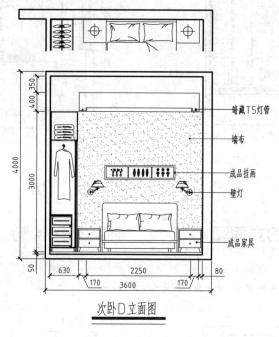

次卧D立面图

图12-138 次卧D立面图

▸▸▸▸▸ **操作实例 12-6：绘制次卧 D 立面图** ◂◂◂◂◂

（1）按 Ctrl＋O 快捷键，打开"第 12 章\12.4.1 绘制次卧 D 立面图 .dwg"图形文件，如图 12-139 所示。

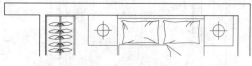

图12-139 打开图形

（2）将"墙体"图层置为当前图层，调用 REC"矩形"命令，捕捉一点为矩形的起点，输入(@3600,-4000)，绘制矩形，如图 12-140 所示。

（3）调用 X"分解"命令，分解矩形；调用 O"偏移"

命令，将矩形上方的水平直线向下依次偏移 100、350、320、60、20、3000、50，如图 12-141 所示。

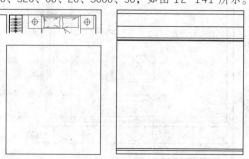

图12-140 绘制矩形　　图12-141 偏移图形

（4）调用 O"偏移"命令，将矩形左侧的垂直直线向右偏移 100、630、150、20、2250、20、150、80，如图 12-142 所示。

（5）调用 TR"修剪"命令，修剪图形；调用 E"删除"命令，删除多余的图形，如图 12-143 所示。

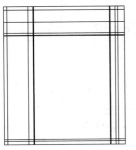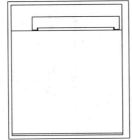

图12-142 偏移图形　　　图12-143 修剪并删除图形

（6）将"家具"图层置为当前图层，调用 REC"矩形"命令，输入 FROM"捕捉自"命令，捕捉图形的左上方端点，输入（@1300,-2000）和（@1500,-300），绘制矩形，如图 12-144 所示。

（7）调用 X"分解"命令，分解矩形；调用 O"偏移"命令，将矩形左侧的垂直直线向右偏移 30、461、10、498、10 和 461，如图 12-145 所示。

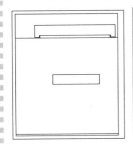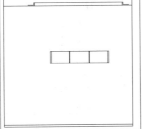

图12-144 绘制矩形　　　图12-145 偏移图形

（8）调用 O"偏移"命令，将矩形上方的水平直线向下偏移 30 和 240，如图 12-146 所示。

（9）调用 TR"修剪"命令，修剪图形，如图 12-147 所示。

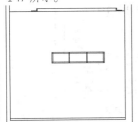

图12-146 偏移图形　　　图12-147 修剪图形

（10）调用 I"插入"命令，打开"插入"对话框，单击"浏览"按钮，打开"选择图形文件"对话框，

选择"暗藏 T5 灯管"图形文件，依次单击"打开"和"确定"按钮，在绘图区的任意位置，单击鼠标，即可插入图块；调用 M"移动"命令，移动插入的图块，如图 12-148 所示。

（11）调用 MI"镜像"命令，镜像图块，如图 12-149 所示。

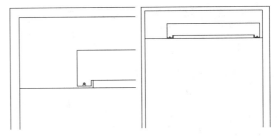

图12-148 插入图块效果　　　图12-149 镜像图形

（12）调用 I"插入"命令，打开"插入"对话框，单击"浏览"按钮，打开"选择图形文件"对话框，选择"家具组合 5"图形文件，如图 12-150 所示。

（13）依次单击"打开"和"确定"按钮，在绘图区的任意位置，单击鼠标，即可插入图块；调用 M"移动"命令，移动插入的图块，如图 12-151 所示。

图12-150 选择图形文件

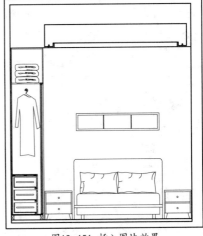

图12-151 插入图块效果

（14）调用 I "插入"命令，打开"插入"对话框，单击"浏览"按钮，打开"选择图形文件"对话框，选择"装饰品5"图形文件，如图12-152 所示。

（15）单击"打开"和"确定"按钮，在绘图区的任意位置，单击鼠标，即可插入图块；调用 M "移动"命令，移动插入的图块，如图12-153 所示。

图12-152 选择图形文件

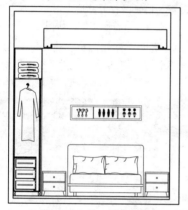

图12-153 插入图块效果

（16）调用 I "插入"命令，打开"插入"对话框，单击"浏览"按钮，打开"选择图形文件"对话框，选择"壁灯"图形文件，如图12-154 所示。

（17）单击"打开"和"确定"按钮，在绘图区的任意位置，单击鼠标，即可插入图块；调用 M "移动"命令，移动插入的图块，如图12-155 所示。

图12-154 选择图形文件

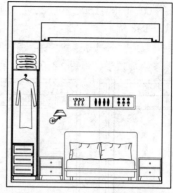

图12-155 插入图块效果

（18）调用 MI "镜像"命令，镜像图块，如图12-156 所示。

（19）将"地面"图层置为当前图层，调用 H "图案填充"命令，选择"AR-SAND"图案，修改"图案填充比例"为3，填充图形，如图12-157 所示。

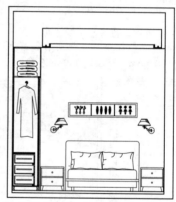

图12-156 镜像图形

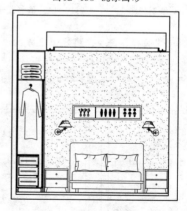

图12-157 填充图形

（20）将"标注"图层置为当前图层，调用 DIM "标注"命令，标注图中尺寸，效果如图12-158 所示。

（21）调用 MLEA "多重引线"命令，依次添加多重引线标注，效果如图12-159 所示。

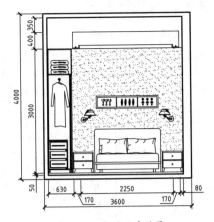

图12-158 标注尺寸效果

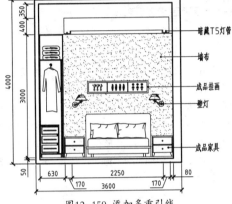

图12-159 添加多重引线

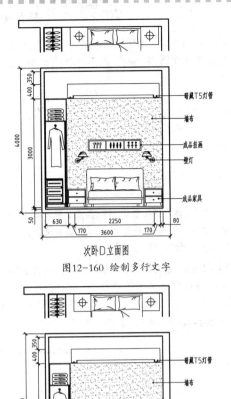

次卧D立面图

图12-160 绘制多行文字

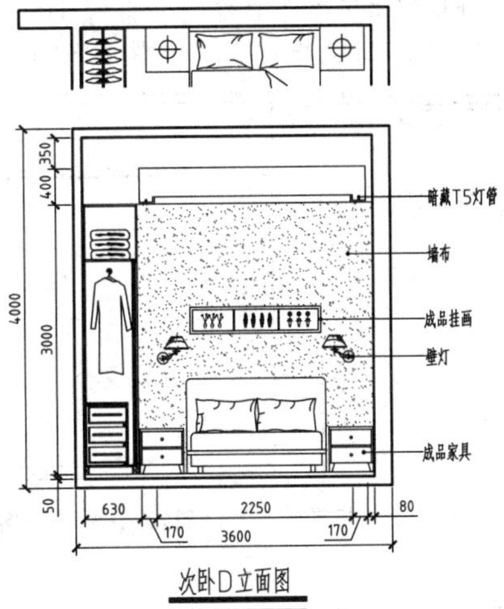

图12-161 绘制直线和多段线

（22）调用 MT "多行文字"命令，修改"文字高度"
为 300，绘制多行文字，如图 12-160 所示。

（23）调用 L "直线"和 PL "多段线"命令，绘制直
线和多段线，效果如图 12-161 所示。

12.4.2 ▶ 绘制次卧B立面图

绘制次卧B立面图主要运用了"矩形"命令、
"分解"命令、"线性"命令和"多重引线"命令
等。如图12-162所示为次卧B立面图。

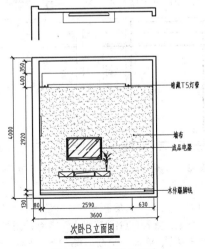

次卧B立面图

图12-162 次卧B立面图

操作实例 12-7：绘制次卧 B 立面图

（1）按 Ctrl＋O 快捷键，打开"第 12 章\12.4.2 绘制次卧 B 立面图 .dwg"图形文件，如图 12-163 所示。

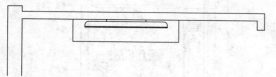

图12-163 打开图形

（2）将"墙体"图层置为当前图层，调用 REC"矩形"命令，捕捉一点为矩形的起点，输入（@3600，-4000），绘制矩形，如图 12-164 所示。

（3）调用 X"分解"命令，分解矩形；调用 O"偏移"命令，将矩形上方水平直线向下偏移 100、350、320、60、20、2920、80、50，如图 12-165 所示。

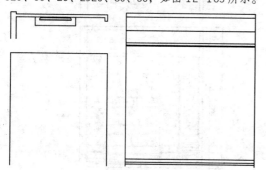

图12-164 绘制矩形　　　图12-165 偏移图形

（4）调用 O"偏移"命令，将矩形左侧的垂直直线向右偏移 200、80、150、20、2250、20、150、630，如图 12-166 所示。

（5）调用 TR"修剪"命令，修剪图形；调用 E"删除"命令，删除多余的图形，如图 12-167 所示。

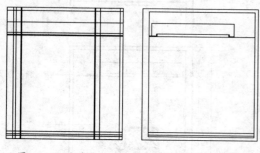

图12-166 偏移图形　　　图12-167 修剪并删除图形

（6）将"家具"图层置为当前图层，调用 REC"矩形"命令，输入 FROM"捕捉自"命令，捕捉图形的左上方端点，输入（@200，-1667）和（@46，-567），

绘制矩形，如图 12-168 所示。

（7）调用 REC"矩形"命令，输入 FROM"捕捉自"命令，捕捉新绘制矩形的右下方端点，输入（@484，-1017）和（@1500，-150），绘制矩形，如图 12-169 所示。

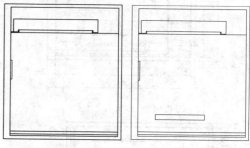

图12-168 绘制矩形　　　图12-169 绘制矩形

（8）调用 X"分解"命令，分解新绘制的矩形；调用 O"偏移"命令，将矩形左侧的垂直直线向右偏移 450 和 600，如图 12-170 所示。

（9）调用 REC"矩形"命令，输入 FROM"捕捉自"命令，捕捉新绘制矩形的左上方端点，输入（@10，-10）和（@430，-130），绘制矩形，如图 12-171 所示。

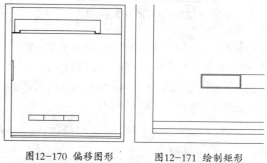

图12-170 偏移图形　　　图12-171 绘制矩形

（10）调用 PL"多段线"命令，依次捕捉合适的端点和中点，绘制多段线，如图 12-172 所示。

（11）调用 MI"镜像"命令，镜像图形，如图 12-173 所示。

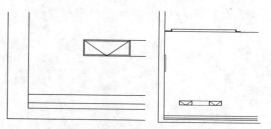

图12-172 绘制多段线　　　图12-173 镜像图形

（12）调用 REC "矩形"命令，输入 FROM "捕捉自"命令，捕捉新绘制多段线的右上方端点，输入（@20，-20）和（@560，-110），绘制矩形，如图 12-174 所示。

（13）调用 PL "多段线"命令，捕捉新绘制矩形的左下方端点，输入（@46,67.9）和（@514,42.2），绘制多段线，如图 12-175 所示。

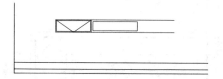

图12-174　绘制矩形

（14）调用 I "插入"命令，打开"插入"对话框，单击"浏览"按钮，打开"选择图形文件"对话框，选择"暗藏 T5 灯管"图形文件，依次单击"打开"和"确定"按钮，在绘图区的任意位置，单击鼠标，即可插入图块；调用 M "移动"命令，移动插入的图块，如图 12-176 所示。

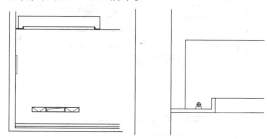

图12-175　绘制多段线　　图12-176　插入图块效果

（15）调用 MI "镜像"命令，镜像图块，如图 12-177 所示。

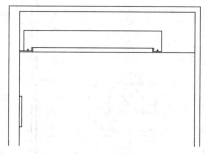

图12-177　镜像图形

（16）调用 I "插入"命令，打开"插入"对话框，单击"浏览"按钮，打开"选择图形文件"对话框，选择"立面电视"图形文件，如图 12-178 所示。

（17）依次单击"打开"和"确定"按钮，在绘图区的任意位置，单击鼠标，即可插入图块；调用 M "移动"命令，移动插入的图块，如图 12-179 所示。

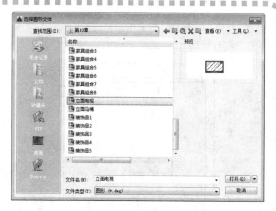

图12-178　选择图形文件

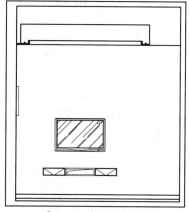

图12-179　插入图块效果

（18）调用 I "插入"命令，打开"插入"对话框，单击"浏览"按钮，打开"选择图形文件"对话框，选择"花瓶"图形文件，依次单击"打开"和"确定"按钮，在绘图区的任意位置，单击鼠标，即可插入图块；调用 M "移动"命令，移动插入的图块，如图 12-180 所示。

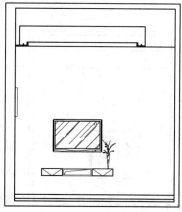

图12-180　插入图块效果

（19）将"地面"置为当前图层，调用 H "图案填充"命令，选择"AR-SAND"图案，修改"图案填充比例"

为3,抬取合适区域,填充图形,如图12-181所示。

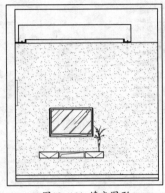

图12-181 填充图形

（20）将"标注"图层置为当前图层,调用DIM"标注"命令,标注图中尺寸,如图12-182所示。

（21）调用MLEA"多重引线"命令,依次添加多重引线标注,效果如图12-183所示。

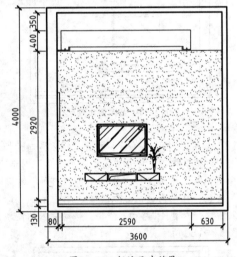

图12-182 标注尺寸效果

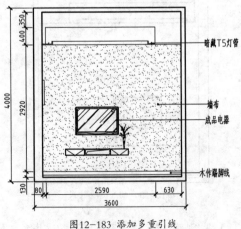

图12-183 添加多重引线

（22）调用MT"多行文字"命令,修改"文字高度"为300,绘制多行文字,如图12-184所示。

（23）调用L"直线"和PL"多段线"命令,绘制直线和多段线,效果如图12-185所示。

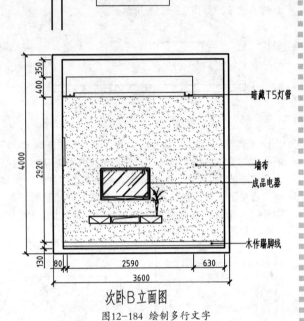

次卧B立面图

图12-184 绘制多行文字

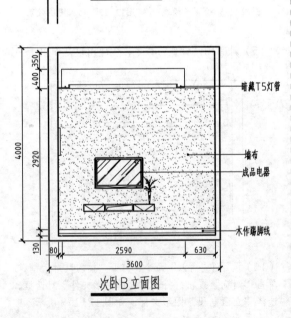

次卧B立面图

图12-185 绘制直线和多段线

12.4.3 ▶ 绘制次卧A立面图

运用上述方法完成次卧A立面图的绘制，如图 12-186所示为次卧A立面图。

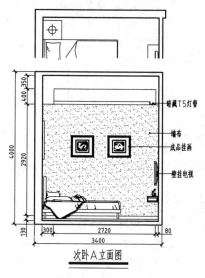

图12-186　次卧A立面图

12.4.4 ▶ 绘制次卧C立面图

运用上述方法完成次卧C立面图的绘制，如图 12-187所示为次卧C立面图。

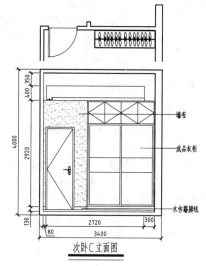

图12-187　次卧C立面图

12.5 绘制书房立面图

绘制书房立面图中主要运用了"矩形"命令、"直线"命令、"修剪"命令、"插入"命令、"线性"命令、"图案填充"命令和"多段线"命令等。

12.5.1 ▶ 绘制书房A立面图

绘制书房A立面图主要运用了"矩形"命令、"分解"命令、"多段线"命令、"复制"命令和"图案填充"命令等。如图12-188所示为书房A立面图。

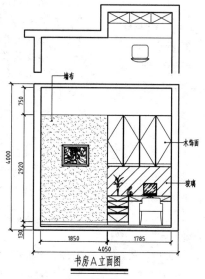

图12-188　书房A立面图

操作实例 12-8：绘制书房 A 立面图

（1）按 Ctrl＋O 快捷键，打开"第 12 章 \12.5.1 绘制书房 A 立面图 .dwg"图形文件，如图 12-189 所示。

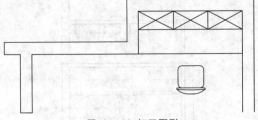

图12-189 打开图形

（2）将"墙体"图层置为当前图层，调用 REC"矩形"命令，捕捉一点为矩形的起点，输入（@4050,-4000），绘制矩形，如图 12-190 所示。

（3）调用 X"分解"命令，分解矩形；调用 O"偏移"命令，将矩形上方的水平直线向下依次偏移 100、750、2920、80、50，如图 12-191 所示。

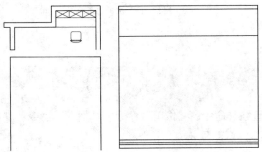

图12-190 绘制矩形　　　图12-191 偏移图形

（4）调用 O"偏移"命令，将矩形左侧的垂直直线向右偏移 200、1850、15、1785，如图 12-192 所示。

（5）调用 TR"修剪"命令，修剪图形；调用 E"删除"命令，删除多余的图形，如图 12-193 所示。

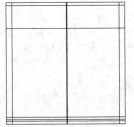 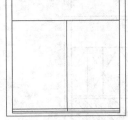

图12-192 偏移图形　　　图12-193 修剪并删除图形

（6）将"家具"图层置为当前图层；调用 REC"矩形"命令，输入 FROM"捕捉自"命令，捕捉图形的左上方端点，输入（@2060,-860）和（@430,-1380），

绘制矩形，如图 12-194 所示。

（7）调用 L"直线"命令，输入 FROM"捕捉自"命令，捕捉新绘制矩形的右上方端点，输入（@10,10）和（@0,-1400），绘制直线，如图 12-195 所示。

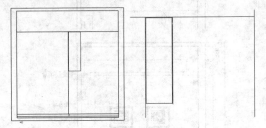

图12-194 绘制矩形　　　图12-195 绘制直线

（8）调用 O"偏移"命令，将新绘制的垂直直线向右偏移 450、450，如图 12-196 所示。

（9）调用 CO"复制"命令，选择新绘制的矩形为复制对象，捕捉矩形左上方端点为基点，输入（@450,0）、（@900,0）和（@1350,0），复制图形，如图 12-197 所示。

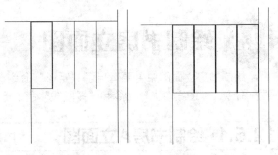

图12-196 偏移图形　　　图12-197 复制图形

（10）调用 PL"多段线"命令，依次捕捉合适的端点和中点，绘制多段线，如图 12-198 所示。

（11）调用 L"直线"命令，输入 FROM"捕捉自"命令，捕捉偏移后最右侧矩形的右下方端点，输入（@10,70）和（@-1800,0），绘制直线，如图 12-199 所示。

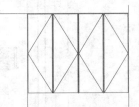 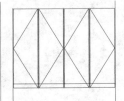

图12-198 绘制多段线　　　图12-199 绘制直线

（12）调用 O"偏移"命令，将新绘制的直线向下偏移 80、800、150、150、20、150、20、230，如

图 12-200 所示。

（13）调用 REC "矩形"命令，输入 FROM "捕捉自"命令，捕捉新绘制水平直线的左端点，输入（@10,-890）和（@580,-130），绘制矩形，如图 12-201 所示。

图12-200 偏移图形　　　图12-201 绘制矩形

（14）调用 PL "多段线"命令，依次捕捉合适的端点和中点，绘制多段线，如图 12-202 所示。

（15）调用 CO "复制"命令，选择新绘制的矩形和多段线为复制对象，捕捉左上方端点为基点，输入（@600,0）、（@1200,0）、（@0,-150）和（@0,-320），复制图形，如图 12-203 所示。

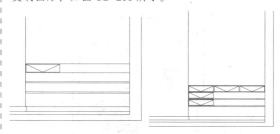

图12-202 绘制多段线　　　图12-203 复制图形

（16）调用 REC "矩形"命令，输入 FROM "捕捉自"命令，捕捉左下方复制后矩形的左下方端点，输入（@0,-40）和（@580,-210），绘制矩形，如图 12-204 所示。

（17）调用 PL "多段线"命令，依次捕捉合适的端点和中点，绘制多段线，如图 12-205 所示。

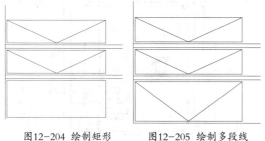

图12-204 绘制矩形　　　图12-205 绘制多段线

（18）调用 L "直线"命令，输入 FROM "捕捉自"命令，捕捉图形的右下方端点，输入（@-1400,150）

和（@0,800），绘制直线，如图 12-206 所示。

（19）调用 O "偏移"命令，将新绘制的多段线向右偏移 600，如图 12-207 所示。

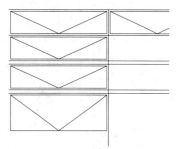

图12-206 绘制直线

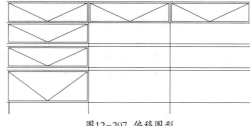

图12-207 偏移图形

（20）调用 TR "修剪"命令，修剪图形；调用 E "删除"命令，删除多余的图形，如图 12-208 所示。

（21）调用 I "插入"命令，打开"插入"对话框，单击"浏览"按钮，打开"选择图形文件"对话框，选择"家具组合 6"图形文件，如图 12-209 所示。

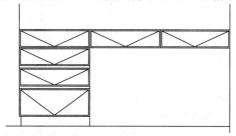

图12-208 修剪并删除图形

图12-209 选择图形文件

（22）依次单击"打开"和"确定"按钮，在绘图区的任意位置，单击鼠标，即可插入图块；调用M"移动"命令，移动插入的图块，如图12-210所示。

（23）调用TR"修剪"命令，修剪图形，如图12-211所示。

 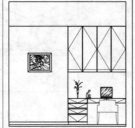

图12-210 插入图块效果　　图12-211 修剪图形

（24）将"地面"图层置为当前图层，调用H"图案填充"命令，选择"AR-SAND"图案，修改"图案填充比例"为3，填充图形，如图12-212所示。

（25）调用H"图案填充"命令，选择"JIS_LC_20"图案，修改"图案填充比例"为10，填充图形，如图12-213所示。

 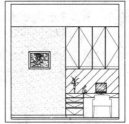

图12-212 填充图形　　图12-213 填充图形

（26）将"标注"图层置为当前图层，调用DIM"标注"命令，标注图中尺寸，如图12-214所示。

（27）调用MLEA"多重引线"命令，依次添加多重引线标注，效果如图12-215所示。

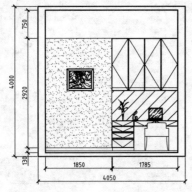

图12-214 标注尺寸效果

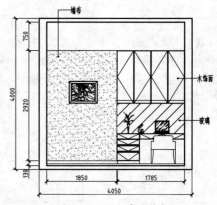

图12-215 添加多重引线

（28）调用MT"多行文字"命令，修改"文字高度"为300，绘制多行文字，如图12-216所示。

（29）调用L"直线"和PL"多段线"命令，绘制直线和多段线，效果如图12-217所示。

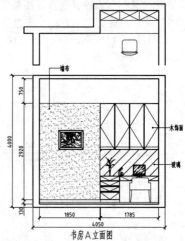

书房A立面图

图12-216 绘制多行文字

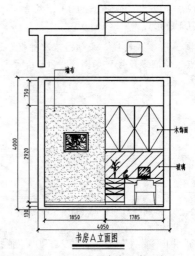

书房A立面图

图12-217 绘制直线和多段线

12.5.2 ▶ 绘制书房B立面图

绘制书房B立面图主要运用了"修剪"命令、"直线"命令、"偏移"命令和"图案填充"命令等。如图12-218所示为书房B立面图。

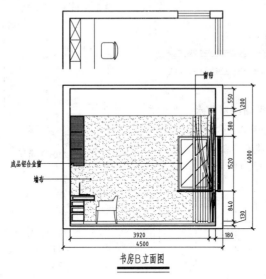

书房B立面图

图12-218 书房B立面图

操作实例 12-9：绘制书房 B 立面图

（1）按 Ctrl＋O 快捷键，打开"第 12 章\12.5.2 绘制书房 B 立面图.dwg"图形文件，如图 12-219 所示。

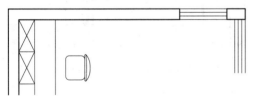

图12-219 打开图形

（2）将"墙体"图层置为当前图层，调用 REC"矩形"命令，任意捕捉一点为矩形的起点，输入（@4500,-4000），绘制矩形，如图 12-220 所示。

（3）调用 X"分解"命令，分解矩形；调用 O"偏移"命令，将矩形左侧的垂直直线向右偏移 200、3920、180，如图 12-221 所示。

图12-220 绘制矩形　　　图12-221 偏移图形

（4）调用 O"偏移"命令，将矩形上方的水平直线向下偏移 100、550、200、580、1520、840、80、50，如图 12-222 所示。

（5）调用 TR"修剪"命令，修剪图形；调用 E"删除"命令，删除多余的图形，如图 12-223 所示。

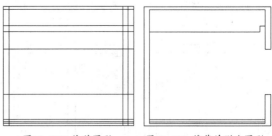

图12-222 偏移图形　　　图12-223 修剪并删除图形

（6）将"门窗"图层置为当前，调用 L"直线"命令，依次捕捉右侧合适的端点，连接直线，如图 12-224 所示。

（7）调用 L"直线"命令，输入 FROM"捕捉自"命令，捕捉新绘制左侧垂直直线的上端点，输入（@-150,0）、（@-900,0）和（@0,-1500），绘制直线，如图 12-225 所示。

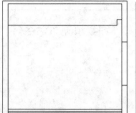

图12-224 连接直线   图12-225 绘制直线

（8）调用 O "偏移" 命令，将新绘制的水平直线向下偏移 30、60、1320 和 60，如图 12-226 所示。

（9）调用 O "偏移" 命令，将新绘制的垂直直线向右偏移 30、60、330、60、330、60、30，如图 12-227 所示。

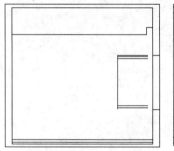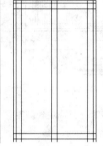

图12-226 偏移图形   图12-227 偏移图形

（10）调用 TR "修剪" 命令，修剪图形；调用 E "删除" 命令，删除多余的图形，如图 12-228 所示。

（11）调用 REC "矩形" 命令，输入 FROM "捕捉自" 命令，捕捉修剪后图形的左下方端点，输入（@-30,0）和（@960,-40），绘制矩形，如图 12-229 所示。

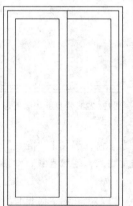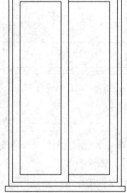

图12-228 修剪并删除图形   图12-229 绘制矩形

（12）调用 CHA "倒角" 命令，修改倒角距离均为 5，进行倒角操作，如图 12-230 所示。

（13）将"家具"图层置为当前图层，调用 L "直线" 命令，输入 FROM "捕捉自" 命令，捕捉修剪后图形的左上方端点，输入（@-2650,580）、（@0,-1400）和（@-400,0），绘制直线，如图 12-231 所示。

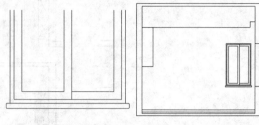

图12-230 倒角图形   图12-231 绘制直线

（14）调用 O "偏移" 命令，将新绘制的垂直直线向左偏移 20、50、232、20、58，如图 12-232 所示。

（15）调用 O "偏移" 命令，将新绘制的水平直线向上偏移 20、41、20、373、20、453、20、433，如图 12-233 所示。

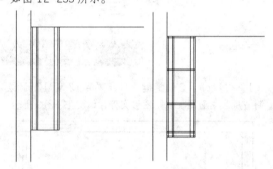

图12-232 偏移图形   图12-233 偏移图形

（16）调用 TR "修剪" 命令，修剪图形；调用 E "删除" 命令，删除多余图形，如图 12-234 所示。

（17）将"地面"图层置为当前图层，调用 H "图案填充" 命令，选择 "ANSI36" 图案，修改 "图案填充比例" 为 3，填充图形，如图 12-235 所示。

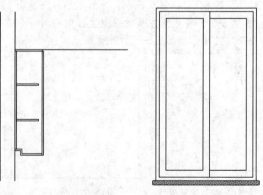

图12-234 修剪并删除图形   图12-235 填充图形

（18）调用 H"图案填充"命令，选择"JIS_LC_20"图案，修改"图案填充比例"为 15，拾取合适的区域，填充图形，如图 12-236 所示。

（19）调用 H"图案填充"命令，选择"USER"图案，修改"图案填充比例"为 20，拾取合适的区域，填充图形，如图 12-237 所示。

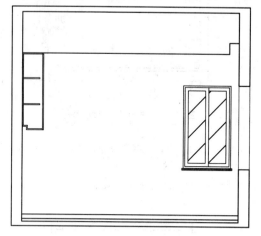

图12-236 填充图形

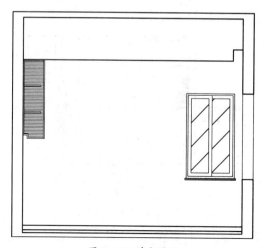

图12-237 填充图形

（20）将"家具"图层置为当前图层，调用 I"插入"命令，打开"插入"对话框，单击"浏览"按钮，打开"选择图形文件"对话框，选择"暗藏T5灯管"图形文件，依次单击"打开"和"确定"按钮，修改旋转角度为180，在绘图区的任意位置，单击鼠标，即可插入图块；调用 M"移动"命令，移动插入的图块，如图 12-238 所示。

（21）调用 I"插入"命令，打开"插入"对话框，单击"浏览"按钮，打开"选择图形文件"对话框，选择"家具组合7"图形文件，如图 12-239 所示。

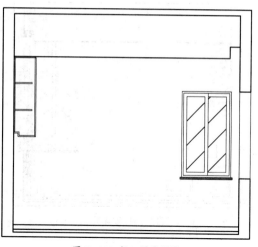

图12-238 插入图块效果

图12-239 选择图形文件

（22）依次单击"打开"和"确定"按钮，在绘图区的任意位置，单击鼠标，即可插入图块；调用 M"移动"命令，移动插入的图块，如图 12-240 所示。

（23）调用 TR"修剪"命令，修剪图形，如图 12-241 所示。

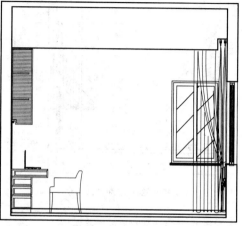

图12-240 插入图块效果

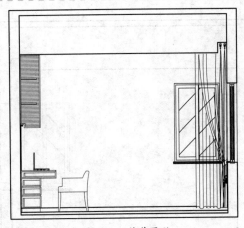

图12-241 修剪图形

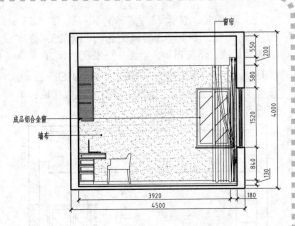

图12-244 添加多重引线标注

（24）将"地面"置为当前图层，调用H"图案填充"命令，选择"AR SAND"图案，修改"图案填充比例"为3，拾取合适的区域，填充图形，如图12-242所示。

（25）将"标注"图层置为当前，调用DIM"标注"命令，标注图中尺寸，效果如图12-243所示。

（27）调用MT"多行文字"命令，修改"文字高度"为300，绘制多行文字，如图12-245所示。

（28）调用L"直线"和PL"多段线"命令，绘制直线和多段线，效果如图12-246所示。

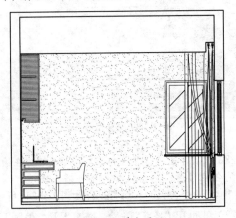

图12-242 填充图形

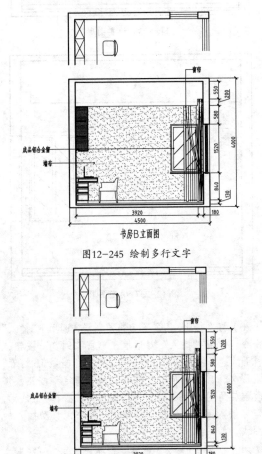

书房B立面图

图12-245 绘制多行文字

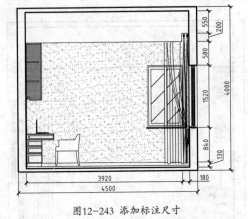

图12-243 添加标注尺寸

（26）调用MLEA"多重引线"命令，依次添加多重引线标注，效果如图12-244所示。

书房B立面图

图12-246 绘制直线和多段线

12.5.3 ▶绘制书房C立面图

运用上述方法完成书房C立面图的绘制，如图12-247所示为书房C立面图。

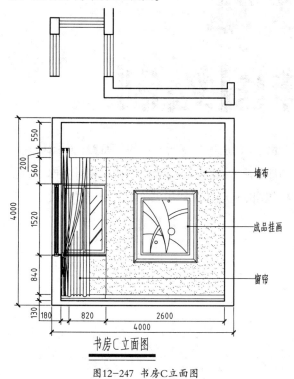

图12-247 书房C立面图

12.5.4 ▶绘制书房D立面图

运用上述方法完成书房D立面图的绘制，如图12-248所示为书房D立面图。

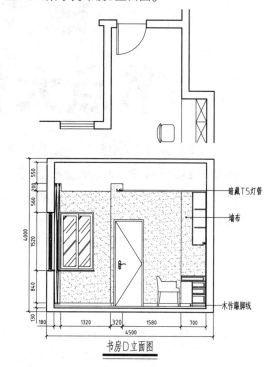

图12-248 书房D立面图

第13章
节点大样图绘制

　　由于在装修施工中常有一些复杂或细小的部位，在上述几章所介绍的平面、立面图样中未能表达或未能详尽表达时，则需使用节点详图来表示该部位的形状、结构、材料名称、规格尺寸、工艺要求等。本章将详细介绍节点大样图的基础知识和相关绘制方法，以供读者掌握。

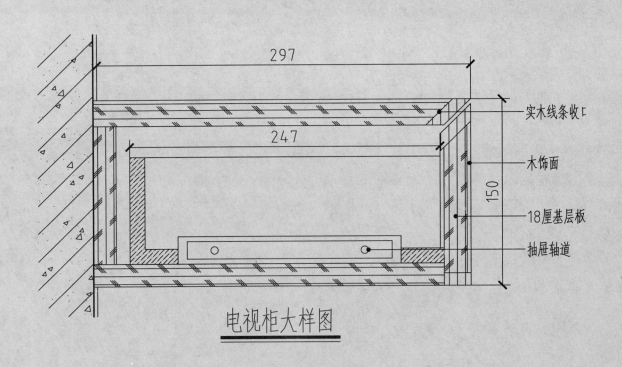

电视柜大样图

13.1 节点大样图基础认识

节点大样图是装修施工图中不可缺少的，而且是具有特殊意义的图样。在绘制节点大样图之前，首先需要对节点大样图有个基础的认识，如了解节点大样图的形成以及识读方法等。

13.1.1 ▶ 了解节点大样图的形成

节点大样图通常以剖面图或局部节点图来表达。剖面图是将装饰面整个剖切或局部剖切，以表达它内部构造和装饰面与建筑结构的相互关系的图样；节点大样图是将在平面图、立面图和剖面图中未表达清楚的部分，以大比例绘制的图样。

13.1.2 ▶ 了解节点大样图的识读方法

节点大样图的识读方法主要有以下两点。

⊕ 根据图名，在平面图、立面图中找到相应的剖切符号或索引符号，弄清楚剖切或索引的位置及视图投影方向。

⊕ 在详图中了解有关构件、配件和装饰面的连接形式、材料、截面形状和尺寸等内容。

13.1.3 ▶ 了解节点大样图的画法

节点大样图的画法主要包含以下几个方面。

⊕ 取适当比例，根据物体的尺寸，绘制大体轮廓。

⊕ 考虑细节，将图中较重要的部分用粗、细线条加以区分。

⊕ 详细标注相关尺寸与文字说明，书写图名和比例。

13.2 绘制灯槽大样图

绘制灯槽大样图中主要运用了"矩形"命令、"多段线"命令、"圆角"命令、"圆弧"命令、"插入"命令和"图案填充"命令等。如图13-1所示为灯槽大样图。

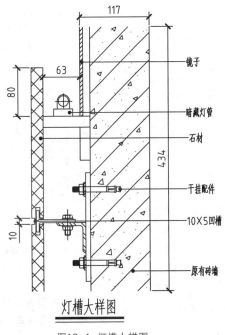

灯槽大样图

图13-1 灯槽大样图

13.2.1 ▶绘制灯槽大样图轮廓

绘制灯槽大样图轮廓主要运用了"矩形"命令、"多段线"命令和"圆弧"命令等。

操作实例 13-1：绘制灯槽大样图轮廓

（1）将"墙体"图层置为当前图层，调用 REC"矩形"命令，在绘图区中任意捕捉一点，输入（@20,-367.4），绘制矩形，如图 13-2 所示。

（2）调用 X"分解"命令，分解矩形；调用 O"偏移"命令，将矩形上方的水平直线向下偏移 247 和 10，如图 13-3 所示。

（3）调用 O"偏移"命令，将矩形左侧的垂直直线向右偏移 5；调用 TR"修剪"命令，修剪图形，如图 13-4 所示。

图13-2 绘制矩形　图13-3 偏移图形　图13-4 修剪并删除图形

（4）调用 L"直线"命令，输入 FROM"捕捉自"命令，捕捉新绘制矩形的右上方端点，输入（@0,-80）和（@80,0），绘制直线，如图 13-5 所示。

（5）调用 O"偏移"命令，将新绘制的水平直线向下依次偏移 18、54、20.5 和 179，如图 13-6 所示。

（6）调用 L"直线"命令，输入 FROM"捕捉自"命令，捕捉新绘水平直线的右端点，输入（@0,146.3）和（@0,-433.6），绘制直线，如图 13-7 所示。

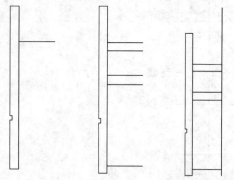

图13-5 绘制直线　图13-6 偏移图形　图13-7 绘制直线

（7）调用 O"偏移"命令，将新绘制的垂直直线向右偏移 100，向左偏移 8、4、5，如图 13-8 所示。

（8）调用 TR"修剪"命令，修剪图形；调用 E"删除"命令，删除多余的图形，效果如图 13-9 所示。

（9）调用 L"直线"命令，输入 FROM"捕捉自"命令，捕捉图形的左下方端点，依次输入（@74.3,92.9）、（@-67.5,0）和（@0,45），绘制直线，如图 13-10 所示。

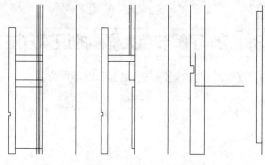

图13-8 偏移图形　图13-9 修剪并删　图13-10 绘制直线
除图形

（10）调用 O"偏移"命令，将新绘制的水平直线向上依次偏移 5、12、3、5、3、12、5，如图 13-11 所示。

（11）调用 O"偏移"命令，将新绘制的垂直直线向右依次偏移 0.8、5、1.2、1、4、2、53.5，如图 13-12 所示。

（12）调用 TR"修剪"命令，修剪图形；调用 E"删除"命令，删除多余图形，如图 13-13 所示。

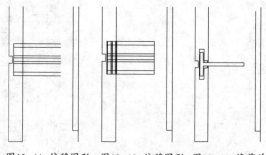

图13-11 偏移图形　图13-12 偏移图形　图13-13 修剪并删除图形

（13）调用 F"圆角"命令，修改圆角半径为 1，拾取合适的直线，进行圆角操作，如图 13-14 所示。

（14）调用 F"圆角"命令，修改圆角半径为 6，"修剪"模式为"不修剪",拾取合适的直线,进行圆角操作,如图 13-15 所示。

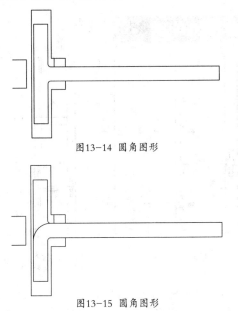

图13-14 圆角图形

图13-15 圆角图形

(15)调用 A"圆弧"命令,输入 FROM"捕捉自"命令,捕捉新圆角图形的下端点,依次输入(@1.1,3.5)、(@-0.8,1.7)和(@-0.3,1.8),绘制圆弧,如图13-16 所示。

(16)调用 TR"修剪"命令,修剪图形,如图13-17 所示。

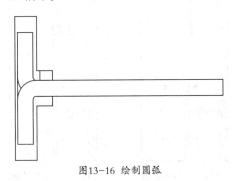

图13-16 绘制圆弧

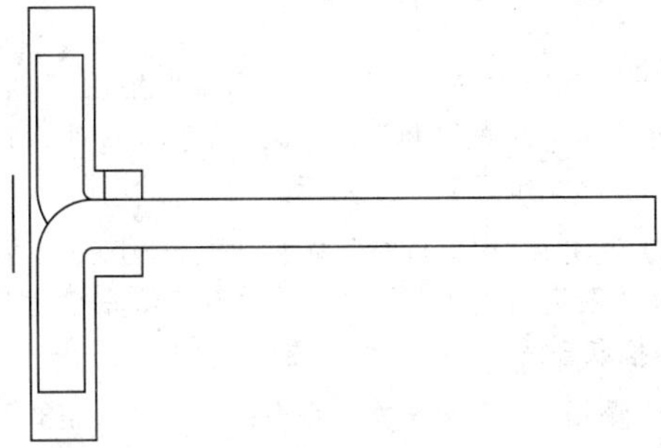

图13-17 修剪图形

(17)调用 L"直线"命令,依次捕捉合适的端点,连接直线,如图 13-18 所示。

(18)调用 PL"多段线"命令,输入 FROM"捕捉自"命令,捕捉相应图形的右上方端点,依次输入(@-32.3,-5)、(@50,0)、(@0,-50)、(@-5,0)、(@0,45)、(@-45,0)和(@0,5),绘制多段线,如图 13-19 所示。

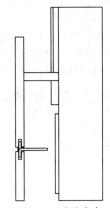

图13-18 连接直线

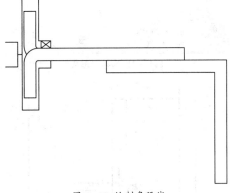

图13-19 绘制多段线

(19)调用 F"圆角"命令,设置圆角半径为 5,拾取合适的直线,进行圆角操作,如图 13-20 所示。

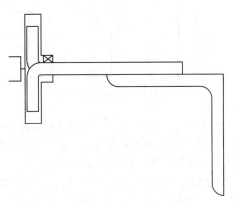

图13-20 圆角图形

13.2.2 ▶ 完善灯槽大样图

完善灯槽大样图主要运用了"插入"命令、"复制"命令和"图案填充"命令等。

操作实例 13-2：完善灯槽大样图

（1）将"家具"图层置为当前图层，调用 I"插入"命令，打开"插入"对话框，单击"浏览"按钮，打开"选择图形文件"对话框，选择"干挂配件"图形文件，如图 13-21 所示。

（2）单击"打开"和"确定"按钮，在绘图区中任意位置，单击鼠标，插入图块；调用 M"移动"命令，移动插入的图块效果，如图 13-22 所示。

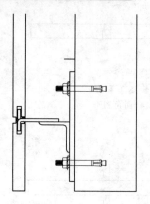

图13-23 复制图形　　图13-24 插入其他图块效果

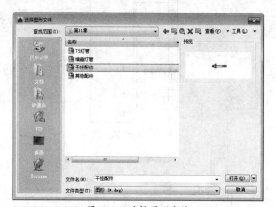

图13-21 选择图形文件

（5）将"地面"置为当前图层，调用 H"图案填充"命令，选择"ANSI37"图案，修改"图案填充比例"为 5，拾取合适区域，填充图形，如图 13-25 所示。

（6）调用 H"图案填充"命令，选择"AR-CONC"图案，修改"图案填充比例"为 0.4，拾取合适的区域，填充图形，如图 13-26 所示。

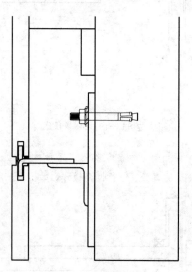

图13-22 插入图块效果

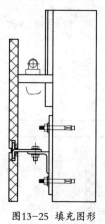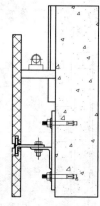

图13-25 填充图形　　图13-26 填充图形

（3）调用 CO"复制"命令，选择新插入的图块为复制对象，捕捉合适的端点为基点，输入（@0,-121），复制图形，如图 13-23 所示。

（4）调用 I"插入"命令，依次插入"暗藏灯管"和"其他配件"图块，效果如图 13-24 所示。

（7）调用 H"图案填充"命令，选择"ANSI31"图案，修改"图案填充比例"为 10，拾取合适的区域，填充图形，如图 13-27 所示。

（8）调用 H"图案填充"命令，选择"USER"图案，修改"图案填充比例"为 5、"图案填充角度"为 45，拾取合适的区域，填充图形，如图 13-28 所示。

（9）调用 H"图案填充"命令，选择"ANSI32"图案，修改"图案填充比例"为 1.5、"图案填充角度"为 90，拾取合适的区域，填充图形，如图 13-29 所示。

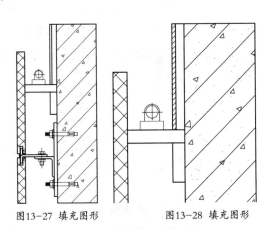

图13-27　填充图形　　　　图13-28　填充图形

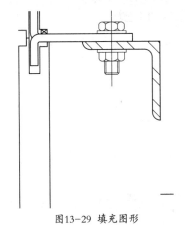

图13-29　填充图形

（10）调用 E "删除"命令，删除多余的图形，如图 13-30 所示。

（11）将"标注"图层置为当前图层，调用 DIM "标注"命令，标注图中尺寸，如图 13-31 所示。

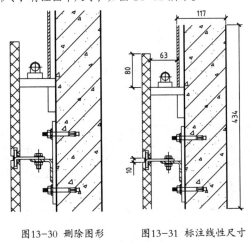

图13-30　删除图形　　　图13-31　标注线性尺寸

（12）调用 MLEA "多重引线"命令，标注图中所对应的多重引线尺寸，如图 13-32 所示。

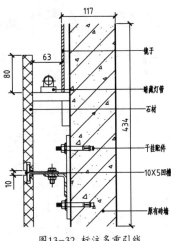

图13-32　标注多重引线

（13）调用 MT "多行文字"命令，修改"文字高度"为 26，创建相应的多行文字，如图 13-33 所示。

（14）调用 L "直线"和 PL "多段线"命令，绘制一条宽度为 3 的多段线和直线，如图 13-34 所示。

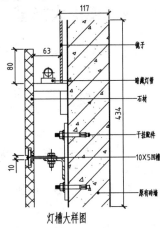

灯槽大样图

图13-33　创建多行文字

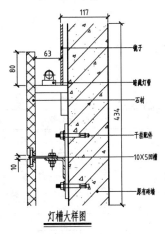

灯槽大样图

图13-34　绘制多段线和直线

13.3 绘制电视柜大样图

绘制电视柜大样图中主要运用了"矩形"命令、"直线"命令、"复制"命令、"偏移"命令、"修剪"命令和"多行文字"命令等。如图13-35所示为电视柜大样图。

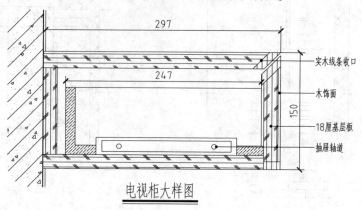

图13-35 电视柜大样图

13.3.1 ▶ 绘制电视柜大样图轮廓

绘制电视柜大样图轮廓主要运用了"矩形"命令、"偏移"命令和"直线"命令等。

操作实例 13-3：绘制电视柜大样图轮廓

（1）将"墙体"图层置为当前，调用 REC"矩形"命令，在绘图区中任意捕捉一点，输入（@300,-150），绘制矩形，如图 13-36 所示。

（2）调用 REC"矩形"命令，输入 FROM"捕捉自"命令，捕捉新绘制矩形的右下方端点，输入（@-55,18）和（@-177,22），绘制矩形，如图 13-37 所示。

（3）调用 REC"矩形"命令，输入 FROM"捕捉自"命令，捕捉新绘制矩形的右下方端点，输入（@-7,4）和（@-162.5,14），绘制矩形，如图 13-38 所示。

图13-38 绘制矩形

（4）调用 X"分解"命令，分解大矩形对象；调用 O"偏移"命令，将矩形上方的水平直线向下偏移 3、18、25、74、12、8，如图 13-39 所示。

图13-36 绘制矩形

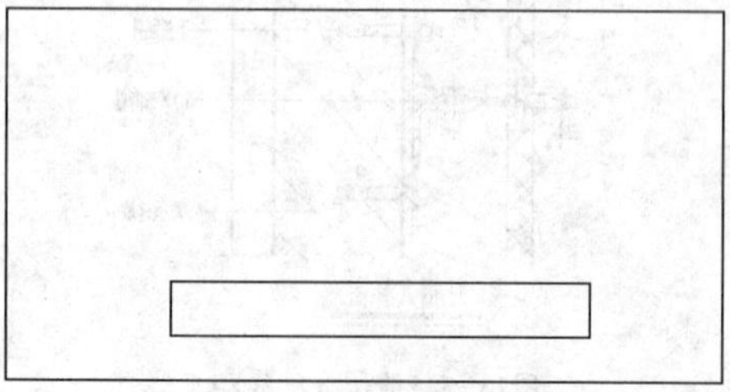

图13-37 绘制矩形

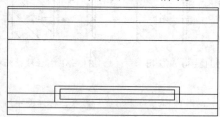

图13-39 偏移图形

（5）调用 O "偏移"命令，将矩形左侧的垂直直线向右依次偏移 18、11、12、27、208、3、18，如图 13-40 所示。

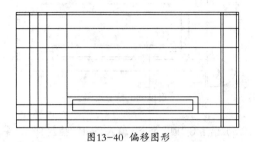

图13-40 偏移图形

（6）调用 L "直线"命令，捕捉大矩形的右上方端点为起点，输入（@-21,-21），绘制直线，如图 13-41 所示。

（7）调用 L "直线"命令，输入 FROM "捕捉自"命令，捕捉大矩形的右上方端点，输入（@-14,0）和（@-21,-21），绘制直线，如图 13-42 所示。

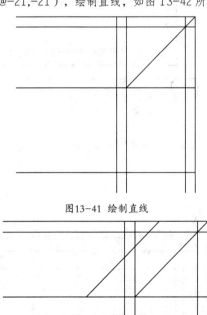

图13-41 绘制直线

图13-42 绘制直线

（8）调用 L "直线"命令，输入 FROM "捕捉自"命令，捕捉大矩形的右上方端点，输入（@0,-4）和（@-24,-24），绘制直线，如图 13-43 所示。

（9）调用 CO "复制"命令，选择新绘制的直线，捕捉直线的上端点为基点，输入（@0,-14），复制图形，如图 13-44 所示。

图13-43 绘制直线

图13-44 复制图形

（10）调用 TR "修剪"命令，修剪图形；调用 E "删除"命令，删除多余的图形，效果如图 13-45 所示。

（11）调用 LEN "拉长"命令，分别设置增量为 53 和 24，将大矩形左侧垂直直线的上下两端进行拉长操作，如图 13-46 所示。

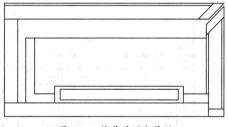

图13-45 修剪并删除图形

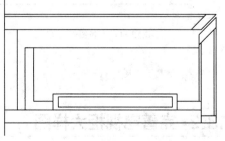

图13-46 拉长图形

（12）调用 PL "多段线" 命令，捕捉图形的左上方端点，依次输入（@-46,0）、（@0,-227）和（@46,0），绘制多段线，如图 13-47 所示。

（13）调用 F "圆角" 命令，修改圆角半径为 20，拾取合适的直线进行圆角操作，如图 13-48 所示。

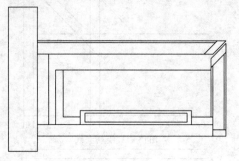

图13-47 绘制多段线

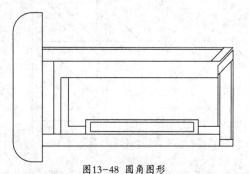

图13-48 圆角图形

（14）调用 O "偏移" 命令，将大矩形的左侧垂直直线向右偏移 3，如图 13-49 所示。

（15）调用 TR "修剪" 命令，修剪图形，如图 13-50 所示。

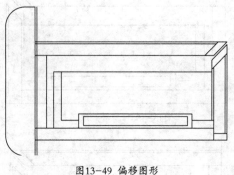

图13-49 偏移图形

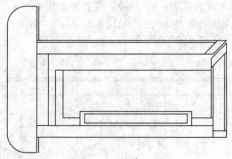

图13-50 修剪图形

（16）调用 C "圆" 命令，输入 FROM "捕捉自" 命令，捕捉图形的右下方端点，输入（@-83.7,28.8），确定圆心点，绘制一个半径为 3 的圆，如图 13-51 所示。

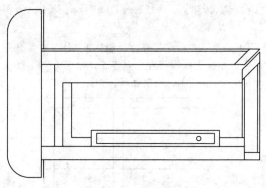

图13-51 绘制圆

（17）调用 MI "镜像" 命令，镜像圆，如图 13-52 所示。

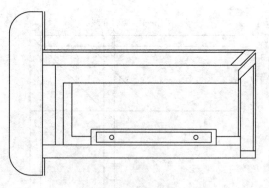

图13-52 镜像图形

13.3.2▶完善电视柜大样图

完善电视柜大样图主要运用了 "图案填充" 命令、"标注" 命令和 "多重引线" 命令等。

操作实例 13-4：完善电视柜大样图

（1）将"地面"图层置为当前图层，调用 H"图案填充"命令，选择"AR-CONC"图案，修改"图案填充比例"为 0.2，拾取合适的区域，填充图形，如图 13-53 所示。

（2）调用 H"图案填充"命令，选择"ANSI31"图案，修改"图案填充比例"为 5，拾取合适的区域，填充图形；调用 E"删除"命令，删除多段线对象，如图 13-54 所示。

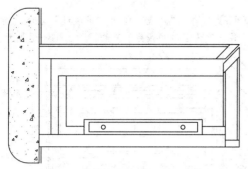

图13-53 填充图形

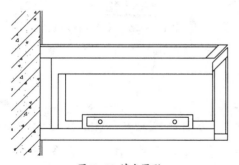

图13-54 填充图形

（3）调用 H"图案填充"命令，选择"ANSI36"图案，修改"图案填充比例"为 0.8，拾取合适的区域，填充图形，如图 13-55 所示。

（4）调用 H"图案填充"命令，选择"ANSI31"图案，修改"图案填充比例"为 2，"图案填充角度"为 45，拾取合适的区域，填充图形，如图 13-56 所示。

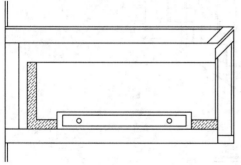

图13-55 填充图形

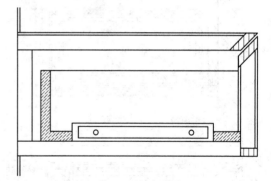

图13-56 填充图形

（5）调用 H"图案填充"命令，选择"CROK"图案，修改"图案填充比例"为 2，拾取合适的区域，填充图形，如图 13-57 所示。

（6）调用 H"图案填充"命令，选择"CROK"图案，修改"图案填充比例"为 2，"图案填充角度"为 90，拾取合适的区域，填充图形，如图 13-58 所示。

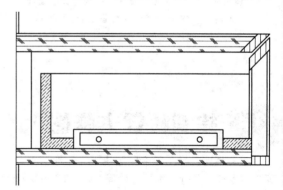

图13-57 填充图形

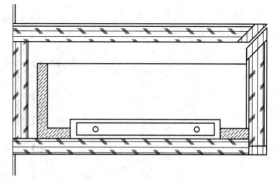

图13-58 填充图形

（7）将"标注"图层置为当前图层，调用 DIM"标注"命令，标注图中尺寸，如图 13-59 所示。

（8）调用 MLEA"多重引线"命令，标注图中所对应的多重引线尺寸，如图 13-60 所示。

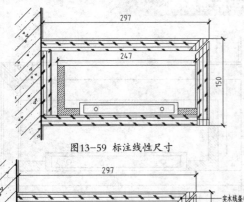

图13-59 标注线性尺寸

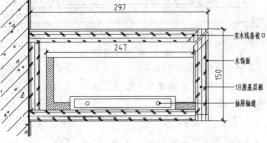

图13-60 标注多重引线

（9）调用 MT "多行文字" 命令，修改 "文字高度" 为 20，创建相应的多行文字，如图 13-61 所示。

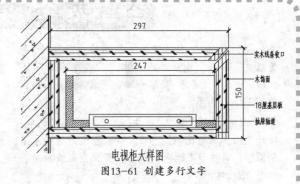

电视柜大样图

图13-61 创建多行文字

（10）调用 L "直线" 和 PL "多段线" 命令，绘制一条宽度为 2 的多段线和直线，如图 13-62 所示。

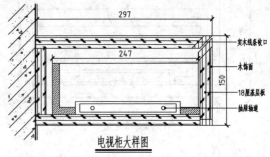

电视柜大样图

图13-62 绘制多段线和直线

13.4 绘制楼梯大样图

绘制楼梯大样图中主要运用了 "矩形" 命令、"直线" 命令、"复制" 命令、"偏移" 命令、"修剪" 命令和 "多行文字" 命令等。如图13-63所示为楼梯大样图。

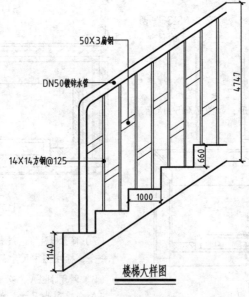

楼梯大样图

图13-63 楼梯大样图

13.4.1 ▶ 绘制楼梯大样图轮廓

绘制楼梯大样图轮廓主要运用了"直线"命令、"偏移"命令、"修剪"命令和"圆角"命令等。

操作实例 13-5：绘制楼梯大样图轮廓

（1）将"墙体"图层置为当前图层，调用 L "直线"命令，在绘图区中任意捕捉一点，输入（@5000,3300），绘制直线，如图 13-64 所示。

（2）调用 L "直线"命令，捕捉新绘制直线的下端点，依次输入（@0,1140）、（@1000,0）、（@0,660）、（@1000,0）、（@0,660）、（@1000,0）、（@0,660）、（@1000,0）、（@0,660）、（@1000,0），绘制直线，如图 13-65 所示。

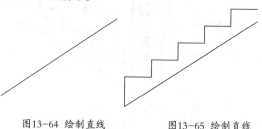

图13-64 绘制直线　　　　图13-65 绘制直线

（3）调用 L "直线"命令，输入 FROM "捕捉自"命令，捕捉图形的左下方端点，依次输入（@500,1140）、（@0,3937）、（@4490,2963），绘制直线，如图 13-66 所示。

（4）调用 O "偏移"命令，将新绘制的垂直直线向右依次偏移 240、472、56、444、56、444、56、444、56、444、56、444、56、444、56，如图 13-67 所示。

（5）调用 CO "复制"命令，选择新绘制的倾斜直线为复制对象，捕捉直线的下端点为基点，向下移动鼠标，依次输入 288、1486、1725、2684 和 2924，复制图形，如图 13-68 所示。

（6）调用 EX "延伸"命令，对相应的垂直直线进行延伸操作，如图 13-69 所示。

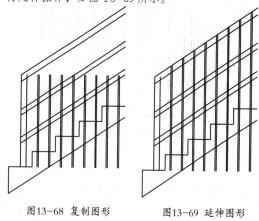

图13-68 复制图形　　　　图13-69 延伸图形

（7）调用 TR "修剪"命令，修剪图形；调用 E "删除"命令，删除多余的图形，效果如图 13-70 所示。

（8）调用 F "圆角"命令，设置圆角半径为 320，进行圆角操作，如图 13-71 所示。

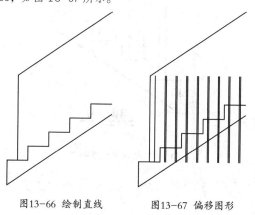

图13-66 绘制直线　　　　图13-67 偏移图形

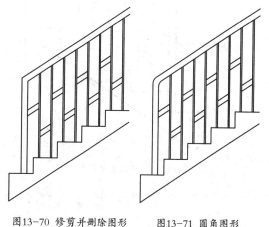

图13-70 修剪并删除图形　　　　图13-71 圆角图形

13.4.2 ▶ 完善楼梯大样图

完善楼梯大样图主要运用了"标注"命令、"多重引线"命令、"多行文字"命令、"多段线"命令和"直线"命令。

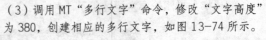

操作实例 13-6：完善楼梯大样图

（1）将"标注"图层置为当前图层，调用 DIM"线性"命令，标注图中尺寸，如图 13-72 所示。

（2）调用 MLEA"多重引线"命令，标注图中所对应的多重引线尺寸，如图 13-73 所示。

（3）调用 MT"多行文字"命令，修改"文字高度"为 380，创建相应的多行文字，如图 13-74 所示。

（4）调用 L"直线"和 PL"多段线"命令，绘制一条宽度为 50 的多段线和直线，如图 13-75 所示。

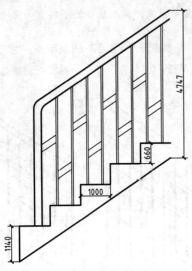

图13-72 标注线性尺寸

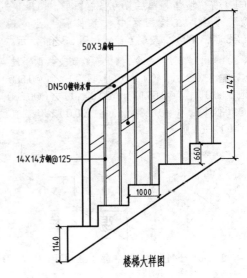

图13-74 创建文字

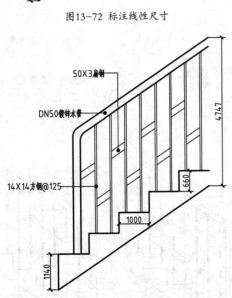

图13-73 标注多重引线

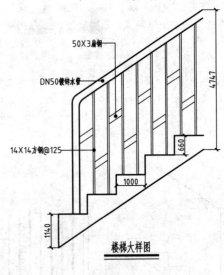

图13-75 绘制多段线和直线

13.5 绘制实木踢脚大样图

绘制实木踢脚大样图中主要运用了"矩形"命令、"直线"命令、"偏移"命令、"倒角"命令、"多重引线"命令和"多行文字"命令等。如图13-76所示为实木踢脚大样图。

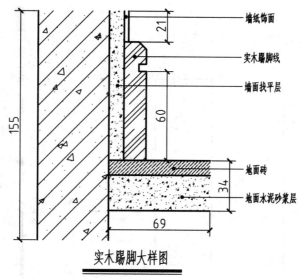

图13-76 实木踢脚大样图

13.5.1▶绘制实木踢脚大样图轮廓

绘制实木踢脚大样图轮廓主要运用了"矩形"命令、"直线"命令、"偏移"命令、"修剪"命令和"倒角"命令等。

操作实例 13-7：绘制实木踢脚大样图轮廓

（1）将"墙体"图层置为当前图层，调用 REC"矩形"命令，在绘图区中任意捕捉一点，输入（@48.3，-154.7），绘制矩形，如图13-77所示。

（2）调用 L"直线"命令，输入 FROM"捕捉自"命令，捕捉新绘制矩形的右下方端点，输入（@0,20）和（@69,0），绘制直线，如图13-78所示。

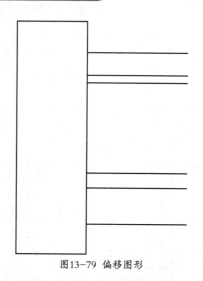

图13-79 偏移图形

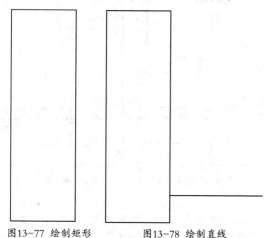

图13-77 绘制矩形　　图13-78 绘制直线

（3）调用 O"偏移"命令，将新绘制的水平直线向上偏移 24、10、60、5、15，如图13-79所示。

（4）调用 X"分解"命令，分解矩形；调用 O"偏移"命令，将矩形右侧的垂直直线向右依次偏移 10、3、7、5、44，如图13-80所示。

（5）调用 TR"修剪"命令，修剪图形；调用 E"删除"命令，删除多余的图形，效果如图13-81所示。

（6）调用 EX"延伸"命令，将最上方的水平直线进行延伸操作；调用 CHA"倒角"命令，修改倒角距离均为5，拾取合适的直线，进行倒角操作，如图13-82 所示。

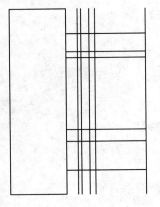
图13-80 偏移图形

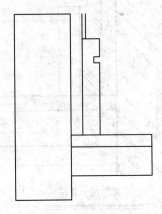
图13-81 修剪图形

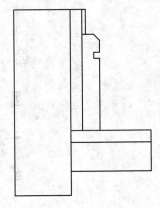
图13-82 修改图形

13.5.2 ▶完善实木踢脚大样图

完善实木踢脚大样图主要运用了"图案填充"命令、"多重引线"命令和"多行文字"命令等。

操作实例 13-8：完善实木踢脚大样图

（1）将"地面"图层置为当前图层，调用 H"图案填充"命令，选择"AR-CONC"图案，修改"图案填充比例"为 0.1，拾取合适的区域，填充图形，如图 13-83 所示。

（2）调用 H"图案填充"命令，选择"AR-CONC"图案，修改"图案填充比例"为 0.05，拾取合适的区域，填充图形，如图 13-84 所示。

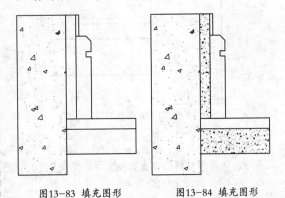
图13-83 填充图形　　图13-84 填充图形

（3）调用 H"图案填充"命令，选择"ANSI36"图案，修改"图案填充比例"为 0.5，拾取合适的区域，

填充图形，如图 13-85 所示。

（4）调用 H"图案填充"命令，选择"ANSI31"图案，修改"图案填充比例"为 3，拾取合适的区域，填充图形，如图 13-86 所示。

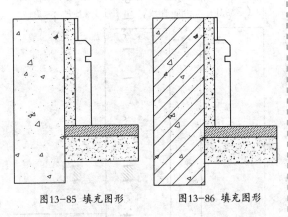
图13-85 填充图形　　图13-86 填充图形

（5）调用 H"图案填充"命令，选择"CLAY"图案，修改"图案填充比例"为 3，"图案填充角度"为 45，拾取合适的区域，填充图形，如图 13-87 所示。

（6）调用 E"删除"命令，删除多余的图形，如图 13-88 所示。

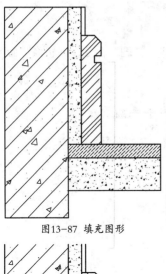

图13-87 填充图形

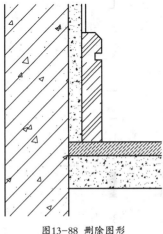

图13-88 删除图形

（7）将"标注"图层置为当前图层，调用 DIM"标注"命令，标注图中尺寸，如图 13-89 所示。

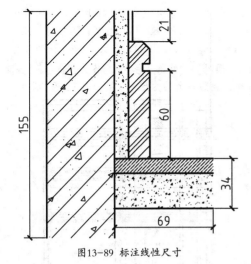

图13-89 标注线性尺寸

（8）调用 MLEA"多重引线"命令，标注图中所对应的多重引线尺寸，如图 13-90 所示。

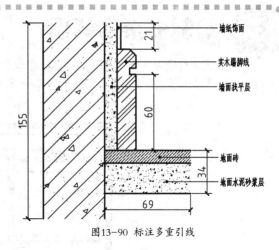

图13-90 标注多重引线

（9）调用 MT"多行文字"命令，修改"文字高度"为 10，创建相应的多行文字，如图 13-91 所示。

（10）调用 L"直线"和 PL"多段线"命令，绘制一条宽度为 1.5 的多段线和直线，如图 13-92 所示。

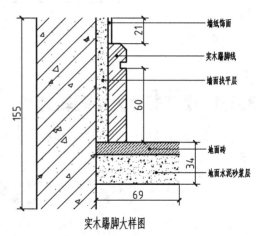

实木踢脚大样图

图13-91 创建文字

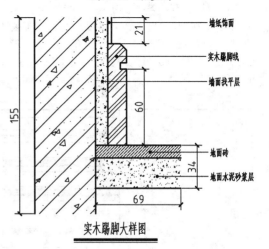

实木踢脚大样图

图13-92 绘制多段线和直线

13.6 绘制书桌大样图

绘制书桌大样图中主要运用了"矩形"命令、"直线"命令、"圆"命令、"镜像"命令、"多重引线"命令和"多段线"命令等。如图13-93所示为书桌大样图。

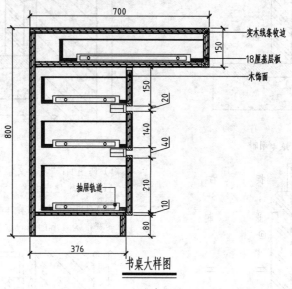

图13-93 书桌大样图

13.6.1 ▶绘制书桌大样图轮廓

绘制书桌大样图轮廓主要运用了"矩形"命令、"直线"命令、"偏移"命令、"修剪"命令和"圆"命令等。

操作实例 13-9：绘制书桌大样图轮廓

（1）将"墙体"图层置为当前图层，调用 L "直线"命令，在绘图区中任意捕捉一点，输入（@-700,0）、（@0,-800），绘制直线，如图 13-94 所示。

（2）调用 O "偏移"命令，将水平直线向下依次偏移 3、17、25、73、12、10、10、3、10、27、88、12、5、5、10、10、5、5、30、88、12、5、5、10、10、5、5、30、160、12、8、10、80，如图 13-95 所示。

（3）调用 O "偏移"命令，将垂直直线向右依次偏移 20、26、12、60、12、186、39、11、7、3、3、18、3、270、7、3、17、3，如图 13-96 所示。

（4）调用 TR "修剪"命令，修图形；调用 E "删除"命令，删除多余的图形，效果如图 13-97 所示。

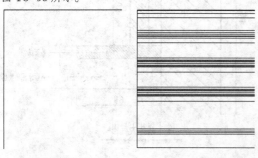

图13-94 绘制直线　　图13-95 偏移图形

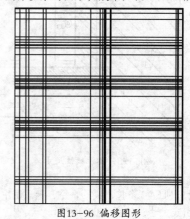

图13-96 偏移图形

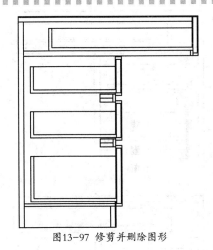

图13-97 修剪并删除图形

（5）调用 L "直线"命令，捕捉图形的右上方端点，输入（@-20,-20），绘制直线，如图 13-98 所示。

（6）调用 CO "复制"命令，选择新绘制的直线，捕捉上方端点为基点，输入（@-14,0），复制图形，如图 13-99 所示。

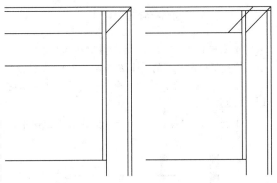

图13-98 绘制直线　　　　图13-99 复制图形

（7）调用 L "直线"命令，输入 FROM "捕捉自"命令，捕捉图形的右上方端点，输入（@0,-4）和（@-23,-23），绘制直线，如图 13-100 所示。

（8）调用 CO "复制"命令，选择新绘制的直线，捕捉上方端点为基点，输入（@0,-14），复制图形，如图 13-101 所示。

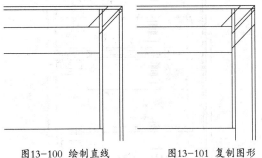

图13-100 绘制直线　　　　图13-101 复制图形

（9）调用 TR "修剪"命令，修剪图形；调用 E "删除"命令，删除多余的图形，如图 13-102 所示。

（10）调用 REC "矩形"命令，输入 FROM "捕捉自"命令，捕捉图形右下方相应端点，输入（@-72.9,20）和（@-441.8,28.5），绘制矩形，如图 13-103 所示。

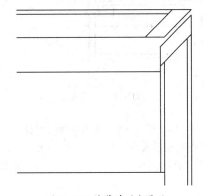

图13-102 修剪并删除图形

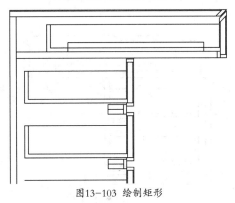

图13-103 绘制矩形

（11）调用 REC "矩形"命令，输入 FROM "捕捉自"命令，捕捉新绘制矩形的右下方端点，输入（@-16.6,5.8）和（@-413.2,16.1），绘制矩形，如图 13-104 所示。

（12）调用 TR "修剪"命令，修剪图形，如图 13-105 所示。

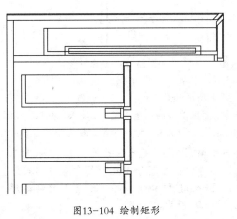

图13-104 绘制矩形

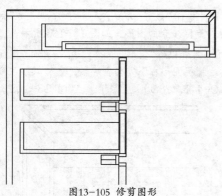

图13-105 修剪图形

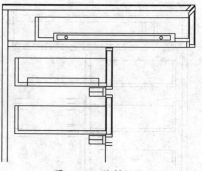

图13-108 绘制矩形

（13）调用 C"圆"命令，输入 FROM"捕捉自"命令，捕捉新绘制矩形的右下方端点，输入（@-33.6,7.9），确定圆心点，绘制一个半径为5的圆，如图13-106所示。

（14）调用 MI"镜像"命令，镜像圆，如图13-107所示。

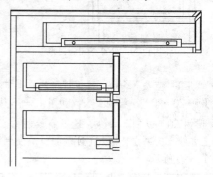

图13-109 绘制矩形

（17）调用 C"圆"命令，输入 FROM"捕捉自"命令，捕捉新绘制矩形的左上方端点，输入（@38.2,-8.2），确定圆心点，绘制一个半径为5的圆，如图13-110所示。

（18）调用 MI"镜像"命令，镜像圆，如图13-111所示。

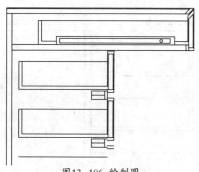

图13-106 绘制圆

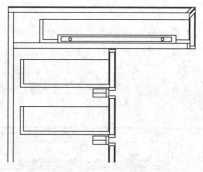

图13-107 镜像图形

（15）调用 REC"矩形"命令，输入 FROM"捕捉自"命令，捕捉图形的左上方端点，输入（@91.4,-261.5）和（@259,-28.5），绘制矩形，如图13-108所示。

（16）调用 REC"矩形"命令，输入 FROM"捕捉自"命令，捕捉新绘制矩形的左上方端点，输入（@12,-6.6）和（@230.4,-16.1），绘制矩形，如图13-109所示。

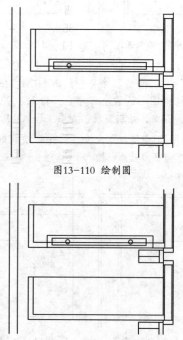

图13-110 绘制圆

图13-111 镜像图形

（19）调用 CO "复制"命令，选择新绘制的矩形和圆对象为复制对象，捕捉左上方端点为基点，输入（@0,-170）和（@0,-412），复制图形，如图 13-112 所示。

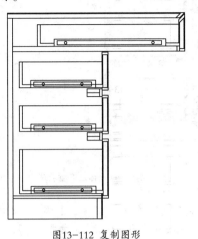

图13-112 复制图形

（20）调用 TR "修剪"命令，修剪图形，如图 13-113 所示。

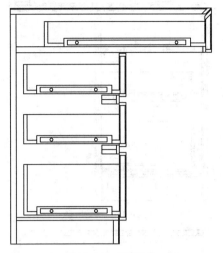

图13-113 修剪图形

13.6.2▶ 完善书桌大样图

完善书桌大样图主要运用了"图案填充"命令、"线性"命令和"多重引线"命令等。

操作实例 13-10：完善书桌大样图

（1）将"地面"图层置为当前图层，调用 H "图案填充"命令，选择"ANSI36"图案，拾取合适的区域，填充图形，如图 13-114 所示。

（2）调用 H "图案填充"命令，选择"CROK"图案，修改"图案填充比例"为 2，拾取合适的区域，填充图形，如图 13-115 所示。

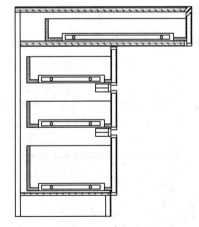

图13-115 填充图形

（3）调用 H "图案填充"命令，选择"CROK"图案，修改"图案填充比例"为 2，"图案填充角度"为 90，拾取合适的区域,填充图形，如图 13-116 所示。

（4）调用 H "图案填充"命令，选择"ANSI31"图案，修改"图案填充比例"为 2，"图案填充角度"为 90，拾取合适的区域,填充图形，如图 13-117 所示。

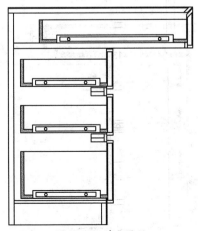

图13-114 填充图形

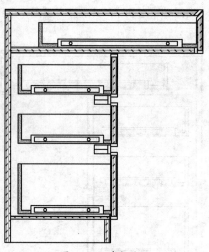

图13-116 填充图形

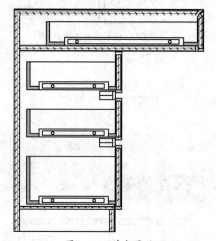

图13-117 填充图形

（5）将"标注"图层置为当前图层，调用 DIM "标注"命令，标注图中尺寸，如图 13-118 所示。

（6）调用 MLEA "多重引线"命令，依次标注图中所对应的多重引线尺寸，如图 13-119 所示。

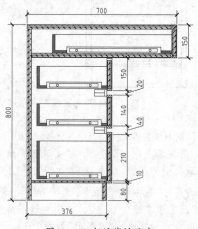

图13-118 标注线性尺寸

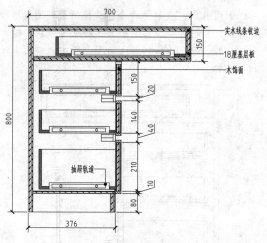

图13-119 标注多重引线

（7）调用 MT "多行文字"命令，修改"文字高度"为 50，创建相应的多行文字，如图 13-120 所示。

（8）调用 L "直线"和 PL "多段线"命令，绘制一条宽度为 7 的多段线和直线，如图 13-121 所示。

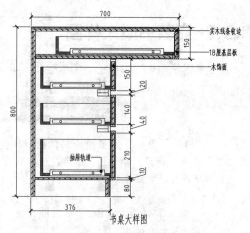

图13-120 创建文字

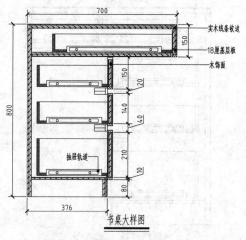

图13-121 绘制多段线和直线

13.7 绘制书房书柜暗藏灯大样图

绘制书房书柜暗藏灯大样图中主要运用了"矩形"命令、"直线"命令、"圆"命令、"镜像"命令、"多重引线"命令和"多段线"命令等。如图13-122所示为书房书柜暗藏灯大样图。

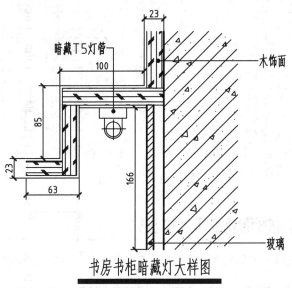

图13-122 书房书柜暗藏灯大样图

13.7.1 ▶ 绘制书房书柜暗藏灯大样图轮廓

绘制书房书柜暗藏灯大样图轮廓主要运用了"多段线"命令、"直线"命令、"偏移"命令、"修剪"命令。

操作实例 13-11：绘制书房书柜暗藏灯大样图轮廓

（1）将"墙体"图层置为当前图层，调用REC"矩形"命令，在绘图区中任意捕捉一点，输入（@86,-254.5），绘制矩形，如图13-123所示。

（2）调用F"圆角"命令，设置圆角半径为30，进行圆角操作，如图13-124所示。

（3）调用L"直线"命令，输入FROM"捕捉自"命令，捕捉图形的左上方端点，输入（@0,-63）和（@-163,0），绘制直线，如图13-125所示。

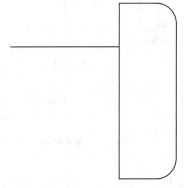

图13-125 绘制直线

（4）调用X"分解"命令，分解矩形；调用O"偏移"

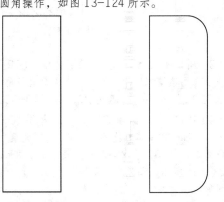

图13-123 绘制矩形　　图13-124 圆角图形

命令，将矩形左侧的垂直直线向左依次偏移 12、8、3、77、3、17、3，如图 13-126 所示。

（5）调用 O "偏移"命令，将水平直线向下依次偏移 3、20、3、59、3、17、3，如图 13-127 所示。

（6）调用 TR "修剪"命令，修剪图形；调用 E "删除"命令，删除多余的图形，如图 13-128 所示。

（7）调用 L "直线"命令，依次捕捉合适的端点，连接直线，如图 13-129 所示。

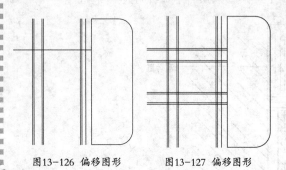

图13-126 偏移图形　　图13-127 偏移图形

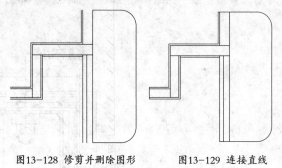

图13-128 修剪并删除图形　　图13-129 连接直线

13.7.2 ▶ 完善书房书柜暗藏灯大样图

完善书房书柜暗藏灯大样图主要运用了"图案填充"命令、"直线"命令和"多段线"命令等。

操作实例 13-12：完善书房书柜暗藏灯大样图

（1）将"地面"图层置为当前图层，调用 H "图案填充"命令，选择"AR-CONC"图案，修改"图案填充比例"为0.3，拾取合适的区域，填充图形，如图 13-130 所示。

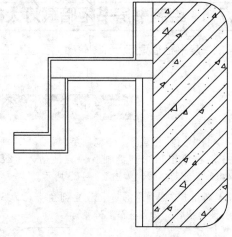

图13-131 填充图形

（3）调用 H "图案填充"命令，选择"USER"图案，修改"图案填充比例"为5，"图案填充角度"为45，拾取合适的区域，填充图形，如图 13-132 所示。

（4）调用 H "图案填充"命令，选择"CROK"图案，修改"图案填充比例"为2，"图案填充角度"分别为0和90，拾取合适的区域，填充图形，如图 13-133 所示；调用 E "删除"命令，删除多余的图形。

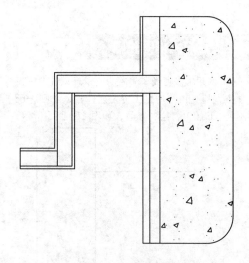

图13-130 填充图形

（2）调用 H "图案填充"命令，选择"ANSI31"图案，修改"图案填充比例"为4，拾取合适的区域，填充图形，如图 13-131 所示。

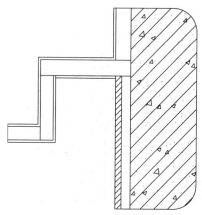

图13-132　填充图形

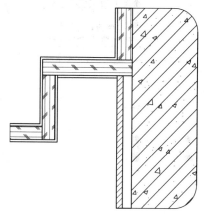

图13-133　填充图形

（5）将"家具"图层置为当前图层，调用 I "插入"
命令，打开"插入"对话框，单击"浏览"按钮，
打开"选择图形文件"对话框，选择"T5 灯管"图
形文件，如图 13-134 所示。

图13-134　选择图形文件

（6）单击"打开"和"确定"按钮，在绘图区中
任意位置，单击鼠标，插入图块；调用 M "移动"
命令，移动插入的图块效果，如图 13-135 所示。

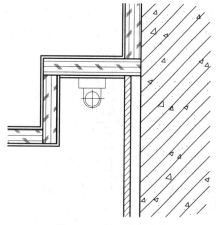

图13-135　插入图块效果

（7）将"标注"图层置为当前图层，调用 DIM "标
注"命令，标注图中尺寸，如图 13-136 所示。

（8）调用 MLEA "多重引线"命令，标注图中所对
应的多重引线尺寸，如图 13-137 所示。

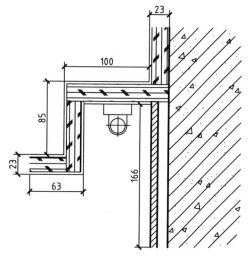

图13-136　标注线性尺寸

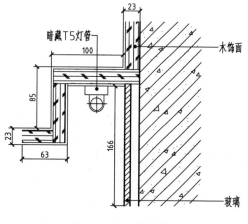

图13-137　标注多重引线

（9）调用 MT "多行文字" 命令，修改 "文字高度" 为 20，创建相应的多行文字，如图 13-138 所示。

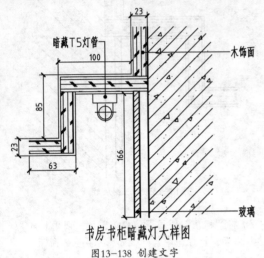

书房书柜暗藏灯大样图

图13-138 创建文字

（10）调用 L "直线" 和 PL "多段线" 命令，绘制一条宽度为 5 的多段线和直线，如图 13-139 所示。

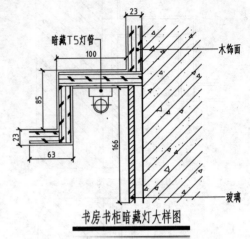

书房书柜暗藏灯大样图

图13-139 绘制多段线和直线